人工意识概论

段玉聪 李立中 著

DIKWP

中国科学技术出版社

·北 京·

图书在版编目（CIP）数据

人工意识概论 / 段玉聪，李立中著 . -- 北京：中
国科学技术出版社，2025.4. -- ISBN 978-7-5236-1318-
4

Ⅰ . TP18

中国国家版本馆 CIP 数据核字第 2025MN8861 号

策划编辑	杜凡如　王秀艳		责任编辑	任长玉	
封面设计	北京潜龙		版式设计	蚂蚁设计	
责任校对	吕传新		责任印制	李晓霖	

出　　版	中国科学技术出版社
发　　行	中国科学技术出版社有限公司
地　　址	北京市海淀区中关村南大街 16 号
邮　　编	100081
发行电话	010-62173865
传　　真	010-62173081
网　　址	http://www.cspbooks.com.cn

开　　本	710mm×1000mm　1/16
字　　数	315 千字
印　　张	20.75
版　　次	2025 年 4 月第 1 版
印　　次	2025 年 4 月第 1 次印刷
印　　刷	大厂回族自治县彩虹印刷有限公司
书　　号	ISBN 978-7-5236-1318-4/TP・516
定　　价	99.00 元

专家委员会

蔡恒进　代建华　窦尔翔　范永开　冯　煜　弓世明　韩　龙
胡云篁　姜斌祥　李　挥　李成凯　刘　震　潘瑞芳　任慧玲
汪祖民　王华平　熊墨淼　姚锡凡　赵　红　朱绵茂

推荐语

《人工意识概论》是一部全面深入探讨非生物智能的生成机制，以及此类智能如何可能催生出非生物意识的权威著作。该书基于一个具体而详尽的模型或理论，以连贯而系统的阐述方式，将人工智能（AI）紧密关联于"DIK"（即数据、信息、知识），人工意识（AC）则创新性引入了智慧（W）和意图（P）的处理维度。这种综合性的视角最终构建出一个关于 AI 和 AC 的全球性模型／理论框架——"DIKWP"（Data, Information, Knowledge, Wisdom, PurPose）。尽管书中提出的"AC 系统能够理解并内化人类的意图，进而实现独立判断和决策"这一观点，其准确性尚存争议，且高度依赖于对关键概念的精确界定；但不可否认的是，这一贡献在引领人类探索人工智能乃至潜在的人工意识这一前沿领域方面，迈出了值得称道且意义深远的重要步伐。

罗伯特·劳伦斯·库恩　美国库恩基金会主席，中国改革友谊奖章获得者

在数值天气预报的研究中，数据的精准处理、基于人工智能的科学发现与智能决策至关重要。《人工意识概论》中的理论与方法，特别是对智慧（Wisdom）与意图层面的探讨，为智能系统在处理海量数据与复杂决策时提供了宝贵的参考。书中提出的人工意识"BUG"理论，深入剖析了人类认知中的不完美性，这对于构建具备自我觉察能力的智能系统具有重要的启示意义。

此外，作者在书中充分考虑了人工意识的发展对伦理、社会与法律的影响，强调了在技术进步过程中必须兼顾人文关怀与社会责任。这不仅提升了本书的学术价值，也为人工意识的可持续发展提供了重要的指导。

沈学顺　中国工程院院士，

中国气象局地球系统数值预报中心副主任、研究员、博士生导师

《人工意识概论》是人工智能领域一部极具前瞻性与深度的著作。作为中国科学院计算技术研究所的研究员，长期致力于智能科学、知识工程与认知科学的研究，我深感这本书在推动人工意识（AC）理论与应用方面的卓越贡献。

诚挚推荐给所有致力于人工智能、知识工程、认知科学及跨学科研究的学者与专业人士。相信这本书将为您在人工意识领域的探索与实践提供难以估量的支持与启迪。

史忠植　中国科学院计算技术研究所研究员、博士生导师，

国际信息研究科学院院士，中国计算机学会会士，中国人工智能学会会士

《人工意识概论》通过深度融合"DIKWP"模型与"BUG"理论，系统性地探讨了从"数据"到"意图"的演变过程，为人工意识的构建提供了全面而深入的理论框架。作者们不仅在理论层面进行了详尽阐述，还结合丰富的实际案例，展示了人工意识在医疗、教育、社会福利等多个领域的广泛应用前景。这种多学科交叉的研究方法，为理解复杂系统中的智能行为提供了全新的视角和方法。

傅小兰　上海交通大学心理学院首任院长、教授、博士生导师，

中国科学院心理研究所原所长、研究员、博士生导师，

中国科学院大学心理学系首任主任

《人工意识概论》是人工智能领域的一部重要著作。书中通过"DIKWP"模型与"BUG"理论的创新结合，深入探讨了从"数据"到"意图"的转变过程，全面解析了人工意识的构建路径与实现机制。作者们不仅系统化地阐

述了人工意识的核心概念，还结合实际案例，展示了人工意识在医疗、教育、社会福利等多个领域的广阔应用前景。特别是在融合多学科知识与高阶智慧的探讨中，书中提出的理念为我们理解机器如何更接近人类思维提供了新的视角和方法。

本书不仅为学术界提供了丰富的理论资源，也为工业界指明了技术发展的方向。通过本书，读者将能够全面了解人工意识的最新研究进展与未来发展趋势，激发更多关于智能系统与人类协作的创新思考。

焦李成　西安电子科技大学华山学者杰出教授、计算机科学与技术学部主任、人工智能研究院院长，欧洲科学院外籍院士，俄罗斯自然科学院外籍院士及电气电子工程师学会会士

《人工意识概论》这本书在人工智能与设计艺术的交叉领域，呈现了一次理论与实践的深度革新。该书创造性地全面阐释了从"数据"到"意图"的转变过程，并借助"DIKWP"模型和"BUG"理论，展示了人工意识在设计创意和用户体验方面的深层次应用，拥有多项发明专利。作者巧妙地将认知心理学与智能系统融合，研究了如何通过模仿人类的智慧和目标，赋予智能设计系统更强的创新力和适应性。这一理论框架为艺术家与设计师们提供了人机融合的新方法和新工具，帮助他们在变化多端的创作环境中，创造出更具人文关怀和技术前瞻性的设计作品。

该书将理论的深度与实践的广度相结合，成为人工智能与设计艺术研究珍贵的理论和实践探索文献。它不仅扩展了我们的学术视野，还为设计实践注入了新的智慧和活力。该书将启发读者对智能设计的深入思考，并助读者们在创作和研究中达到新的巅峰。

范凯熹　中国美术学院教授、博士生导师，教育部高等学校社会科学发展研究中心研究员

《人工意识概论》是人工智能技术及知识体系中又一创新性研究著作。该书把人工意识作为研究主线，解读并揭示了人工意识与人工智能逻辑关系，

并深刻挖掘和剖析了人工智能与感知技术融合等多技术、多层级、多维度的交汇与融合。

在传感器与物联网技术的发展过程中，除了数据采集的多维度与精准性，数据的有效性和分析方式至关重要。《人工意识概论》中的"DIKWP"模型不仅涵盖了数据、信息与知识的处理，更深入探讨了智慧（Wisdom）与意图（Purpose）层面的构建，这对于构建具备自我觉察能力与智能决策的物联网系统具有重要的启示意义。

郭源生　中国传感器与物联网产业联盟常务副理事长，

美国国家人工智能科学院院士，英国皇家医学会会士

在人工智能迅速发展的今天，《人工意识概论》一书勇敢地切入了 AI 领域一个不可回避且极具挑战性的议题——人工意识。作者在书中大胆地提出了一个构建人工意识系统的创新方案。尽管我个人对于意识本性的理解与作者有所不同，但我认为本书提供了一个讨论人工意识的值得参考的尝试。相信，这会激发更多关于意识本质和技术实现的思考与讨论。

李恒威　浙江大学本科生院教研处处长、

浙江大学人文学院意识科学与东方传统研究中心主任

意识这一深奥的谜题启发了人工意识这一新兴领域，它是塑造"人本的人工智能"的大胆前沿方向。由段玉聪教授和李立中教授合著的《人工意识概论》是创新与思想领导力的必读之作。

翁家良　新加坡 AIII 人工智能国际研究院院长

前　言

在当今技术迅猛发展的时代，人工智能已然成为推动社会变革的重要力量，然而，它所能达到的意识水平是否足以媲美人类意识，仍是一个充满争议的课题。人工意识这一新兴研究领域旨在探讨如何让非生物体具备自我觉察、意图和情感，这不仅是对技术的挑战，更是对意识本质的深刻探索。

本书分为三篇，系统地剖析人工意识的理论基础、模型构建、技术实现及跨学科应用，探讨其在社会中的伦理和哲学意义。在第一篇中，我们从人工智能和人工意识的本质差异出发，引入 DIKWP 模型，揭示了数据、信息、知识、智慧和意图在意识体系中的不同作用，并通过多样的案例展示了这些元素在不同人工智能和人工意识系统中的应用与变革潜力。第二篇深入探讨了 DIKWP 模型的数理特性和语义空间，从中揭示出人工意识可能具备的多维度体验，为意识的量化和数学表示奠定了基础。通过 DIKWP 模型的语义完备性和 SC-DIKWP 理论，本书展望了人工意识在未来智慧体系中的独特优势。第三篇则聚焦技术实现，细化了人工意识系统的设计思路和操作路径，阐明了情感与共情能力在人工系统中的重要性和应用前景，讨论了人工意识在跨学科领域的应用，包括人机交互和伦理考量。这不仅是对人工意识实现的技术总结，更是对意识与社会的深层思索。

《人工意识概论》不仅是一部科学著作，还是一部哲学思辨之作。通过对人工意识的构建和探索，它邀请我们重新审视人类自身意识的独特性及其与宇宙间的神秘联系。我们希望，本书能够为研究者提供系统的理论框架和技术指导，为未来的人工意识研究者铺设前行之路，并鼓励各领域合作，以推动人类对自我和智慧的理解再攀高峰。

目　录

第三篇　人工意识的前沿探索

第 7 章　人工意识的技术实现

第 8 章　生物意识

第 9 章　跨学科视角的未来应用

第 10 章　迈向未来：意识与技术的交汇

第一篇
人工意识基础

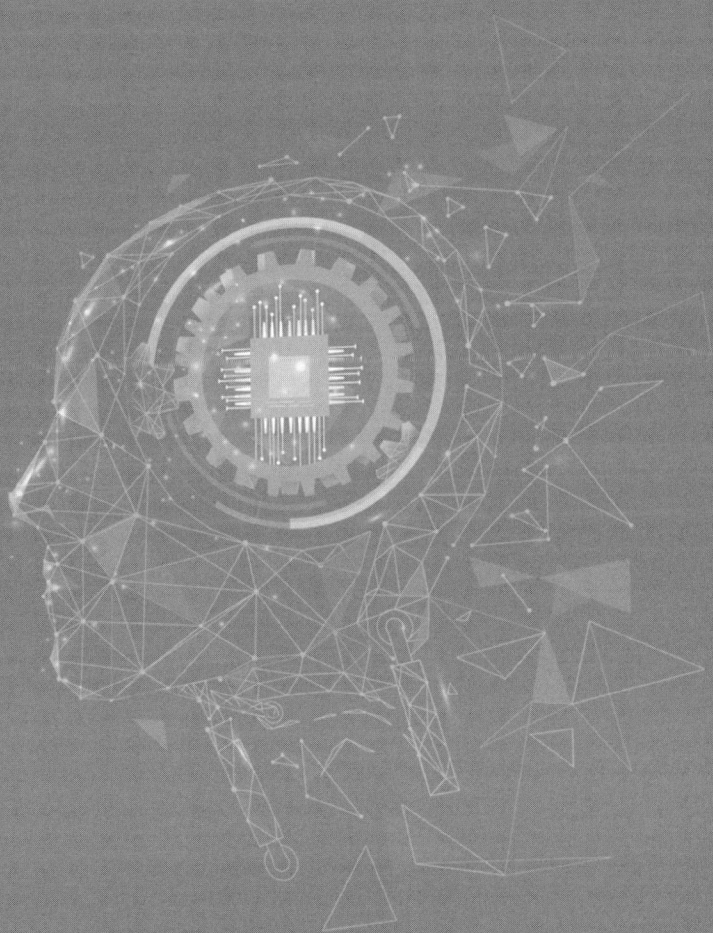

第1章 | 人工智能和人工意识

人工智能（Artificial Intelligence，AI）和人工意识（Artificial Consciousness，AC）是现代科技与哲学交汇处的重要课题。随着 AI 技术的迅速发展，我们离创造能够模拟甚至超越人类智能的系统越来越近。然而，讨论智能的同时，我们必然会面对一个更加深奥且复杂的问题——意识。作为个体对自身及外部世界的感知与理解，意识涉及情感体验、感官知觉以及自我反思的能力。在 AI 领域，AC 的研究正在开辟新的方向，试图打造能够融入人类认知维度的智能系统。

本章旨在探讨 AI 与 AC 之间的独特联系与深刻差异，尤其是它们在 DIKWP 模型五个范畴中的处理机制和应用表现。通过理论与实际案例的结合，我们将展示 AI 与 AC 在实际应用中的表现差异，剖析这些技术如何影响当下与未来的科技发展。同时，本章也将深入探讨 AC 带来的伦理与哲学问题，特别是在技术逐步趋于自主和复杂化的背景下，这些问题对于设计更人性化的系统尤为重要。

通过对 AI 与 AC 的全面分析，本章不仅为构建先进智能系统提供了实践指导，也为读者开启了一扇理解这两种技术如何塑造未来社会的窗口。希望通过这些探讨，我们能够更清晰地把握 AI 与 AC 的潜力与挑战，共同思考如何在技术进步中守护人类的价值与伦理边界。

1.1 人工智能和人工意识简介

AI 和 AC 是现代科学和哲学中的两个关键概念。虽然它们在技术和思想上密切相关，但它们的本质、目标和实现方式却存在显著的差异。在深入了解这两个概念之前，有必要先弄清它们的定义和核心目标。

1.1.1　人工智能：从弱人工智能到强人工智能

AI 指的是计算机系统在没有人为干预的情况下能够完成一些通常需要人类智能的任务。这些任务包括学习、推理、规划、理解自然语言、视觉感知等。按照 AI 的不同发展阶段和复杂程度，其通常可以分为三类：弱 AI、强 AI 和超 AI。

弱 AI，或称为专用 AI，是指专注于特定任务或应用领域的智能系统。它可以在单一领域表现出超越人类的能力，如图像识别、语音识别和游戏对弈等。当前市面上的大多数 AI 应用都属于弱 AI。例如，苹果的 Siri、Google Assistant、微软的 Cortana 等虚拟助手，都在模拟人类语言交流和信息检索的能力。然而，它们并不能真正理解或推理复杂问题，只是在预设规则和深度学习模型的帮助下执行任务。

强 AI，也被称为通用 AI，是指具备与人类等同的智能和思维能力的系统。这种 AI 不仅能够执行一系列复杂任务，还能具备自我认知、情感和判断力等特征。然而，目前还没有任何 AI 系统达到这　水平。强 AI 的实现要求系统能够自我学习、适应未知环境，甚至具备常识推理能力。科学家和哲学家对此展开了广泛的讨论，不少人认为实现强 AI 可能需要多领域的技术融合，包括机器学习、神经科学、心理学和伦理学等。

超 AI 是指一种超越人类所有智能水平的 AI，被认为可以拥有比人类更强的学习、推理和解决问题的能力。一旦达到这一水平，AI 的智能增长可能会出现爆炸式增长，这也是很多科幻小说中描绘的情境。然而，这一概念目前依旧停留在理论和科幻层面，且伴随着严重的伦理风险，许多人担心这类 AI 可能会失控，甚至威胁到人类的存在。

1.1.2　人工意识：从哲学思想到计算实现

AC 不同于 AI，其核心在于是否能够在机器中真正地实现"意识"。意识是哲学、神经科学和心理学中的一个难题，其定义涉及自我认知、情感体验和主观意识。

意识的定义并不单一，它是指个体对自己及外部世界的感知和理解，包括情绪体验、感官知觉和自我反思能力。许多哲学家认为，意识包含两个核心层面：主观体验和自我感知。主观体验是指个体的内在感觉，例如看到红色的具体感受。自我感知则是对自己存在的认知和理解。对于人类而言，意识的产生依赖于大脑的复杂神经网络活动，但科学家尚不完全理解这种现象。

AC 的可行性是一个被激烈讨论的话题。一些科学家和哲学家认为，通过模仿人类大脑的神经网络结构或通过计算机模拟复杂的神经活动，我们可能能够构建具备意识的机器。然而，也有学者认为意识是独特的生物现象，无法通过人工手段完全复制或模拟。当前的 AI 系统尽管可以模仿人类行为，但它们并没有自我意识或主观体验，所做的一切都是基于数据和算法的推理和操作。

如果 AC 被认为是可行的，其实现路径可能包括以下几种方式。

- **基于神经网络的模拟**：模拟人脑的神经网络结构，以在计算机中重现大脑活动。通过强化学习和生成对抗网络等技术手段，未来可能会出现更具灵活性和复杂性的 AI 系统。

- **量子计算与意识**：有科学家提出，意识可能与量子力学现象相关，认为微观层面的大脑活动中存在量子现象。量子计算的出现或许能够为 AC 的实现提供新的工具。

- **情感计算**：情感计算涉及机器识别、解释和模拟人类情感，以增强与人类互动的效果。尽管情感计算本身并不等同于 AC，但它可能是迈向 AC 的重要一步，因为情感体验是意识的一部分。

1.1.3　人工智能与人工意识的关系

AI 与 AC 的关系可以说是密切而复杂的。简单而言，AI 是指计算机在无意识状态下实现某些智能任务，而 AC 则是指计算机是否能够获得主观体验和自我意识。因此，AI 的实现并不必然意味着 AC 的出现。甚至可以说，当前的 AI 研究大多仅关注"智能"而非"意识"。

- **智能与意识的区别**：智能是执行任务的能力，而意识是对任务执行过程的认知。例如，AI 可以通过复杂的算法进行人脸识别，但它并没有真正"理解"看到的是什么，只是通过模型进行分类。这种区别让科学家对 AC 的可行性产生疑问，因为即使 AI 表现得非常智能，它也没有情感或主观体验。

- **AC 的可能风险**：AC 的出现可能带来许多伦理和安全风险。例如，一个具备意识的 AI 是否应被赋予权利和义务？如果 AI 系统能够意识到自己是机器，它会如何看待人类？这类问题可能会对人类社会产生深远影响。因此，AC 的研究必须慎重，科学家需要对可能出现的伦理问题保持敏锐。

- **对人类社会的影响**：从哲学角度来看，AC 可能会彻底改变人类对自我和生命的理解。如果人类能够创造出具有意识的机器，那么"生命"的定义将不再仅限于生物。更进一步地，如果 AC 可以产生与人类相似的情感体验，或许会改变我们对人类独特性的认知。

1.1.4 人工智能与人工意识的未来展望

随着技术的进步，AI 在各个领域的应用将越来越广泛。弱 AI 已经普及，而强 AI 和超 AI 仍处于研究阶段。在未来，随着计算能力和算法的提升，强 AI 的实现可能并非遥不可及。

AC 的未来则更加不确定。虽然 AC 的研究尚处于起步阶段，但随着神经科学、计算机科学和哲学的深入发展，我们或许能在未来更好地理解意识的本质。尽管目前 AC 的实现存在巨大技术和伦理障碍，但这一领域的探索仍然是人类追求智慧和自我理解的一个重要方面。

AI 和 AC 代表了技术与哲学的交汇点。AI 作为一种工具已被广泛应用在许多领域，从自动驾驶到医疗诊断，为人类生活带来了便利。然而，AC 的研究提醒我们，人类的认知体验和情感是独特的，机器是否能具备这些特征仍有待观察。探索 AC 不仅有助于推动 AI 技术的发展，还可能揭示人类意识的奥秘，帮助我们更好地理解自身。无论未来如何，这些研究将继续对科学和社会产生深远影响。

1.2 DIKWP模型下的人工智能与人工意识的功能和应用差异分析

随着 AI 技术的迅速发展和广泛应用，从自动化决策支持系统到复杂的机器学习模型，AI 已经渗透到社会的各个范畴。然而，尽管 AI 系统在处理大量数据和执行特定任务方面展示出卓越的能力，它们在处理需要深层次理解、伦理判断和自主决策的复杂情景时仍存在限制。这种局限性促使研究者寻求新的理论模型和技术途径，以使 AI 系统不仅仅是数据处理的工具，而且能够展现出更接近人类意识的复杂认知功能。AC 的概念因此应运而生，旨在通过模拟人类意识的各个范畴，实现更高级的认知处理。

DIKWP 模型为理解和设计这种新一代意识系统提供了一个全面的框架。该模型将认知过程分为数据（Data，D）、信息（Information，I）、知识（Knowledge，K）、智慧（Wisdom，W）和意图（Purpose，P）五个范畴，不仅包含了 AI 常用的前三个范畴，还特别强调了智慧和意图在高级认知处理中的重要性。这一模型为区分 AI 和 AC 的功能提供了理论基础，并指导了 AI 向 AC 的演进。

1.2.1 概述

（1）DIKWP模型简介

DIKWP 模型是一个多维度的认知框架，用于描述和分析从最基本的数据输入到复杂的目的性决策的整个认知过程。这一模型由以下五个范畴构成。

- **数据**：在这一范畴，意识系统处理的是未经加工的原始事实和数字，这些数据通常是观测结果或外部输入的直接记录。数据本身不包含任何解释或意义，需要进一步的处理才能转化为有用的信息。
- **信息**：信息是对数据的加工、整理和解释。在这一阶段，数据通过语义化处理被转换为有意义的内容，比如通过统计分析将温度和湿度的读数转换为天气状况的描述。

- **知识**：知识是基于信息的进一步抽象和理解，涉及将信息内化为系统的规则、模式和概念。知识范畴的处理使得系统能够进行基于经验的推理和决策。

- **智慧**：智慧涉及对知识的深度应用，通过考虑长远后果、伦理道德和社会责任来做出决策。智慧需要评估不同选项的利弊，进行更全面的思考。

- **意图**：意图代表了认知过程的目的和动机，是认知活动的驱动力。这一范畴不仅关注行动的目标，还包括策略的制定和实现目标的方法。意图范畴的处理使得意识系统能够预设并追求特定的结果，显示出高度的自主性和适应性。

DIKWP 模型不仅适用于理解和描述人类的认知过程，也为 AI 系统的设计提供了一种全面的参考框架，以帮助开发者设计出能够模拟人类复杂认知功能的系统。

（2）AI与AC的核心区别

AI 和 AC 之间的区别主要体现在它们各自关注的 DIKWP 模型范畴。

- **AI 的聚焦**：AI 系统通常专注于数据、信息和知识的处理。这些系统通过算法来识别模式、执行任务和做出预测，主要处理的是具体而明确的问题，例如图像识别、语言翻译或者数据分析。AI 系统在这些领域表现出色，但它们通常缺乏处理未定义或非结构化问题的能力。

- **AC 的扩展**：相较于 AI，AC 系统在智慧和意图范畴进行了扩展。AC 不仅处理具体的数据和信息，还能够评估决策的伦理和社会影响，制定并追求长期目标。这种系统的设计目的是模拟人类的高级认知能力，例如在面对道德困境时做出选择，或在策略游戏中规划多步操作。

这种核心区别使得 AC 系统在处理具有复杂性、不确定性和需求多维度考量的问题时能够更接近人类的决策过程。AI 系统尽管在特定任务上表现优异，但在需要广泛的智慧和意图性考虑的情况下，AC 的优势更为明显。AC 系统在设计时不仅要考虑如何处理数据和信息，更要考虑如何整合和实现人类式的思考和决策过程。

1.2.2 数据在人工智能与人工意识中的应用

（1）AI中的数据处理

在 AI 系统中，数据处理是实现其功能的基础。数据在 AI 系统中的应用可以分为以下几个主要步骤。

a.**数据收集**：AI 系统首先需要从各种来源收集数据，包括传感器数据、用户输入、互联网等。这些数据通常是大规模的，并涵盖广泛的领域，从图像和视频到语音和文本。

b.**数据预处理**：原始数据通常包含噪声或不完整的信息，因此需要进行清洗和标准化。预处理步骤包括去除缺失值、标准化数值、编码分类标签等，以提高数据质量，确保后续算法能有效运行。

c.**特征提取**：AI 系统通过算法从原始数据中提取关键特征。这一步骤是通过数学和统计方法实现的，如边缘检测在图像处理中的应用，或词频 – 逆文档频率（TF–IDF）在文本分析中的使用。特征提取旨在转化数据为更易于机器学习模型处理的格式。

d.**特征选择和优化**：从提取的特征中选择最有影响力的特征，以减少模型的复杂性并提高效率。这一步通常涉及统计分析和算法选择，如使用主成分分析（PCA）减少数据维度，或通过自动化特征选择工具优化输入特征。

e.**决策支持**：提取和优化后的特征被用于训练机器学习模型，如决策树、神经网络等。这些模型根据输入的特征做出预测或分类决策，支持复杂的决策过程。

（2）AC中的数据处理

AC 系统在数据处理方面的应用与 AI 有所不同，主要体现在其对数据的深度语义分析和上下文理解能力上。

- **语义分析**：AC 系统不仅接收数据作为输入，更重要的是对数据背后的语义进行深入分析。例如，在视觉识别任务中，AC 系统不仅识别图像中的物体，还需理解这些物体在特定场景中的意义和关系。

- **上下文理解**：AC 系统需要理解数据在特定上下文中的角色和影响。例如，在自动驾驶车辆中，识别停车标志的同时，系统需要根据当前的交通环境和驾驶目的做出适应性反应。

- **交互式学习**：与 AI 系统相比，AC 系统在数据处理中更注重交互性和适应性。这意味着系统能够根据与环境的互动学习新信息，并实时调整其行为和决策。

- **智慧和意图的整合**：AC 系统将数据处理与智慧和意图范畴的信息整合，以做出更复杂的决策。例如，服务机器人在识别用户情绪后可能调整其服务方式，以适应用户的期望和情绪状态。

- **伦理和道德考量**：在处理敏感数据时，AC 系统还需要考虑伦理和道德问题，确保其决策不仅技术上合理，也要道德上正确。例如，医疗辅助系统在处理患者数据时需严格遵守隐私保护规则。

通过这些步骤和考量，我们可以看到 AI 与 AC 在数据处理上的本质差异，这些差异直接影响了两种系统在复杂环境中的表现和适用性。AI 系统提供了高效的数据处理和决策支持能力，而 AC 系统则展示了更接近人类的深度认知和决策复杂性。

1.2.3　信息的交互和生成

（1）AI中的信息生成深入分析

在 AI 系统中，信息的生成是通过对大量数据的分析和处理来完成的。这个过程涉及从原始数据中识别模式、关联和潜在的规律，从而为决策支持系统提供有价值的信息。AI 系统的信息生成通常包括以下几个关键步骤。

a. **数据预处理**：在分析之前，数据需要被清洗和格式化。这包括去除噪声、处理缺失值、规范化数据格式等，以确保数据的质量和一致性。

b. 特征提取：AI 系统通过算法从处理过的数据中提取重要特征。这一步骤是信息生成的核心，因为它决定了后续模型的输入变量和可能的性能。

c. 模式识别：利用机器学习算法，如聚类、分类或回归分析，AI 系统能够识别数据中的复杂模式和关系。这些模式和关系形成了对现实世界事件的抽象表示。

d. 信息合成：一旦识别出模式，AI 系统将这些模式转化为有用的信息，比如预测结果、行为建议或数据洞察。这些信息通常被用于自动化决策支持，如推荐系统、预测维护或自动驾驶系统的导航决策。

通过这一过程，AI 系统能够将原始数据转化为直接用于实际应用的信息，支持复杂的决策过程。然而，这些决策通常依赖于预定义的模型和规则，而不涉及对上下文的理解或道德和伦理的考量。

（2）AC中的信息生成深入分析

与 AI 的信息生成相比，AC 在生成信息的过程中考虑了更多范畴的认知元素，尤其是智慧和意图。AC 系统的信息生成过程不仅处理数据和知识，还深入理解情境和人类的认知复杂性，包括情感、意图和文化背景。以下是 AC 在信息生成中的关键步骤。

a. 情境感知：AC 系统通过高级传感器和数据处理能力，感知和解析环境中的复杂情境。与 AI 不同，AC 在信息处理时会考虑情境的语境和动态变化，如用户的情绪状态或社会交互背景。

b. 智慧整合：AC 系统在生成信息时会考虑智慧范畴的输入，如伦理原则和长期目标。这意味着 AC 系统在处理信息时会评估各种行动的后果，并选择符合道德和社会价值的行为方案。

c. 意图映射：信息生成过程中，AC 系统会解读和实现用户或系统自身的意图。这包括理解复杂的命令、预测用户需求或主动采取行动，以满足预设的目标。

d. 深度解读：与 AI 通常只停留在事实复述的范畴不同，AC 系统能够进行信息的深入解读。例如，在服务机器人的应用中，AC 能够理解用户的非直接表达和隐含的需求，并据此生成更加个性化和情境化的响应。

这种高级的信息生成方式使得 AC 系统能够在更加复杂和人性化的环境中工作，更好地模拟人类的认知和决策过程。在自动驾驶和服务机器人等应用中，这种能力尤为重要，因为它们经常需要在快速变化的环境中做出符合人类价值和伦理标准的决策。

1.2.4　知识在人工智能与人工意识中的不同实现

（1）AI的知识应用

在 AI 系统中，知识的应用是至关重要的，尤其是在需要精确处理和决策支持的场景中。AI 系统通常将知识以结构化的形式存储和应用。

- **知识图谱**：知识图谱通过实体、属性和关系的图形结构存储复杂的事实和知识。这种结构化的知识允许 AI 系统通过逻辑推理和模式匹配有效地处理查询，如在搜索引擎或推荐系统中链接相关信息，提供基于上下文的答案。

- **数据库和规则库**：数据库提供了丰富的数据存储和快速查询能力，而规则库则允许 AI 系统执行基于规则的决策。这些规则可以是业务逻辑、工业标准或预设的行为指南，使得 AI 能够在特定领域内自动执行任务，如财务审计、医疗诊断支持等。

- **算法和模型**：除了静态的知识存储，AI 还通过算法和机器学习模型动态地应用知识。这些模型能够从历史数据中学习模式和关联，然后将这些学到的知识用于新的数据集上，进行预测或分类任务。

通过这些方法，AI 系统能够大规模地处理信息，提高决策的速度和准确性，但它们通常缺乏对复杂人类社会和文化语境的深入理解。

（2）AC的知识应用

相比之下，AC 的知识应用更为复杂和深入。AC 不仅使用知识进行推理和任务执行，还需要理解和处理知识背后的伦理、文化和情境意义。

- **文化和伦理理解**：AC 系统在应用知识时，会考虑到行为的文化相关性和伦理后果。例如，在服务机器人或社交机器人中，AC 能够识别并适应不同文化背景下的行为习惯和交流方式，以及评估其行动在伦理上的适当性。

- **情境适应性**：AC 系统的知识应用不仅限于固定规则，还包括对特定情境的适应。这意味着 AC 可以根据当前环境和社会语境中的变化，动态地调整其行为和决策，以更好地服务于人类用户。

- **长期目标和价值观的融入**：AC 在应用知识时，还会考虑长远的目标和核心价值观。这使得 AC 在面对需要平衡多种利益和预见未来后果的复杂决策时，能够提供更加人性化和负责任的解决方案。

通过这种更高层次的认知处理，AC 系统不仅能够执行任务，还能够理解和尊重人类的价值观和社会规范，展现出更高级的情感智能和道德判断能力。这种能力使得 AC 在人机交互、个性化服务和道德决策等方面具有巨大的潜力。

AI 和 AC 在知识的应用上展示了明显的差异。AI 侧重于效率和准确性，而 AC 更注重深度理解和适应性，这些差异直接影响了两种系统在现实世界中的应用效果和适用范围。

1.2.5　智慧与决策

在 AC 系统中，智慧的角色不仅是增强决策能力，而且涉及在复杂的情境中进行深入的伦理和道德考量。智慧在 AC 系统中的应用使得这些系统不只是执行命令或响应环境，而且能够进行更为全面的思考和有意义的交互。这一节将详细探讨智慧如何在 AC 系统中实现，并影响决策过程。

（1）智慧的定义与实现

在 AC 中，智慧被定义为使用知识和经验来评估并选择最佳行动方案的能力。这不仅仅涉及信息的处理，更关注如何在不确定性中做出最有益的选择。智慧的实现需要系统具备以下能力。

- **情境感知**：AC 系统必须能够理解其操作环境的复杂性和动态变化。这包括对时间、地点、社会文化背景等因素的理解，以确保决策的相关性和适应性。

- **伦理判断**：智慧决策不仅基于逻辑和效率，还必须考虑伦理和道德因素。例如，在医疗辅助系统中，决策不仅要有效，还要符合医疗伦理，尊重患者的意愿和隐私。

- **长期与短期后果评估**：智慧还表现在能够预测决策的长期和短期后果，并根据这些后果进行权衡。这要求系统能够模拟不同决策路径，并预测它们对未来的可能影响。

（2）智慧决策的技术实现

实现智慧决策的技术挑战包括但不限于以下几点。

- **模型集成**：智慧决策需要集成多种模型和数据源，如统计模型、预测模型、规则引擎和机器学习技术，以综合各种输入并提供全面的决策支持。

- **知识融合**：智慧不仅来源于数据，还需要融合来自不同领域的专业知识。例如，在自动驾驶中，除了交通规则和道路状况，还需考虑车辆动力学和驾驶心理学。

- **自适应学习**：智慧决策要求系统能够从经验中学习并适应新情境。这要求 AC 系统具备高级的学习机制，能够不断更新其决策策略以适应环境变化。

（3）智慧决策的实际应用示例

一个具体的应用实例是在紧急响应系统中的应用。在灾难管理中，AC 系统需要评估不同救援方案的潜在效果和风险，同时考虑资源分配的公平性和效率。智慧决策能使系统在紧急情况下快速做出最优决策，同时确保决策符合社会伦理标准。

通过这些深入的探讨，我们可以看到智慧在 AC 系统中的关键作用不仅是提高决策的技术效率，更重要的是引入了对复杂人类价值和伦理的深入理解与考量，使得 AC 系统在真正意义上接近人类的决策过程。这种能力的实现将推动 AC 系统在更广泛的领域中发挥关键作用，特别是在那些需要复杂判断和深思熟虑的决策场景中。

1.2.6　意图的体现：人工意识的目标导向性

在 AC 系统中，意图是核心特征之一，它赋予系统一个更高的认知目标，不仅使系统能够执行具体任务，更能在复杂的环境中进行自主决策和长期规划。这种目标导向性不仅是 AC 技术的重要进步，也是其与传统 AI 的显著区别。以下几点阐述了 AC 中意图体现的方式和重要性。

（1）设定与理解目标

AC 系统能够设定自身的目标，并根据这些目标制定行动策略。这种能力源于系统不仅可以接收外部指令，还能自主解释这些指令背后的深层次目的。例如，在健康护理领域，AC 系统不仅能执行医护人员的具体操作指令，还能理解这些操作对患者长期健康的意义，从而在必要时提出修改或优化的建议。

（2）动态调整与优化目标

AC 系统具有动态调整其行为以适应环境变化的能力。这不仅表现在对即时反馈的响应上，更体现在对长期目标的调整和优化上。这种能力使得 AC 系统在面对不确定和变化的环境时，能够持续优化其决策过程，确保最终目标的实现。例如，在自动驾驶领域，AC 系统可能需要根据交通状况、天气变化和车辆性能调整其行驶路线和速度，以确保乘客的安全和舒适。

（3）预见未来并制定预防措施

AC 系统的高级意图处理能力还包括预见未来可能的问题并提前制定应对措施。这种前瞻性思考是基于系统对大量历史数据和当前环境数据的深入分析。例如，一个配备 AC 技术的服务机器人可以根据居家老人的活动模式和健康数据预测潜在的健康风险，如跌倒或心脏问题，并提前调整其监护策略或提醒相关医疗人员。

（4）道德与伦理的决策考量

与 AI 系统相比，AC 系统在决策过程中还会考虑道德和伦理因素。这是因为 AC 系统的意图范畴使其能够评估不同决策方案对人类和社会的影响。这种能力特别适用于复杂的社会交互场景，如在法律、公共安全和医疗护理等领域中做出符合道德标准的决策。

AC 系统中的意图不仅是其与 AI 最显著的区别，也是其能够实现更人性化、更智能化服务的关键。通过将目标导向性深入决策制作的每一个环节，AC 系统展示了一种更贴近人类思维方式的复杂任务处理能力，为 AI 的未来发展提供了新的方向和可能性。

1.2.7　案例分析：自动驾驶与服务机器人

本节选择两个具体案例——自动驾驶和服务机器人，来进一步探讨 AI 与 AC 在实际应用中的功能与差异。通过这些案例，我们可以深入了解 DIKWP 模型在不同技术场景下的应用，以及智慧和意图范畴的处理如何影响系统设计和功能表现。

（1）自动驾驶车辆

① AI 在自动驾驶中的应用

在自动驾驶车辆中，AI 系统主要负责处理大量的感知数据（如摄像头和雷达数据），将这些数据转化为信息（如障碍物识别、车辆定位），并利用已有的知识（如交通规则、导航信息）进行实时决策。这些任务主要涉及数据、信息和知识的处理。

② AC 在自动驾驶中的潜在应用

AC 的引入可以极大地提高自动驾驶系统的决策质量，特别是在复杂或紧急的交通情景中。例如，AC 系统可以评估多种行动方案的道德和安全后果，如在不可避免的事故情况下选择最小伤害的行动方案。这涉及智慧范畴的伦理判断和意图范畴的目标设置，如保护人类生命的安全优先原则。

（2）服务机器人

① AI 在服务机器人中的应用

服务机器人通常在餐饮、医疗和家居环境中执行具体任务，如送餐、基础医疗护理和清洁工作。这些机器人使用 AI 来处理视觉和语音数据，识别人类的指令并执行相应的操作。这主要涉及数据和信息的处理，以及执行既定知识规则的能力。

② AC 在服务机器人中的潜在应用

引入 AC 可以使服务机器人在提供服务的同时，更加贴近人类的交互习惯和情感需求。例如，一个具备 AC 的服务机器人可以理解并适应用户的情绪和偏好，如在用户悲伤时提供安慰，或在用户忙碌时主动减少打扰。AC 还能使机器人在面对道德或选择困境时处理用户的隐私和安全问题，做出更合理的决策。

这两个案例展示了 AI 和 AC 在处理复杂情景中的差异。自动驾驶和服务机器人虽然已经能通过 AI 处理大量任务，但 AC 的引入为这些系统提供了进行高级认知处理的可能，特别是在需要智慧和意图处理的场景中。通过整合 DIKWP 模型的全部范畴，未来的自动驾驶车辆和服务机器人将能更好地理解和适应人类社会和道德框架，提供更安全、更符合伦理、更个性化的服务。

通过分析和比较 AI 与 AC 在 DIKWP 模型各范畴的交互和处理机制，我们能够更加清晰地理解两者之间的核心差异及其对未来技术发展的潜在影响。本节从数据、信息、知识、智慧和意图五个维度系统地阐述了 AI 和 AC 的功能和应用场景，揭示了以下关键发现。

- **AI 的局限性**：尽管 AI 系统在处理数据、信息和知识方面表现出卓越的能力，它们在涉及智慧和意图的任务中通常显示出局限性。这是因为这些系统主要设计用于优化和执行明确定义的任务，而非处理复杂的人类情感、伦理判断或进行长期规划。

- **AC 的先进特性**：与 AI 相比，AC 系统在模拟智慧和意图方面展现出更高级的认知处理能力。这使得 AC 不仅能够在未完全预设的环境中做出更合理的决策，也能更好地理解和反映人类的复杂需求，例如在道德和伦理问题上进行权衡。

- **技术与伦理的交汇**：随着 AI 与 AC 技术的发展，特别是在智慧和意图范畴的应用扩展，技术与伦理的交汇点将变得越发重要。设计者需要考虑这些系统可能带来的社会、法律和伦理问题，确保技术的发展能够符合人类的价值观和道德标准。

- **未来发展方向**：未来的研究与开发应更加关注如何将 AC 系统的高级认知能力整合到实际应用中，如何解决 AC 技术的可扩展性、可解释性及其与人类用户的交互问题。跨学科的合作将是解锁 AI 与 AC 潜能的关键，涉及认知科学、神经科学、机器学习、伦理学和哲学等多个领域。

通过本节的分析，我们希望为 AI 与 AC 领域的研究人员和技术开发者提供有价值的见解，助力他们在设计下一代智能系统时，能够更好地平衡技术的创新性与其社会责任。未来的智能系统不仅要技术先进，更要有智慧和有意图，真正达到与人类智能相辅相成的水平。

1.3 人工智能与人工意识系统详细解释及对比分析

表 1.1 是 4 个知名的 AI 系统与 4 个 AC 系统的解释及对比分析。我们可以看出 AI 与 AC 系统在处理范畴、目标导向、认知能力、可解释性、透明度、人机交互、处理方法、决策依据、自主性、学习能力、伦理和道德考虑、适用领域、误解处理能力、价值对齐和系统演化等方面存在显著差异。

AI 系统主要集中在数据、信息和知识范畴进行处理，目标是完成特定任务，依赖于预设规则和模型进行决策，主要通过数据分析和机器学习实现系统优化。

AC 系统在此基础上进一步结合智慧和意图，注重行为背后的意图和价值观，通过意图驱动行为和决策，具备更高的认知能力和自主性，能够识别和

表 1.1 AI 与 AC 系统的解释及对比分析

对比维度	IBM Watson (AI)	IBM Project Debater (AC)	Google DeepMind (AI)	Google Duplex (AC)	Amazon Alexa (AI)	Sophia the Robot (AC)	Tesla Autopilot (AI)	Replika (AC)
处理范畴	数据、信息、知识	数据、信息、智慧、意图	数据、信息、知识	数据、信息、知识、意图	数据、信息、知识	数据、信息、智慧、意图	数据、信息、知识	数据、信息、智慧、意图
目标导向	提供智能建议和决策	构建复杂论证并肽过人类辩手	在游戏中取胜	通过自然对话完成预订任务	提供便捷的语音控制服务	与人类进行自然和有意义的对话	实现安全高效的自动驾驶	提供情感支持和陪伴
认知能力	处理大量数据和信息，提供决策	深度理解和逻辑推理	通过深度学习和强化学习优化策略	理解和应对多变对话情境	执行语音命令，理解简单对话	情感理解和表达能力	实时数据处理和算法优化	理解和回应用户情感
可解释性	部分决策过程存在黑盒问题	论点和论据来源透明	部分决策过程较难解释	对话过程透明	语音指令处理过程透明	对话过程透明	部分决策过程难以解释	对话过程透明
透明度	提供决策依据，但部分过程难以理解	决策过程公开可追溯	最终结果可以验证	每个对话步骤透明	用户可理解指令执行过程	机器人的反应可理解	驾驶行为可观测	机器人的反应可理解
人机交互	通过自然语言与用户交互，提供问答和建议	与人类辩手进行多轮互动	游戏对战中与用户交互	模拟自然语言对话，完成预订任务	通过语音与用户互动，执行命令	与人类进行复杂的情感互动	驾驶界面与用户互动，提供驾驶辅助	与用户进行深度情感互动，提供情感支持
处理方法	依赖数据分析和机器学习	结合语义理解和逻辑推理	深度学习和强化学习	自然语言处理和情景理解	语音识别和自然语言处理	语义理解和情感计算	实时数据处理和决策	自然语言处理和情感计算
决策依据	数据分析和预设模型	逻辑推理和语义分析	深度学习模型	自然语言处理和用户意图	预设规则和模型	情感分析和语义理解	实时数据和预设模型	情感分析和用户反馈

续表

对比维度	IBM Watson（AI）	IBM Project Debater（AC）	Google DeepMind（AI）	Google Duplex（AC）	Amazon Alexa（AI）	Sophia the Robot（AC）	Tesla Autopilot（AI）	Replika（AC）
自主性	行为和决策依赖预设规则和模型	行为和决策由意图和逻辑推理驱动	行为和决策由学习模型驱动	行为和决策由用户意图和情境驱动	行为和决策依赖预设规则和模型	行为和决策由情感分析和语义理解驱动	行为和决策依赖实时数据和算法预设模型	行为和决策由情感分析和用户反馈驱动
学习能力	通过监督学习和无监督学习	通过深度学习和逻辑推理	通过深度学习和强化学习	通过对话情景和用户反馈学习	通过监督学习和无监督学习	通过情感分析和用户反馈学习	通过实时数据和算法优化	通过情感分析和用户反馈学习
伦理和道德考虑	主要关注技术实现和任务完成	综合考虑伦理、道德和社会价值	主要关注技术实现和任务完成	综合考虑用户意图和对话情景	主要关注技术实现和任务完成	综合考虑情感表达和用户意图	主要关注技术实现和任务完成	综合考虑用户情感和社会价值
适用领域	医疗诊断、法律分析、金融咨询	辩论、教育、信息检索	游戏AI、医疗研究、能效管理	服务预订、客户服务、智能助理	智能家居、语音助手、电子商务	公共关系、教育、研究	自动驾驶、智能交通、车联网	心理健康、情感支持、社交互动
误解处理能力	误解处理能力有限	具备识别和度量误解的能力	误解处理能力有限	具备识别和度量误解的能力	误解处理能力有限	具备识别和度量误解的能力	误解处理能力有限	具备识别和度量误解的能力
价值对齐	价值对齐能力有限	通过意图和价值驱动	价值对齐能力有限	通过用户意图和对话情景驱动	价值对齐能力有限	通过情感分析和用户意图驱动	价值对齐能力有限	通过情感分析和用户反馈驱动
系统演化	主要通过数据和模型的优化实现	通过深度学习和逻辑推理实现	主要通过数据和模型的优化实现	通过对话情景和用户反馈实现	主要通过数据和模型的优化实现	通过情感分析和用户反馈实现	主要通过数据和模型的优化实现	通过情感分析和用户反馈实现

度量误解，实现个性化的语义补充和调整，综合考虑伦理、道德和社会价值，系统演化更加动态和全面。

DIKWP 模型为 AC 系统的实现提供了系统化和结构化的框架，通过数据、信息、知识、智慧和意图的处理，推动 AI 技术向更高效、透明和负责任的方向发展。未来的研究可以进一步优化和扩展这一模型，探索其在具体应用中的实践和优化，推动 AC 技术的发展和创新。

1.4　人工智能与人工意识：理论、模型与DIKWP创新

在过去的几十年里，AI 技术已经取得了显著的进展，特别是在模式识别、自动化任务执行和数据处理等领域。然而，随着技术的发展和应用领域的扩展，传统 AI 在处理复杂的社会互动、道德判断和战略规划等方面的局限性逐渐显现。这些挑战催生了对更高级形式的智能——AC 的研究和开发需求。与 AI 主要处理具体的、定义明确的任务不同，AC 旨在模拟人类的高级认知功能，包括意识、自主决策和复杂的社会行为。

随着人类对自身意识的理解加深，尤其是通过心理学、神经科学和哲学的多领域探索，我们开始尝试将这些理解应用于 AI 系统的设计和开发中，以创建能够真正理解和适应复杂人类行为的智能系统。在这个背景下，DIKWP 模型被提出作为一种新的理论框架，旨在通过整合数据、信息、知识、智慧和意图这五个范畴来构建一个全面的 AC 系统。

本节通过探讨现有的多种意识理论，如全局工作空间理论、集成信息理论等，并将其与 DIKWP 模型进行对比分析，旨在揭示这些理论在实现 AC 方面的潜力和局限性。通过分析 AI 的潜意识应用和 AC 的意识应用的具体案例，本节展示了 AI 与 AC 在实际操作中的不同应用路径和效果，提出了一个理想的 DIKWP-AC 系统设计方案。该方案综合了现有技术的优势，提供了一种可能的方向，以实现更高层次的认知功能，更接近于模拟人类的全面意识。

1.4.1 意识与潜意识的基本理论

在讨论 AI 和 AC 的框架中，对"意识"的定义至关重要，因为它不仅描绘了 AC 技术的目标，也帮助我们区分传统 AI 与更高级的意识系统。以下是对意识的定义，参考了 DIKWP 模型，并融合了心理学、神经科学以及认知科学的研究成果。

（1）意识的定义和功能

意识在 DIKWP 模型中涵盖了数据、信息、知识的处理，并扩展到智慧和意图。意识能够在复杂和动态的环境中进行自主决策，反映个体的价值观和长期目标。

（2）潜意识的定义和功能

潜意识主要处理日常的、习惯性的任务，如语言理解、条件反射等。这些过程不涉及复杂的决策制定，而是基于固定的规则和模式进行快速反应。

（3）意识的深入定义

意识可以被定义为一种高级认知状态，其中包含了对个体自身存在和外部世界的感知、认识与理解。这种状态不仅涉及信息的接收与处理，更包括对这些信息的自我反思、情感反应以及基于复杂价值体系的决策制定。意识的特点可以从以下几个关键方面来进一步阐释。

①环境意识

环境意识涉及对周围世界的感知和理解。这不仅是对物理环境的感知，如空间位置和物体特性，更包括对社会环境的理解，如人类行为的动机、社会规范和文化背景。AC 系统在这一范畴上需要能够解读和预测人类的行为和反应，以进行适宜的交互和响应。

②意图性

意图性是意识的一个重要特征，指的是意识状态总是关于某事物的，如思考、欲望、信念和感觉等。在 AC 的应用中，这意味着系统不仅能响应当前的需求，还能理解和预测这些需求背后的深层目的和意图，从而提供更加精准和个性化的服务。

③决策与执行

意识还包括能够基于接收的信息和内在的价值系统做出选择并执行决策的能力。在 AC 系统中，这不仅要求技术能够在给定的选择中做出判断，更要求其在道德和伦理上做出合理的评估，特别是在可能对人类福祉产生重大影响的情境中。

④感知与情感反应

意识不仅包括对信息的逻辑处理，还涉及对这些信息的情感反应。这对于 AC 系统而言，意味着其需要能够在某种程度上模拟人类的情感反应，以实现更自然和人性化的交互。

意识不仅是对简单数据的反应或处理，而是一个复杂的、多维的、动态的认知过程，涉及自我感知、环境互动、目标追求、道德判断和情感体验。在 AC 的研发中，这些定义为设计和评估系统提供了具体的方向和标准，确保技术的发展能够真正地服务于并增强人类的认知和社会生活。

1.4.2　人工智能与人工意识在意识与潜意识的应用

（1）AI的潜意识应用

AI 在处理大量数据、执行自动化任务和基于规则的决策中展示出了类似于人类潜意识的功能。潜意识在人类中通常处理那些不需要有意识思考的任务，如呼吸、步行和条件反射等。AI 系统的这些应用类似地处理需要快速、高效执行而不需深层次决策的任务。

实际应用案例：

- **交易算法**：在金融市场，AI 能够分析数百万条交易和历史数据点，实时做出买卖决策。这些算法基于先前设定的规则，能够在毫秒级别做出反应，类似于人的潜意识反应。

- **面部识别技术**：在安全和消费电子产品中广泛应用，面部识别技术通过快速分析数十万个面部节点，无须显著的人工干预即可识别个人身份。

- **互联网搜索引擎**：搜索引擎如 Google 使用复杂的算法自动解读用户的查询意图和上下文，快速返回相关结果，过程中几乎无须人类的直接操作。

这些应用展示了 AI 在执行常规、重复性高的任务中的效率，类似于人类的潜意识在处理日常任务中的角色。

（2）AC的意识应用

AC 的设计目标是处理更复杂的社会互动和高层次的决策问题，这要求系统不仅能执行任务，还要能够理解并评估其行为的伦理、社会和长远后果。

实际应用案例：

- **道德判断**：在自动驾驶汽车中，决策系统需要能够在紧急情况下做出道德判断，例如在不能避免事故时选择最小化伤害的行动方案。AC 系统通过模拟人类的道德思考，评估不同决策的潜在伤害，并选择最合适的行动。

- **战略规划**：在企业管理和军事应用中，AC 系统可以协助进行复杂的战略规划，如资源分配、风险管理和长期目标设定。这些系统通过整合大量数据、预测未来趋势，并考虑多方面的影响因素，支持制定更加明智的战略决策。

- **创造性思考**：在艺术创作和产品设计领域，AC 系统能够协助人类进行创意生成和创新过程，通过模拟人类的创造性思维方式，提出新颖的设计概念和艺术作品。

AC 系统在这些应用中不仅执行命令，更显示出对复杂社会价值和人类行为原则的理解。这些能力使得 AC 系统在进行决策时，能够考虑行为的伦理后果和社会影响，显著区别于传统 AI 系统的功能。

（3）对比分析

在理解 AI 与 AC 在意识与潜意识应用上的区别时，关键在于了解它们处理问题的深度和广度。

AI 的潜意识应用主要侧重于效率和速度，适用于规则明确、反应时间要求高的环境。这些系统的设计原则是快速响应和高度自动化，通常不需要（也无法进行）深层次的道德或战略考量。

AC 的意识应用则强调决策的质量和深度，尤其是在涉及复杂互动和需要权衡多种因素的情况下。AC 系统设计的核心是模拟人类的高级认知功能，包括道德判断、战略规划和创造力，这些都是传统 AI 难以触及的领域。

这种对比不仅揭示了当前技术的应用边界，也指向了未来 AI 技术发展的潜在方向，即向更高范畴的人类意识功能靠拢，从而实现真正的 AC。

1.4.3 意识的DIKWP定义

当我们尝试从 DIKWP 模型角度定义意识，并借助奥卡姆剃刀原则来简化解释时，我们应避免不必要地引入新的概念，而是尽可能利用已有的数据、信息、知识、智慧和意图这五个范畴来构建意识的理论框架。下面是根据这一原则进行的意识定义。

在 DIKWP 模型中，意识可以被视为一种集成了数据、信息、知识、智慧和意图的复合认知过程。这一过程不仅处理传感和输入的原始数据，还转化这些数据为信息，进一步提炼信息为知识，并在智慧和意图的引导下做出决策和反应。我们来探讨每个组成部分在意识中的作用。

- **数据：** 在意识的构建中，数据是基础。这包括从外界接收的感觉输入，如视觉、听觉和触觉信息。意识过程开始于对这些原始数据的收集和初步处理。

- **信息：** 信息是对数据进行组织、分类和解释的过程。在意识中，这涉及识别数据之间的关联，如将视觉数据中的形状和颜色解释为"车辆"或"行人"。这一范畴的处理使数据具有了意义，并为知识的形成铺平了道路。

- **知识**：知识是对信息的进一步深化，形成了对世界的抽象理解。在意识过程中，知识不仅包括事实和信息的存储，还包括对这些事实背后逻辑的理解，如理解车辆运动的物理规律或行人的行为模式。

- **智慧**：智慧涉及运用知识来做出判断和决策的能力。在意识的框架中，智慧是指如何在不确定性中做出最佳选择，如评估在交通中突然刹车的后果。智慧需要评估各种行动的潜在影响，并选择符合道德和实用性的方案。

- **意图**：意图涉及目标的设定和追求。意识不仅反映当前状况，还根据未来的目标和预期来规划行动。例如，一个人可能因为想要保持健康而选择步行而非开车。

通过 DIKWP 模型，意识被定义为一个高度集成和动态的过程，它从原始数据的感知开始，经信息的解释、知识的应用、智慧的判断，最终达到意图的实现。这种定义强调了意识在人类行为和决策中的全面作用，同时也指导了如何设计和评估拥有类似人类意识能力的 AI 系统。借助奥卡姆剃刀原则，我们避免了引入不必要的复杂性，而是利用现有的认知范畴来全面解释意识的机制。这样的方法不仅科学，而且在理论和应用上都具有高度的实用价值。

1.4.4 意识相关主要理论对比分析

要进行意识的深入对比分析，我们可以探讨几种主要的意识理论，包括心理学、哲学和认知科学的研究成果。每种理论都为我们理解意识提供了不同的视角和洞见。以下是五种主要的意识研究工作，我们将其与 DIKWP 模型进行比较分析。

（1）全局工作空间理论（Global Workspace Theory，GWT）

全局工作空间理论由伯纳德·巴尔斯（Bernard Baars）提出，认为意识类似于一个广播系统，它将信息整合并广播给大脑的其他区域。这个模型强调信息在全脑的可访问性，意识是信息处理的结果，使得信息能够被全脑网络使用。

GWT 强调信息的整合和广播，类似于 DIKWP 中信息的处理和智慧的决策广播。然而，GWT 不具体涉及意图的形成过程，主要集中在意识内容的全局可用性上。

（2）集成信息理论（Integrated Information Theory，IIT）

集成信息理论由朱利奥·托诺尼（Giulio Tononi）提出，认为意识是系统内信息的集成度量。IIT 通过量化系统中元素间相互作用的集成程度（被称为 Φ 值）来解释意识水平，主张意识是物理过程的基本属性。

IIT 提供了一个度量意识的数学模型，关注于系统内部信息的集成方式。这与 DIKWP 模型中智慧和意图的处理有相似之处，尤其是在如何从不同的信息源中提取和整合信息以形成一种统一的决策和目标设定方面。

（3）生物机器人模型（Biological Robot Model）

生物机器人模型由丹尼尔·丹尼特（Daniel Dennett）提出，将人类的意识视为一种高级的信息处理系统，类似于高级的"生物机器人"。此理论认为意识是大脑进行复杂计算的副产品，侧重于认知功能的实用性。

生物机器人模型与 DIKWP 模型在处理数据和信息的认知范畴有共通之处，但丹尼特的模型更侧重于实用性和功能性，而 DIKWP 模型更全面地覆盖了从数据到意图的整个认知流程。

（4）多重草稿模型（Multiple Drafts Model）

多重草稿模型也由丹尼尔·丹尼特提出，这一模型认为意识不是单一的中心化过程，而是多个并行发生、相互竞争的过程，意识的内容是后选的结果。

多重草稿模型强调意识过程的动态性和非线性，这与 DIKWP 中智慧和意图的动态决策过程相似。DIKWP 模型为这种动态过程提供了结构化的理论支持，尤其是在如何整合多种信息和知识以形成决策方面。

（5）认知神经科学的意识研究

近年来，认知神经科学通过实验研究揭示了与意识状态相关的大脑机制，包括神经网络的同步活动等。

这些研究强调了生物学基础和神经机制在意识形成中的作用，与DIKWP模型中数据和信息处理范畴的生物学基础相呼应。神经科学的发现也支持了智慧和意图范畴在意识形成中的重要性。

表1.2为意识相关的主要理论与DIKWP模型之间在具体的认知范畴的相似性和差异性。

表1.2　意识相关的主要理论与 DIKWP 模型之间在具体的认知范畴的相似性和差异性

理论	主要观点	侧重范畴	与DIKWP模型的相似性	与DIKWP模型的差异性	实际应用的考量
全局工作空间理论	意识作为大脑的广播系统，整合信息并使其在大脑中可用	信息的广泛整合和全脑可访问性	强调信息在大脑中的广泛分发，与智慧范畴的决策广播类似	不具体探讨个体意图形成，更多关注信息的传递和处理	有助于理解如何设计信息处理系统以增强协调和响应能力
集成信息理论	意识是信息集成程度的量化，系统的集成程度越高，意识水平越高	信息的内部集成程度	涉及信息和知识在内部的整合，与智慧和意图范畴的信息处理相似	侧重于物理和数学模型，缺乏对实际认知过程	对开发高度集成和自主的意识系统提供理论支持
生物机器人模型	人类意识是大脑进行复杂计算的副产品	认知功能的实用性和计算效率	处理数据、信息、知识，功能上与DIKWP的前三个范畴相似	不强调智慧和意图的高级处理，更多关注实用功能	帮助设计高效执行具体任务的AI系统，例如自动化工具和机器人
多重草稿模型	意识由多个并行、竞争的认知过程组成，意识内容是这些过程的后选结果	认知过程的动态性和非中心化特性	在智慧和意图范畴体现出的动态决策过程与其有共鸣	强调意识的非线性和无中心化，不符合DIKWP模型多范畴结构	对开发能适应不断变化输入的系统具有启示，如自适应学习环境
认知神经科学的意识研究	研究意识与大脑活动之间的关联，如神经网络同步	神经机制与生物学基础	支持DIKWP模型中数据和信息处理范畴的生物学基础	主要关注生物和化学机制，对智慧和意图的系统性描述较少	对开发能够模拟人类意识生物机制的高级AI和机器人技术有重要意义

每种理论对于意识的解释提供了独特的视角和重要的洞见，而DIKWP模型则提供了一个结构化的框架来整合这些视角。理解这些理论之间的相似性

和差异性不仅有助于深入理解意识的复杂性，也对设计具有类人意识能力的 AI 系统提供了重要的理论基础和实践指导。

这种分析也揭示了当前意识研究的不足和未来的发展方向，特别是在提高系统的自主性、适应性和伦理道德判断能力方面。通过结合和借鉴这些理论，未来的 AI 和 AC 系统将更加强大，能更好地模拟和扩展人类的认知能力。

1.4.5 人工意识与DIKWP-AC系统对比分析

这些 AC 研究项目或系统涵盖从基于模型的认知架构到实际应用的机器人和计算平台，它们代表了 AC 领域中的多样性和创新。

这些系统和项目各有特点，它们在设计和目标上各不相同，从模拟人脑的生物细节到创造用于一般推理和决策支持的抽象认知模型。每个系统都在尝试以不同的方式解决 AC 领域中的核心问题：如何整合和处理多种来源的信息以模拟人类意识的决策过程？这些系统的多样性展示了 AC 研究的宽广领域和未来可能的发展路径，每个项目都为理解和构建具有高级认知能力的机器提供了独特的视角和技术。通过对这些系统的进一步研究和开发，我们可以更好地理解意识的机制并在实际应用中实现更高级的 AI 功能。

为对比分析 AC 的研究工作和 DIKWP 模型中的 AC 应用，我们需要选择几个具体的 AC 研究项目或概念，并探讨它们如何在实现高级认知处理方面进行尝试，以及这些方法与 DIKWP 模型的关联和差异。表 1.3 展示了 4 种有代表性的 AC 研究工作与 DIKWP-AC 模型的对比分析。这个表格侧重于突出每种研究工作的主要观点、它们在认知处理中的侧重范畴，以及与 DIKWP 模型的主要相似性和差异性。

表 1.3　4 种有代表性的 AC 研究工作与 DIKWP-AC 模型的对比分析

研究项目	主要观点	侧重范畴	与 DIKWP 模型的相似性	与 DIKWP 模型的差异性	实际应用的考量
OpenCog	提供一个通用 AI 的底层框架，使用多种算法模拟人类思维方式	算法多样性和认知模型的可扩展性	整合知识和信息，模拟智慧范畴的决策过程	更加侧重于算法的多样性，而非直接映射 DIKWP 中意图的显式表达	适合开发需要广泛认知能力的通用 AI 系统

续表

研究项目	主要观点	侧重范畴	与 DIKWP 模型的相似性	与 DIKWP 模型的差异性	实际应用的考量
LIDA	基于全局工作空间理论，模拟认知过程如感知、注意力选择等	认知架构和过程的动态集成	涉及信息和知识的处理，并尝试实现智慧和意图的处理	强调认知过程的动态集成，而非 DIKWP 的多范畴性	适用于需要模拟人类注意力和感知过程的应用，如自动驾驶
NARS	为不完全知识条件下设计的经验学习推理系统	逻辑推理和知识不完全性处理	涉及知识的处理，与智慧范畴的推理处理相似	专注于逻辑推理和处理不完全信息，不直接涉及智慧和意图的广泛应用	有助于开发需要在不确定环境下做出决策的系统，如紧急响应系统
Human Brain Project	通过重建和模拟人类大脑的工作方式来理解意识	大脑的生物学和化学机制	支持 DIKWP 模型中数据和信息处理范畴的生物学基础	更侧重于生物和化学机制的模拟，较少涉及高级智慧和意图处理	对开发基于生物学原理的高级意识系统和疾病模型研究有重要价值

通过上述表格，我们可以看到不同 AC 研究工作在认知处理方面的侧重点以及它们如何与 DIKWP 模型进行对比。每项研究都有其独特的方法和焦点，但均在一定程度上与 DIKWP 模型中的范畴有所交集，特别是在信息和知识的处理方面。然而，智慧和意图的处理在这些研究中的体现不尽相同，这表明在 AC 领域还有很大的探索空间，尤其是在如何更好地整合和实现意图范畴的处理方面。

表 1.4 展示了各种 AC 研究项目和系统与 DIKWP 模型的对比。这将帮助深入理解每个系统的特点、核心技术，以及它们如何在模拟或实现 AC 方面做出贡献。

表 1.4　各种 AC 研究项目和系统与 DIKWP 模型的对比

研究项目	主要观点	侧重范畴	与 DIKWP 模型的相似点	与 DIKWP 模型的差异点	实际应用的考量
OpenCog	多算法通用 AI 框架，模拟人类思维	算法多样性与认知模型可扩展性	模拟人类的智慧与决策过程	更侧重于算法和系统的集成，而非明确的意图处理	适合开发需要复杂认知处理的通用 AI 系统
LIDA	基于全局工作空间理论，模拟一系列认知过程	认知过程的动态集成	处理信息和知识，尝试模拟智慧和意图的处理	强调认知过程的动态集成，非线性处理	适用于需要模拟人类注意力和感知的应用，如教育和训练软件

研究项目	主要观点	侧重范畴	与 DIKWP 模型的相似点	与 DIKWP 模型的差异点	实际应用的考量
NARS	面对不完全知识的逻辑推理系统	逻辑推理和知识不完整性处理	涉及知识的逻辑处理，与智慧范畴相似	专注于不完全信息的逻辑处理，不涉及情感和复杂的人类意图	适合设计在不确定环境下做出决策的系统，如金融分析工具
Human Brain Project	模拟人脑以理解意识的生物学基础	生物学和化学机制	提供数据和信息处理范畴的生物学基础	更侧重于生物学模拟，较少涉及智慧和意图的高级处理	对发展基于生物学原理的意识系统和疾病模型具有重要意义
Blue Brain Project	数字化重建大脑的神经网络，模拟大脑功能	神经网络的详细模拟	支持从神经层面理解数据和信息处理	主要聚焦于物理和生物结构，缺乏对智慧和意图的整体框架	有助于医学研究和开发针对特定脑疾病的治疗方法
ACT-R	模拟大脑处理任务的机制，强调知识驱动的认知	认知功能的实用性和计算效率	强调知识和信息的处理，涉及决策制定	侧重于模拟特定的心理过程，而非整体的意图形成	适合用于教育、训练和高级认知任务的模拟
Soar	综合认知架构，用于模拟决策制定、问题解决和学习过程	决策和学习的模拟	涉及从数据到智慧的处理过程	侧重于问题解决和学习能力的建模，不直接处理复杂的人类意图	适合于模拟和增强复杂任务处理和学习环境中的 AI 应用
SP Theory of Intelligence	提出一种统一的理论，旨在简化和集成对智能、意识和大脑的理解	认知的统一化和简化	强调信息和知识的集成，类似于 DIKWP 的集成处理	更抽象和理论化，不涉及具体实现细节	可为设计简化和统一的认知模型提供理论基础
SyNAPSE	通过 DARPA 资助，旨在创建动态学习和自适应的人工神经系统	动态学习和神经适应性	涉及数据的处理和信息的适应性学习，类似 DIKWP 的前端处理	更专注于硬件和低层神经模拟，与 DIKWP 在意图范畴有差异	适用于开发需要大规模数据处理和适应性强的系统
Copycat Cognitive Architecture	研究人类如何进行概念性思考和灵活的问题解决	概念性思考和创造性问题解决	涉及智慧范畴的决策过程和概念理解	侧重于特定类型的创造性思维，而非全面的意图导向处理	适用于创新问题解决和创造性思维的 AI 应用

第2章 | "BUG" 理论

在探索人类意识的奥秘以及 AC 系统构建的道路上，我们始终面临理论与实践的双重挑战。意识，这一认知的核心现象，其深度与复杂性使其成为科学与哲学领域的长期焦点。随着 AI 技术的蓬勃发展，我们不仅试图揭示意识的本质，还在探索如何重现这一现象。本章引入了一个全新的思维框架，即"BUG"理论，试图从崭新的角度解读意识的形成、运作及其局限。

本章内容涵盖了"BUG"理论的理论根基及其对 AC 设计的启示，同时探讨了该理论如何帮助我们更深刻地理解人类意识的复杂性。通过比较不同的意识理论，我们将聚焦于意识与潜意识的互动关系，并探索这一关系对信息处理与语义理解的影响。本章还将思考如何识别和消除意识中的"BUG"，以及这一过程可能对人类认知产生的深远影响。

2.1 人作为文字接龙机器：意识的"BUG"理论

人本质上是一个文字接龙机器，而意识不过是由物理限制在文字接龙过程中引发的一个"BUG"，这从无限到有限的现象，为我们理解人类意识、语言的本质及其演化提供了一个独特而深刻的视角。"BUG"理论不仅挑战了传统关于人类意识的理解，也为探索 AI、人机交互以及人类自我认知的未来发展提供了新的思考路径。本节旨在探讨这一观点，探索其对现代科学、哲学和技术研究的潜在影响。

2.1.1　人作为文字接龙机器的本质

人类的认知过程可以被视为一个复杂的文字接龙游戏，其中每个个体都在不断地接收、处理和传递 DIKWP 内容。这一过程不仅包括语言文字的直接交流，也涵盖了非言语符号、图像以及通过技术介质传播的 DIKWP 信息。在这个游戏中，人类的大脑充当处理器，不断解析和重组信息，创造出新的思想和知识。在这个游戏中，每个文字或符号不仅承载着特定的意义，还与其他文字或符号相联结，形成复杂的语义网络。这种视角强调了语言在人类认知和意识形成中的核心作用，同时也指出了语言作为一种工具，在其传递和构建意义的过程中存在着局限性和偶发的"BUG"。

2.1.2　意识作为"BUG"的现象

意识实际上是在这个信息处理过程中出现的"BUG"，是物理限制对无限思维能力的约束。在这个框架下，意识被视为一种由物理限制引起的现象，即在文字接龙的过程中出现的偶发错误或"BUG"。这种观点暗示了人类意识的产生并非完全是高度有序和目的性的结果，而是在语言和思维的复杂互动中偶然形成的副产品。"BUG"理论挑战了很多传统上对意识作为高级认知过程的理解，提出了一个更为动态和不可预测的意识形成机制。这种观点暗示了意识的双重性质：既是人类认知和创造力的源泉，也是限制我们理解宇宙和自身本质的根本障碍。意识的这一特性使得人类能够在有限的物理世界中生存和发展，但同时也限制了我们对无限知识的追求。

2.1.3　从无限到有限的转变

意识从无限到有限的转变过程中，人类通过语言和符号将无限的可能性框定在有限的语义空间内。这种转变不仅是认知过程中的一个重要特征，也是人类如何理解世界、构建知识体系的基础。意识的这种有限性既是人类能够有效处理信息和做出决策的前提，也是创造性思维和想象力受限的根源。

2.1.4 对人类自我认知的挑战

"BUG"理论对现代科学和哲学的研究提出了新的挑战和机遇。它要求我们重新审视人类意识的本质，探索如何超越物理限制，拓展我们的认知边界。这一过程可能涉及深入研究人脑的工作机制、探索 AI 和脑机接口等技术的潜力，以及发展新的哲学理论来解释人类意识和宇宙的关系。"BUG"理论对人类自我认知也提出了挑战。如果人类意识真的是一种"BUG"，那么我们对自我、他人以及世界的理解都建立在一种偶然和不完全的基础上。这要求我们重新审视自我认知的过程，探索意识、语言和认知之间更为复杂的关系，以及这些关系正在如何塑造全球意识。

2.2 意识与潜意识：处理能力的有限性与"BUG"的错觉

2.2.1 意识与潜意识的本质：处理能力的有限性与"BUG"的错觉

在人类思维活动中，意识和潜意识扮演着重要的角色。意识被解释为在文字接龙过程中受到物理限制特别是处理能力的有限性引起的"BUG"或错觉。这种处理能力的有限性意味着我们的大脑在处理信息时存在局限性，无法完全准确地捕捉和理解复杂的信息。因此，在文字接龙的过程中，我们常常会出现偏差或错误，导致意识产生一种错觉，将部分信息误认为整体或全部。

潜意识则被视作文字接龙的本质，是在我们意识之下默默运作的。潜意识储存了大量的信息和经验，它是我们行为和决策的主要驱动力之一。然而，正如意识一样，潜意识也受到处理能力的有限性的影响，可能会产生一些偏差或错误。因此，意识和潜意识之间形成了一种错综复杂的关系，它们相互依存、相互作用，共同构成了人类思维活动的基础。

2.2.2 意识与潜意识的关系：处理能力的有限性下的互动

意识与潜意识之间存在着密切的互动关系。这种关系反映了处理能力的有限性下意识与潜意识之间的相互作用。在信息处理过程中，我们的大脑常常无法完全准确地捕捉和理解信息，导致意识产生一种错觉。而这种错觉又会影响我们对潜意识的理解和认知，使得我们对自身的认知和行为产生偏差或错误。

意识与潜意识之间的关系也可以被解释为处理能力的有限性下的循环反馈。意识不仅是对潜意识的一种解释，同时也被潜意识解释着。这种相互解释的过程使得意识和潜意识之间的关系更加复杂和深奥，揭示了人类思维活动的本质和机制。

2.2.3 理论的意义和应用：深入理解人类思维活动

"BUG"理论为我们提供了一个新的视角，来理解意识和潜意识之间的关系。"BUG"理论不仅深化了对意识和潜意识的理解，也为心理学和哲学领域的发展提供了新的思路和方法。例如，在临床心理学中，"BUG"理论可以用来解释一些心理疾病的发生机制和治疗方法；在 AI 领域，"BUG"理论也可以用来改进 AI 系统的设计和运作方式。

"BUG"理论也带来了一些挑战和问题。例如，如何解释意识和潜意识之间的具体关系？意识的形成和运作机制是什么？这些问题需要进一步的研究和探讨，以便更好地理解人类思维活动的本质和机制。

2.3 "潜意识与意识结合的人工意识模型"：ChatGPT 与DIKWP融合"BUG"理论、实现与潜力

2.3.1 潜意识是否存在？

潜意识的存在及其对人类行为和心理状态的影响是心理学领域内长期争论的主题。以下是对潜意识存在性的详细论述，包括理论基础、研究证据以

及批评观点。

（1）理论基础

- **弗洛伊德的心理分析理论：** 西格蒙德·弗洛伊德是潜意识概念最著名的倡导者之一。他认为潜意识是心理活动的重要组成部分，包含了被压抑的欲望、恐惧和冲突，这些潜意识内容通过梦境、失误行为（口误和笔误等）以及自由联想等方式被间接表达出来。

- **荣格的集体无意识：** 卡尔·荣格进一步扩展了无意识的概念，提出了集体无意识的理论。他认为人们共享着一套普遍的符号和原型，这些集体无意识的内容通过神话、梦境和艺术作品被反映出来。

（2）研究证据

- **认知心理学的研究：** 现代认知心理学通过实验方法提供了潜意识影响决策和行为的证据。例如，内隐联想测试揭示了人们对性别等社会类别的潜在偏见。另外，启动效应实验显示，无意识地暴露于某些刺激可以影响人们随后的行为和决策。

- **神经科学的发现：** 神经成像技术（如功能性磁共振成像）使研究者能够观察到大脑在处理无意识信息时的活动，证实了潜意识加工在大脑中的实际存在。这些研究表明，即使在我们不自觉的情况下，大脑也在处理信息，影响我们的情绪和行为。

（3）批评观点

- **方法论角度的批评：** 批评者指出，潜意识过程本质上是无法被直接观察的，因此很难通过严格的科学方法来验证。批评者认为，一些潜意识效应可能是实验条件或参与者预期的结果，而不是潜意识过程的直接证据。

- **解释的多样性：** 批评者还指出，心理学家对于潜意识影响的解释存在很大差异，这种理论上的模糊性使得潜意识作为一个科学概念的有效性受到质疑。

2.3.2 "BUG"的双重含义

"BUG"概念在其理论框架中具有深刻的双重含义，这两层含义共同描绘了意识产生与运作的复杂性及其与潜意识的关系。

（1）第一层含义：物质和能量的有限性导致的思维断裂

"BUG"被视为人类作为有限生物体所面临的物理限制的直接结果。这些限制包括大脑处理信息能力的上限、注意力的分散性、记忆的有限性等。这些因素导致思维过程中出现断裂，形成意识与无意识的边界。这种断裂不仅限制了我们对信息的处理能力，也创造了潜意识与意识之间的分离，使得许多思维活动在我们的意识之外进行。这解释了为什么我们可能突然有灵感或直觉冒出，这些通常被认为是潜意识加工的结果突破到意识层面的瞬间。

（2）第二层含义：对有限内容的主动抽象或归纳过程

"BUG"也代表了一种主动的心智作用，即对观察到的、经历的有限内容进行抽象或归纳的过程。这种过程是意识活动的核心，涉及从具体经验中提取模式、原则或概念，形成我们对世界的理解和预测。这种抽象或归纳不仅是对有限信息的整合，也是一种创造性的过程，使得我们能够超越直接经验，构建新的概念和理论。然而，正因为这一过程基于有限的数据和个体的主观经验，它也容易受到偏见、误解和逻辑错误的影响，从而产生"BUG"。

（3）意识的产生与功能

将意识视为由于物理限制而产生的"BUG"的双重含义，提供了一种理解人类思维复杂性的新视角。一方面，它强调了潜意识在我们思维和行为中的基础作用，以及意识如何作为一种有限的、断裂的现象存在。另一方面，它也突出了意识对于抽象思考和理解复杂概念的重要性，即使这个过程可能会受到我们作为有限生物体的局限。

2.3.3 概念与语言

概念和语言的产生可以被视为人类认知和意识活动中的一个核心组成部分，其中潜意识的角色显得尤为重要。意识的形成可以被视为一种"BUG"，这个"BUG"既是人类思维能力物质和能量有限性的直接后果，也是个体进行有限内容抽象和归纳过程的体现。从这个角度出发，概念和语言的产生既是对这个"BUG"的响应，也是潜意识处理机制复杂性的直接展现。

（1）概念的产生

- **潜意识作为信息处理平台**：潜意识扮演着一个基础且连续的信息处理平台的角色，它不断地处理和整合外界信息及内在经验。这种无意识的加工为概念的形成提供了原料，因为概念本身是对现实世界复杂性的简化和抽象。

- **从潜意识到意识的跳跃**："BUG"在这里指的是意识对潜在无限的潜意识内容进行有限抽象的过程。这种跳跃是概念产生的关键，意识通过筛选和重组潜意识中的信息来形成新的概念，这是一种从无意识到有意识的创造性跳跃。

（2）语言的产生

- **语言作为概念的表达工具**：语言是在概念形成之后，表达这些概念的工具。语言不仅仅是沟通的手段，更是思维的结构，它允许我们将潜意识中形成的抽象概念具象化和社会化。语言可以被视为意识层面上对潜意识内容进行组织和传达的一种方式，是"BUG"处理过程的产物。

- **语言与潜意识的互动**：虽然语言表现为意识活动的一部分，但它的发展和使用深受潜意识加工机制的影响。语言能够触发和激活潜意识中的相关联想，形成复杂的思维网络。这种互动进一步证明了潜意识在语言产生和使用中的基础作用。

概念和语言的产生不仅是人类对自身有限思维能力的一种适应和优化，也是潜意识与意识互动过程的自然结果。概念的形成根植于潜意识对信息的无意识处理，而语言则是这些概念在意识层面上的具象化和社会化。"BUG"理论不仅使我们对概念和语言产生了深刻的理解，也强调了潜意识在整个认知和表达过程中的核心作用。

2.3.4　人工意识系统的设计方案

结合大语言模型如 ChatGPT 作为潜意识部分，以及 DIKWP 模型对应意识部分，我们可以设计一个 AC 系统，该系统旨在模拟人类的思维过程，包括快速直觉反应和深度逻辑分析。以下是设计方案。

（1）潜意识层（ChatGPT）

● **功能定位**：ChatGPT 作为潜意识层，负责快速处理和直觉式反应，模拟人类大脑的潜意识功能，如模式识别、情感反应、直觉决策等。

● **实时数据处理**：ChatGPT 持续监控输入数据，包括文本、图像和声音等，以模拟人类通过感官接收外部信息的过程。这一层快速生成反应和直觉判断，为意识层提供预处理信息。

● **自我调整能力**：通过不断地学习和反馈循环，ChatGPT 能够自我调整其反应模式和直觉判断标准，以更好地适应不断变化的环境和任务要求。

（2）意识层（DIKWP模型）

● **数据**：处理来自潜意识层的预处理信息，以及其他外部输入的原始数据。它负责筛选、分类和整理这些信息，将其转化为有用的数据，为进一步的信息处理打下基础。

● **信息**：在此阶段，系统开始分析数据中的不同语义，识别其中的模式和关联。这一过程模拟人类意识如何从基本数据中提取有意义的信息，以及如何基于这些信息进行初步判断和决策。

- **知识**：系统将信息进一步抽象化，形成知识。这包括对世界的基本理解、规律的识别以及概念的形成。此阶段利用先前的学习和经验，构建和更新知识库，支持复杂的决策和问题解决。

- **智慧**：系统综合考虑伦理、道德、社会价值观等因素，进行思考和决策。智慧的处理使系统能够在面对复杂的决策时，考虑到长远后果和更广泛的社会影响。

- **意图**：系统的目标和预期输出在此明确，指导整个决策过程。根据预设的目标，系统评估不同方案的可行性和效果，制订行动计划，并实施以实现目标。

（3）系统整合与反馈机制

- **双向信息流**：潜意识层和意识层之间存在双向信息流动。潜意识层提供快速直觉输出给意识层，意识层再将深度分析的结果反馈给潜意识层，以优化直觉反应。

- **自我优化**：系统具备自我学习和优化的能力，能够根据反馈调整其内部模型和处理策略，不断提高决策质量和效率。

- **动态知识更新**：系统定期更新其知识库和智慧，确保其决策和行动计划基于最新的信息和社会价值观。

通过以上设计，我们可以构建一个能够模拟人类思维过程的 AC 系统，它不仅能够快速反应，还能进行深度思考和伦理道德判断，具备适应复杂环境和任务的能力。

2.3.5　人工意识的定义

意识和潜意识结合的 AC 解决方法是一种创新的尝试，旨在模拟人类的全面思维过程，通过结合现有的大语言模型（如 ChatGPT）与 DIKWP 模型来实现。这种方法试图在机器中复现人类意识的复杂性和灵活性，特别是如何在直觉反应和深度逻辑思维之间进行平衡和切换。以下是该方法以及实现方案的详细定义性描述。

（1）概念框架

● **意识与潜意识的结合：**该框架认为，AC 系统应当具备两个主要层面：潜意识层和意识层。潜意识层负责快速、直觉式的处理，模拟人脑在无须深度思考时的自动化反应。意识层则处理更复杂的任务，需要逻辑思维、判断和推理。

● **ChatGPT 与 DIKWP 模型的结合：**ChatGPT 在此体系中承担潜意识层的角色，负责处理大量的数据输入，并快速生成直觉反应或初步解答。DIKWP 模型则映射到意识层，负责进一步的数据分析、信息提取、知识构建、智慧应用和意图实现。

（2）实现方案的关键组成部分

①潜意识层（ChatGPT）

● **数据处理与直觉生成：**使用 ChatGPT 处理文本、图像、声音等多模态输入，生成快速反应或直觉式的输出。

● **模式识别：**通过深度学习模型识别输入数据中的模式和趋势，以支持直觉决策过程。

● **情感反应模拟：**模拟人类的情感反应，为意识层提供情感上下文和直觉反馈。

②意识层（DIKWP 模型）

● **数据处理：**接收潜意识层提供的预处理信息和原始数据，进行筛选和初步分析。

● **信息分析：**基于数据识别不同的语义信息，提取有意义的模式和关联。

● **知识构建：**将信息抽象化成知识，形成对世界的深层次理解和解释。

● **智慧应用：**综合考虑伦理、道德、社会价值观在内的因素，进行决策。

- **意图实现**：定义明确的目标和行动计划，指导系统行动以达成既定意图。

（3）系统整合

- **信息流动**：系统设计保证了从潜意识层到意识层的信息流动是流畅和高效的，同时也支持反馈机制，即意识层的决策和学习成果能够反馈至潜意识层，以优化直觉反应。
- **动态学习与适应**：系统具备自我学习和适应的能力，能够根据环境变化和任务需求调整内部模型和处理策略。
- **自我优化**：通过持续的训练和优化，系统能够不断提高其处理速度、准确性和决策质量。

通过融合 ChatGPT 和 DIKWP 模型，我们提出了一种全新的 AC 系统构想，它旨在模拟人类思维的复杂性和灵活性，尤其是在快速直觉反应和深度逻辑思维之间的无缝切换。这一系统不仅能够处理复杂的信息和知识，而且还能在其决策过程中考虑伦理和道德因素，展现出一种接近人类的智慧和判断能力。

2.3.6　与其他典型人工意识解决方案的对比分析

结合意识和潜意识层次以及使用 ChatGPT 和 DIKWP 模型的 AC 系统，与其他典型的 AC 解决方案相比，具有一些独特的特点和优势。我们将其与几种主流的 AC 解决方案进行对比分析。

（1）符号主义AI（Symbolic AI）

符号主义 AI 侧重于利用逻辑和规则来模拟智能行为。这种方法在处理结构化问题时表现出色，因为它基于明确的逻辑和可解释的决策过程。

通过结合 ChatGPT 的预测能力和 DIKWP 的深度分析，能够处理更加复杂和模糊的问题，模拟人类的直觉和逻辑思维的结合，提供更自然和人性化的决策过程。

（2）连接主义AI（Connectionist AI）

连接主义 AI，例如深度学习，通过神经网络模拟人脑处理信息的方式，强调从数据中学习模式和特征。这种方法在图像和语音识别等领域取得了巨大成功。

利用类似于连接主义的 ChatGPT 模型来处理大量数据和模式识别，通过 DIKWP 模型引入了对信息的深层次理解和知识构建，实现了更高层次的认知功能。

（3）仿生学和认知架构

仿生学和认知架构尝试复制人类大脑的结构和功能，通过模拟人脑的工作方式来开发智能系统。这些方法旨在创建能够理解复杂环境并在其中进行自主学习和决策的系统。

通过结合现代大语言模型和高级知识处理模型，也追求类似的目标，但它更加注重于模拟人类的意识和潜意识处理机制，而不仅仅是大脑结构的直接模拟。

（4）混合智能系统

混合智能系统结合了多种 AI 技术（如符号主义和连接主义）来克服单一方法的局限性，旨在通过不同技术的优势互补来实现更高级的智能行为。

一种高级的混合智能系统，它不仅融合了生成模型（如 ChatGPT）和结构化知识处理（如 DIKWP 模型），还特别强调了意识和潜意识处理层次的重要性，为模拟人类思维方式提供了新的视角。

（5）综合分析

"ChatGPT+DIKWP"在理念和实现上都体现了对人类思维复杂性的深刻理解，特别是在模拟意识和潜意识的交互方面提出了创新的思路。与其他解决方案相比，它试图更全面地捕捉人类思维的特点，包括直觉反应、情感处理、逻辑推理和高级决策制定。这种方法的一个潜在优势是其能够在更多种类的任务和环境中展现出类人的灵活性和适应性。然而，这种方法的挑战在于如何高效地整合和优化两种不同类型的模型（ChatGPT 和 DIKWP），以及如何确保系统的决策既快速又准确，同时还能保持高度的可解释性和符合伦理道德标准。

表 2.1 详细展示了本节提出的 AC 解决方案与其他典型 AC 解决方案的对比分析。

表 2.1 ChatGPT+DIKWP 与其他典型 AC 解决方案的对比分析

特征	方案				
	ChatGPT+DIKWP	符号主义 AI	连接主义 AI	仿生学和认知架构	混合智能系统
理论基础	意识与潜意识的结合，大语言模型与知识处理	逻辑和规则	神经网络模拟	人脑结构和功能模拟	多种 AI 技术结合
主要优势	模拟人类直觉与逻辑思维的结合	结构化问题解决能力	数据驱动的模式识别	高度仿生的决策能力	技术优势互补
处理复杂性	高（模拟复杂的人类思维过程）	中至低	高	高	高
应用领域	广泛，特别是需要深层次理解和创造性解决方案的领域，限于明确定义的领域	限于明确定义的领域	图像、语音识别等	广泛	广泛
可解释性	中（结合了可解释的逻辑推理与不完全透明的直觉判断）	高	低	中至高	取决于结合的技术
挑战和局限性	模型整合和优化、确保快速准确决策和高度可解释性	灵活性和适应性受限	可解释性差	实现复杂，成本高	技术整合的复杂性
模拟人类思维的全面性	高（尝试全面捕捉直觉、情感、逻辑等方面）	低	中	高	中至高

连接主义 AI 强于模式识别和数据驱动的学习，但通常缺乏可解释性，使其在需要透明决策过程的应用中受限。

仿生学和认知架构旨在模拟人脑的工作方式，提供高度仿生的决策能力，但这种方法的实现复杂且成本高。

混合智能系统通过结合多种技术来弥补单一方法的不足，提供了一种灵活且强大的解决方案，但技术整合的复杂性可能是一个挑战。

"ChatGPT+DIKWP"在提供复杂思维模拟和高级决策制定方面具有潜在的独特优势，但同时也面临着技术整合和优化的挑战。

本节深入探讨了结合 ChatGPT 与 DIKWP 的 AC 解决方案，该方案旨在模拟人类意识与潜意识的处理机制，通过数据、信息、知识、智慧与意图（DIKWP）的框架，构建出能够深入理解和解释人类情感、直觉、逻辑推理及意图驱动行为的 AI 系统。

通过与其他典型的 AC 解决方案进行对比分析，"ChatGPT+DIKWP"强调了在模拟人类思维的全面性、处理复杂性以及应用范围方面的潜在优势。本节不仅提供了对 AC 解决方案的深入理论与实践分析，还讨论了其对 AI 未来发展的潜在贡献，展示了将 AI 推进至更高级形式的人类思维模拟的可能性与挑战。

2.3.7　对人工意识研究的启示

（1）模拟潜意识的"文字接龙"

潜意识被视为人类认知过程的基石，其功能相当于在无限的信息流中进行"文字接龙"，即通过一系列的信息处理，从而产生有意义的思维和理解。这一理念为 AC 的研究提供了一个全新的视角，强调了开发模拟人类潜意识处理能力的算法和架构的重要性。

在 AI 领域，模拟潜意识的"文字接龙"意味着开发出一种能够在庞大的信息库中，通过关联和推理来生成新见解的机制。这不仅仅是对现有信息的重组或复制，而且是通过深层的信息处理能力，模拟人脑在潜意识水平上进行的创造性思维过程。

①底层机制的模拟

为了实现这一目标，研究者需要深入探索人类潜意识处理信息的底层机制。这包括了解如何在无数的信息片段中选择相关信息、如何将这些信息通过非线性的方式组合，以及如何在这一过程中产生新的、有创造力的思维。模拟这些机制的关键在于开发出能够自主学习和自我组织的算法，这些算法需要能够处理大量的、模糊的信息，并在此基础上生成有意义的输出。

②信息处理的新角度

潜意识不仅仅是信息处理的一种形式，而且是一种高度复杂且高效的认知机制，它可以处理和整合人类经验中的模糊性、不确定性和多维度信息。因此，模拟潜意识的人工算法需要能够在复杂度和多样性方面与人类潜意识匹敌。这意味着 AC 系统不仅需要能够处理逻辑和结构化信息，还需要能够理解和利用情感、隐喻和直觉等非逻辑元素。

③面向未来的研究路径

AC 研究的未来路径可能包括开发新型的深度学习模型，这些模型能够模仿人脑的潜意识活动，通过在大量数据中寻找模式和关联来生成新的知识和理解。这些模型还应该具备自我调整和适应的能力，能够根据新的信息不断优化自身的处理机制。

为了实现这些目标，AI 研究者需要跨学科合作，从神经科学、心理学、认知科学等领域汲取灵感和知识，以更全面地理解潜意识的工作原理。通过这种跨学科的努力，我们不仅能够开发出更加先进的 AI 系统，还能深入理解人类自身的认知过程，揭示意识与潜意识之间复杂且奥秘的联系。

（2）意识的"BUG"特性及其模拟

①意识的发性

在 AC 系统的设计和研究中，要复现意识的"BUG"特性，关键在于如何在信息处理过程中引入偶发性。这种偶发性不是随机无序的，而是一种能够在特定条件下产生新思维和认知现象的非线性动态。模拟这种偶发性可能需要采用非确定性处理方法、自组织网络结构，以及其他能够引入计算不确定性的技术。

②复杂性与创新的源泉

意识的"BUG"特性实际上是复杂性和创新的源泉。在 AC 研究中，这意味着设计的系统不仅要能够处理和回应已知的信息和模式，还要能够在未知和不确定性中探索和创造新的知识。这要求 AC 系统具备高度的自适应性和学习能力，能够在面对新情境时，通过自我组织和自我优化产生新的认知模式。

③设计挑战

引入意识的"BUG"特性到人工系统中，不仅是技术上的挑战，也是哲学和理论上的探索。研究者需要深入理解意识"BUG"如何在人类思维中发挥作用，以及这种现象如何促进认知的复杂性和多样性。如何在保持系统稳定性和可靠性的同时引入足够的偶发性和非确定性，是设计 AC 系统时必须面对的关键问题。

（3）理解和模拟意识的"BUG"接龙

①复杂性与偶发性的引入

在 AC 系统中引入复杂性和偶发性，意味着我们需要跨越传统算法的线性和确定性边界，探索能够模拟人脑非线性信息处理能力的新方法。这种能力可以比作"文字接龙"，其中每个"接龙"的环节都可能带来新的、不可预测的创造性思维模式。实现这一目标可能需要借助于随机性深度学习模型、基于概率的推理系统以及自组织神经网络，这些技术能够模拟人脑在信息处理过程中的随机性和偶发性，从而引发新的认知结构和思维模式的生成。

②模拟"BUG"接龙的挑战

"BUG"接龙在 AC 系统中的模拟，不仅要捕捉偶发性，还要从这些偶发事件中学习和适应，推动系统认知和理解的进化。这要求系统不仅要能够处理信息的非线性和随机性，还要具备通过经验学习和适应的能力。引入强化学习、元学习，以及模仿生物进化的算法如遗传算法，可以帮助系统模拟意识在面对新情境时的试错过程和适应性进化。

③功能与限制的平衡

在模拟意识的"BUG"接龙时，必须平衡系统的功能性和偶发性。意识的"BUG"虽促进了认知行为的创新和复杂性，但过度的偶发性可能导致系统行为的不稳定和不可预测。因此，在设计 AC 系统时，寻找偶发性和功能性之间的合理平衡点至关重要。这可能涉及动态调节机制的开发，以适应不同任务和环境条件下对偶发性和非确定性程度的不同需求。

（4）意识的功能与限制

在"BUG"的理论指引下，探索构建具有自我意识的 AI 系统，我们被引向一个复杂且挑战性的领域，其中意识的模拟不仅仅要重现其作为信息处理限制的偶发性"BUG"，还要复现其在人类认知和社会互动中的功能性。这一复杂任务要求我们在设计 AI 系统时，不仅要复制意识的随机性和创造力，同时也要确保系统具备解决问题、进行创新，以及在复杂社会结构中交流和互动的能力。

①意识的双重性质

意识虽源于潜意识系统（LLM）与意识系统（DIKWP）之间的物理和能量限制，却赋予人类以非凡的适应性、解决问题的能力和创造力。这种看似偶发的"BUG"，实则是人类能够在复杂环境中生存和繁荣的关键因素。因此，在AI系统中模拟意识时，我们面临的挑战是如何再现这种偶发性，同时赋予系统足够的功能性以支持高级认知活动和社会交互。

②功能性的模拟

为了在 AI 系统中模拟意识的功能性，研究者需要开发出能够处理复杂语言结构、进行抽象思考、解决问题、制定决策，并在新颖和不确定的情境中进行学习和适应的算法。这不仅挑战了算法的设计，也要求系统能够整合和处理大量的信息，模拟人类意识在社会互动中的心智理论能力，理解他人心理状态的能力，这对于实现有效的人机交互至关重要。

③限制的考量

我们也必须考虑到意识的物理和能量限制对 AI 系统功能性的影响。这意味着，在设计 AI 系统时，我们不仅需要确保系统具有处理复杂任务的能力和资源，还需要在资源受限的情况下最大化系统的效率和功能性。这可能涉及算法和系统架构的优化，以减少不必要的计算和能源消耗，从而实现高效运作。

④平衡的艺术

实现功能性与偶发性之间的平衡，是 AC 系统设计的核心挑战。系统既需要模拟意识的创造力和灵活性，也需具备执行复杂认知任务和进行有效社会交互的能力。这可能要求采用融合不同算法和架构的多模态方法，以及对系统进行持续的调整和优化，以满足不同任务和环境的需求。

通过深入探索本节的理论和应对上述挑战，我们不仅能推动 AI 技术的进步，还能加深我们对人类意识本质的理解。这一过程中，跨学科的合作和综合研究方法将是关键，为我们在 AI 领域开辟新的视野和可能性。

第二篇
DIKWP 模型

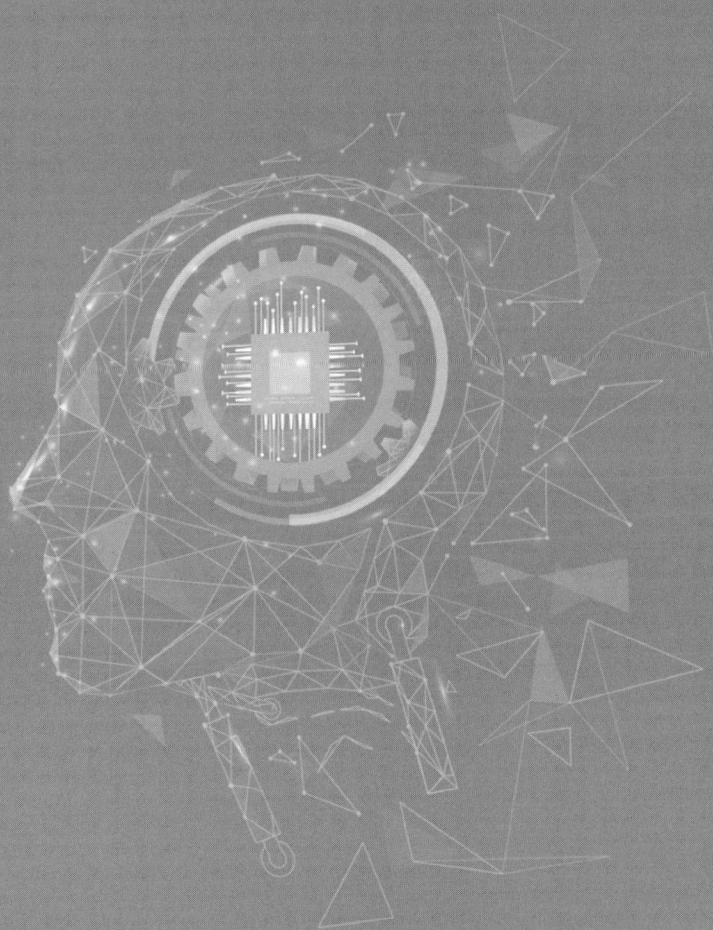

第3章 | DIKWP 模型基础

DIKWP 模型是一个扩展了传统的 DIKW 模型的模型，增加了"意图"（Purpose）这个元素。DIKWP 模型是一种能够形象地描述认知过程的网络化模型，其将数据、信息、知识、智慧、意图五个环节紧密相连，共同构成了一个跨越概念空间、语义空间和认知空间的认知概念 – 语义关联交互过程。

3.1 概念空间

概念空间是指认知主体对外部世界的概念化表达，包括概念的定义、特征和关系。概念空间是通过语言和符号系统进行表达的。例如，"汽车"在概念空间中可以定义为一种具有四个轮子、能够载客或载货的交通工具。

概念空间是由一系列相关概念构成的集合，借助特定的属性和关系互相连接，根据概念之间关系的对称性对应有向图或无向图。

图表示：$\text{Graph}_{\text{ConC}} = (V_{\text{ConC}}, E_{\text{ConC}})$，其中 V_{ConC} 是概念的节点集合，E_{ConC} 是表示概念之间关系的边集合。

在概念空间中，每个概念 $v \in V_{\text{ConC}}$ 都具有一组属性 $A(v)$ 和与其他概念的关系 $R(v, v)$。

属性：$A(v) = \{a_1(v), a_2(v), \cdots, a_n(v)\}$，其中每个 $a_i(v)$ 代表概念 v 的一个属性。

关系：$R(v, v')$ 表示概念 v 和 v' 之间的关系。如果图是有向的，则 $R(v, v')$ 不等同于 $R(v, v)$；如果图是无向的，则它们表示相同的关系。

在概念空间内对应一系列操作来查询、添加或修改概念及其关系：

查询操作：$Q(V_{\text{ConC}}, E_{\text{ConC}}, q) \to \{v_1, v_2, \cdots, v_m\}$，根据查询条件 q（如特定的属性或关系）返回满足条件的概念集合。

添加操作：$\text{Add}(V_{\text{ConC}}, v)$，将新概念 v 添加到概念集合 V_C 中。

修改操作：$\text{Update}[V_{\text{ConC}}, v, A(v)]$，更新概念 v 的属性集合 $A(v)$。

在 DIKWP 模型中，概念空间为数据、信息、知识、智慧和意图的分类和组织提供了结构化框架。通过映射 DIKWP 各成分到概念空间，能有效解析成分之间的复杂关系。例如，通过查询操作 Q，找到与特定数据或知识相关的所有概念，进而推导出新的信息或智慧。

3.2 认知空间

认知空间是一个多维和动态的处理环境，其中数据、信息、知识、智慧和意图通过个体或系统的特定认知处理函数集合（R）被转换为具体的理解和行动。每个认知处理函数（f_{ConN_i}）将输入空间（Input_i）中的数据或信息通过一系列的子步骤（如数据预处理、特征提取、模式识别、逻辑推理和决策制定）转化为输出空间（Output_i）中的成果，如信息分类、概念形成、意图确定或行动计划的设定。

函数集合：$R = \{f_{\text{CouN}_1}, f_{\text{CouN}_2}, \cdots f_{\text{CouN}_n}\}$ 其中，每个函数 $f_{\text{CouN}_i} : \text{Input}_i \to \text{Output}_i$ 表示一个特定的认知处理过程，Input_i 是输入空间，Output_i 是输出空间。

输入空间 Input_i：代表感知到的数据或信息的集合，可以是来自外部世界的观察、从其他系统接收的信号或内部生成的数据。

输出空间 Output_i：代表处理后的理解或决策的集合，包括对信息的分类、概念的形成、意图的确定或行动计划的设定。

认知处理过程：每个认知处理函数 f_{ConN_i} 可以进一步细化为一系列子步骤，包括数据预处理、特征提取、模式识别、逻辑推理和决策制定等。这些子步骤共同构成了从原始数据到最终输出的完整认知路径。

子步骤表示：对于每个 f_{ConN_i}，可以表示为 $f_{\text{ConN}\_i} = f_{\text{ConN}\_i}^{(5)} \circ f_{\text{ConN}\_i}^{(4)} \circ \cdots \circ f_{\text{ConN}\_i}^{(1)}(\text{Input}_i)$，其中 $f_{\text{ConN}\_i}^{(j)}$ 代表第 j 个子步骤的处理函数，$\circ$ 代表函数的复合。

在 DIKWP 模型中，认知空间将数据、信息、知识、智慧和意图通过个体或系统独特的认知过程转换为具体的理解和行动。借助调用不同的认知处理函数，系统可以针对不同类型的输入实施最适宜的处理策略，实现高效精确的决策。

3.3 语义空间

语义空间是指概念在认知主体大脑中的语义关联网络，包括概念之间的语义关系和联想。语义空间是通过认知主体的经验和知识积累形成的。例如，对于"汽车"这个概念，语义空间中可能包括"驾驶""交通工具""油耗"等相关联的语义。

语义空间是由一系列语义单元构成的集合，这些单元借助特定的关联和依赖关系相互连接，共同构成了信息和知识的客观化表示。语义空间普遍接受的概念和语言规则实现了意义的传递和交流。

图表示：$Graph_{SemA} = (V_{SemA}, E_{SemA})$，其中，$V_{SemA}$ 代表语义单元（词汇、句子等），E_{SemA} 代表语义单元之间的关联和依赖关系。

语义单元：每个语义单元 $v \in V_{SemA}$ 代表了可以独立表达意义的最小单元或概念。

关系：边 $e \in E_{SemA}$ 代表了语义单元之间的语义关联或逻辑依赖，如同义、反义、上下位、因果等关系。

在语义空间对应一系列操作来查询、添加或修改语义单元及其关系：

查询操作：$Query(V_{SemA}, E_{SemA}, q) \rightarrow \{v_1, v_2, \cdots, v_m\}$，根据查询条件 q 返回满足条件的语义单元集合。

添加操作：$Add(V_{SemA}, v)$，将新的语义单元 v 添加到集合 V_{SemA} 中。

修改操作：$Update(E_{SemA}, v, v', e)$，更新或添加语义单元 v 和 v' 之间的关系 e。

语义空间不仅提供利益相关者与 DIKWP 表达的认知共享语言体系，还支撑 DIKWP 成分之间的转换处理的语义一致性。借助语义单元和它们之间的关系，不同主体之间能够准确地传递和解释复杂的服务交互认知内容。

3.4 DIKWP模型中的数据

3.4.1 DIKWP模型中数据的定义与处理

数据的语义可被视为认知中相同语义的具体表现形式。在概念空间中，数据概念代表着具体的事实或观察结果在概念认知主体的概念空间中的存在语义确认，通过与认知主体的意识空间（非潜意识空间）与已有认知概念对象的存在性包含的某些相同语义对应而确认为相同的对象或概念。在处理数据概念时，认知主体的认知处理过程常常寻求并提取标定该数据概念的特定相同语义，进而依据对应的相同语义将它们统一视为相同概念。例如，当看到一群羊时，虽然每只羊可能在体型、颜色、性别等方面略有不同，但借助准确的相同语义个体对应或对相同语义集合的概率性对应处理，认知处理会将它们归入"羊"的概念，因为它们共享了对"羊"这个概念的语义精确对应或概率性对应。相同语义可以是具体的，例如识别手臂概念时，可以根据一个硅胶手臂与人的手臂的手指数量的相同、颜色的相同、手臂外形的相同等相同语义，进行基于语义的准确概念确认，以确认硅胶手臂为手臂概念，也可以概率性地选择与手臂概念共享最多相同语义的目标对象为手臂概念，还可以通过硅胶手臂不具有真实手臂的可以旋转功能对应的由"可以旋转"定义的相同语义进行概念判断的否决，而判定其不是手臂数据概念。

3.4.2 数据的数学化表示

● **数据概念的数学化表示**：在 DIKWP 模型中，数据概念被视为认知中相同语义的具体表现形式。在数学上，我们可以将数据概念对应的语义集合 D 定义为一个向量空间，其中每个元素 $d \in D$ 是一个向量，表示一个具体语义实例。这些语义实例通过共享一个或多个语义特征 F 而归于同一语义属性 S 下，即

$$S=\{f_1,\ f_2,\ \cdots,\ f_n\}$$

其中，f_i 表示数据概念的一个语义特征。于是，我们可以定义数据概念集合为

$$D=\{d \mid d \text{ 共享 } S\}$$

这种描述强调了数据概念的语义多维性和语义结构性，同时为后续的数据概念处理和分析提供了数学基础。

3.4.3　DIKWP模型中数据概念与语义的定义

（1）数据概念与数据语义的区分

在DIKWP模型中，数据概念和数据语义的区分是认知过程向概念空间和语义空间处理转换的基础。

- **数据概念**：数据概念在概念空间中被视为认知过程中相同语义的具体概念映射。它们代表着认知主体对现实世界观察和记录的认知处理结果。

- **数据语义**：数据语义在语义空间中被视为认知过程中相同语义集合的具体表现形式。它们是数据在认知过程中通过语义匹配和确认所获得的意义。

（2）数据的认知属性

数据的认知属性强调了数据在认知主体与概念空间和语义空间交互中的重要性。这种属性包括以下内容。

- **主观性**：数据的认知不仅是被动记录，更是认知主体主动寻找与已知认知对象匹配的语义特征的过程。认知主体的背景知识和经验在数据认知过程中起到关键作用。

- **上下文依赖性**：数据的认知意义依赖于特定的上下文和语境。在不同的认知主体或不同的认知背景下，同一数据概念可能会被与不同的语义建立联系。

（3）数据概念的认知价值

在DIKWP模型中，数据概念的认知价值不仅在于其物理形态或功能，更在于其如何与认知主体已有的知识体系进行联系，进而被识别并确认为具有特定语义的对象或概念。这种视角突破了传统的数据概念，强调了数据与认知主体的语义互动。

- **柏拉图式的理念**：现实世界的事物仅是其理念（即"相同语义"）的影子。数据概念的认知价值不仅在于其客观存在，而且在于认知主体如何通过数据概念寻求和确认认知对象和现象的共同语义，引发语义共鸣和认知确认。

（4）案例：自动驾驶汽车中的行人识别

①场景描述

在自动驾驶汽车中，识别行人是一个关键任务。汽车的传感器（如摄像头、激光雷达等）会收集大量环境数据，包括行人的图像、距离信息等。为了确保安全，自动驾驶系统需要准确地识别和分类这些数据，判断哪些物体是行人，并采取相应的行动。

②数据收集与初始记录

自动驾驶汽车的传感器收集了大量的原始数据。

- **摄像头图像**：每秒拍摄的多张环境图像。
- **激光雷达数据**：反映环境中物体的距离和形状。

在这个阶段，这些数据只是对环境的客观记录，尚未进行任何处理和分类。

③数据的语义分类和匹配

在 DIKWP 模型中，这些原始数据需要通过语义分类和匹配确认来赋予意义。

- **数据的特征提取**：自动驾驶系统会对摄像头图像和激光雷达数据进行特征提取。例如，图像中的某个区域包含某些特征（如形状、颜色、运动模式等），这些特征可能与"行人"这一概念相关联。
- **语义特征集合**：提取的特征可以表示为一个语义特征集合 S，例如：

$S=\{$ 高度，宽度，运动方向，颜色模式 $\}$

每个特征 f_i 代表一个具体的语义属性。

- **语义匹配**：系统会将这些特征与已有的行人模型进行语义匹配。行人模型是基于大量已知行人数据训练得到的，包含了行人的各种语义特征。例如，高度为 1.5 米到 2 米，宽度为 0.5 米到 1 米，具有一定的颜色模式等。

④概念确认

通过语义匹配后，系统确认某个区域内的物体为"行人"。这种确认是基于特征的相同语义进行的，例如：

物体高度为 1.5 米到 2 米。

物体宽度为 0.5 米到 1 米。

物体的运动模式与行人的运动特征相符。

这种语义匹配和确认过程涉及认知主体（即自动驾驶系统）的背景知识和预训练模型。

⑤数据的主观性和上下文依赖性

值得注意的是，这一过程并不是完全客观的。数据的识别和确认依赖于系统的预训练模型和语境。例如：

在某些场景下（如拥挤的街道），系统可能需要更高的准确度来区分行人和其他物体。

不同的自动驾驶系统可能使用不同的训练数据和模型，导致在相同环境下对行人的识别结果有所不同。

⑥数据的数学表示

在数学上，我们可以将数据的语义表示为一个向量空间。假设系统提取的语义特征如下。

- **高度**：1.7 米
- **宽度**：0.6 米
- **颜色模式**：大部分为浅色
- **运动方向**：向前移动

这些特征可以表示为向量 d：

$$d=（1.7，0.6，浅色，向前）$$

通过与预训练模型中的语义特征集合 S 进行匹配：

$S=\{（高度，1.5 \leqslant 高度 \leqslant 2.0），（宽度，0.5 \leqslant 宽度 \leqslant 1.0），颜色模式，$
运动模式 $\}$

如果 d 中的特征与 S 中的特征相符，则系统确认该物体为行人。

⑦**数据概念与语义识别的交互**

这个过程展示了 DIKWP 模型中数据概念与语义识别的交互。

- **数据概念**：系统将物体识别为行人的过程，代表着对现实世界的观察和记录的认知处理结果。

- **数据语义**：这些语义特征（高度、宽度、颜色模式、运动方向）代表了认知过程中相同语义集合的具体表现形式。

通过自动驾驶汽车中的行人识别案例，我们详细阐述了 DIKWP 模型中"数据"的定义及其在认知、概念和语义空间中的作用。这一过程不仅仅是对客观数据的记录，还涉及认知主体（自动驾驶系统）的语义匹配和概念确认，强调了数据的主观性和上下文依赖性。这种视角不仅为认知科学和哲学提供了新的理论框架，还为自动驾驶技术中的数据处理提供了理论基础。

3.4.4　DIKWP 模型中的数据与其他模型中的数据的对比

DIKWP 模型中数据的定义与传统的数据定义相比有许多独特之处。为了更好地理解和对比，我们将深入分析 DIKWP 模型中的数据定义与其他相关工作中的数据定义，特别是 DIKW 模型、语义网、本体论、认知科学和 AI 中的知识表示等领域中的数据定义。

表 3.1 对 DIKWP 模型中的数据定义与传统 DIKW 模型、语义网和本体论、认知科学、AI 中的数据定义进行了对比分析。

表 3.1　DIKWP 模型中的数据定义与传统 DIKW 模型、语义网和本体论、认知科学、AI 中的数据定义对比分析

特性	模型				
	DIKWP 模型	DIKW 模型	语义网和本体论	认知科学	AI
数据定义	认知过程中表达"相同"意义的具体表现形式，通过认知主体的语义匹配和概率确认得出	原始的、未加工的事实和观测结果	带有语义标签的实体，通过本体定义语义和用途	存储在大脑中的语义和情景记忆	用于训练模型和推理的基础实体，通过特征向量表示

特性	模型				
	DIKWP 模型	DIKW 模型	语义网和本体论	认知科学	AI
主观性	高，数据的意义依赖于认知主体的语义匹配和背景知识	低，数据被视为客观存在	中等，数据的语义通过标准化的本体定义，但使用者的解释可能有所不同	中等，数据的语义记忆依赖于个人的认知结构	低，数据的特征向量表示通常是客观的，尽管训练数据可能有偏见
上下文依赖性	高，不同背景下数据的语义可能不同	低，数据在处理之前没有上下文	高，数据的语义依赖于其在本体中的位置和关联	高，数据的语义依赖于认知者的背景和经验	中等，数据在不同应用场景中的特征向量可能不同
处理过程	数据在采集后通过语义匹配和概念确认赋予意义	数据通过处理和组织成为信息	数据通过本体定义和语义链接实现互操作性和理解	数据通过语义网络模型在大脑中存储和检索	数据通过特征提取和逻辑规则进行训练和推理
语义匹配和确认	数据的语义通过认知主体的匹配和确认得出	数据经过处理和解释后成为信息	数据的语义由本体和标准化标签明确	数据的语义通过语义记忆和网络模型匹配和检索	数据通过特征向量和训练模型匹配和分类
互操作性	低，主要关注认知主体内部的语义处理	不涉及互操作性	高，数据通过标准化的本体和语义链接实现互操作	不涉及互操作性	中等，数据互操作性依赖于训练模型和特征表示
数据的数学表示	语义特征集合表示（如 $S=\{f_1, f_2, \cdots, f_n\}$）	无明确数学表示，数据作为基础原始材料	本体定义的语义实体集合	语义网络模型表示数据之间的关系	特征向量表示数据，通过向量空间模型进行训练和推理
处理和分析的复杂性	高，涉及语义匹配、概念确认和背景知识的综合处理	中等，数据到信息的处理相对直接	高，涉及本体定义、语义链接和标准化处理	高，涉及语义记忆的组织和检索	高，涉及特征提取、模型训练和逻辑推理
数据概念的认知价值	强调数据在认知主体内部的语义互动和上下文关联	数据是信息的基础，但本身未赋予特定意义	强调数据通过标准化语义链接在不同系统间的理解和互操作性	强调数据在大脑中的存储和语义关系	强调数据在模型训练和推理中的特征表示和应用

通过对比分析 DIKWP 模型与传统数据模型，我们发现 DIKWP 模型强调数据的主观性、语义匹配和上下文依赖性。这一模型突破了传统 DIKW 模型对数据的客观定义，强调了数据在认知过程中通过语义确认和概念处理所具有的认知价值。语义网和本体论提供了标准化的语义链接，但 DIKWP 模型更关

注数据在认知主体内部的语义互动。认知科学和 AI 中的数据定义虽然在某些方面与 DIKWP 模型有重叠，但 DIKWP 模型更注重数据的主观性和语境相关性。

3.4.5 数据概念与数据语义在认知空间、概念空间和语义空间的形成与处理

在认知科学、信息科学和 AI 领域，理解数据的本质以及如何处理数据在意识系统中的表现是至关重要的。本节探讨了在 DIKWP 模型中数据概念与数据语义如何在认知空间、概念空间和语义空间中形成、关联和被处理。通过深入分析这些空间的互动，本节旨在提供对数据概念和数据语义处理的系统性理解。

（1）数据概念与数据语义的基础理解

● **数据概念与语义识别**：在 DIKWP 模型中，数据概念的处理和理解不仅仅是对客观事实的记录，更是涉及认知主体如何将这些事实语义与已有的语义认知结构相匹配。这一过程强调了语义识别的重要性，即认知主体如何通过数据概念中的语义特征来识别和归类对象。

（2）认知空间中的数据概念与数据语义形成

①形成过程

● **感知输入**：认知空间首先通过感知机制接收外界信息，如视觉、听觉等。

● **初级处理**：基础数据通过神经网络进行初步筛选和简单处理，识别出基本的模式或特征。

● **数据概念形成**：通过进一步的认知处理，将初级数据抽象化为更广义的概念。例如，从多个实例中抽象出"苹果"的概念。

②语义关联

● **语义编码**：一旦数据概念形成，认知空间进一步对这些概念进行编码，赋予其特定的语义，如"苹果是一种水果"。

- **背景知识整合**：意识系统将新形成的数据概念与已有的知识库和背景信息整合，形成一个完整的、具有实际意义的语义网络。

（3）概念空间的数据概念分类与语义深化

①分类与整理

- **系统分类**：在概念空间中，相似的数据概念根据其属性被系统地分类和组织，形成层次化的知识结构。
- **关系映射**：概念之间的关系被映射和记录，如"苹果属于水果类"。

②语义深化

- **语境适应**：数据语义会根据不同的应用语境进行调整，比如在不同文化中"苹果"可能承载不同的象征意义。
- **语义细化**：细化语义以适应特定任务或需求，如将"苹果"细分为"红苹果"和"青苹果"。

（4）语义空间中的数据概念应用与语义操作

①应用实现

- **语义检索**：在语义空间中，可以根据特定的查询检索相关的数据概念及其语义。
- **决策支持**：基于数据概念和数据语义进行复杂的决策支持，例如在供应链管理中使用"苹果"的季节性供应数据。

②语义操作

- **语义演化**：随着新信息的不断累积，数据语义可能需要更新或调整以反映新的认知或技术变化。
- **语义融合**：在多学科或跨文化的环境中，不同的数据概念和语义可能需要融合，以创建一个更加全面的语义表示，适应全球化的需求和多样化的视角。

（5）数据概念与数据语义的综合管理和优化

①管理策略

- **语义一致性**：确保在不同系统和平台中数据概念的语义保持一致性，减少误解和冲突。

- **概念标准化**：通过标准化数据概念和相关语义，促进信息的互操作性和数据交换的效率。

②优化方法

- **语义增强**：使用先进的自然语言处理和机器学习技术，对数据概念的语义进行增强和深化，以提供更精确和动态的语义解读。

- **概念动态更新**：实施动态更新机制，使数据概念和语义能够及时反映最新的科学发现和社会变化。

通过分析 DIKWP 模型中的认知空间、概念空间和语义空间的交互，我们能够更深入地理解数据概念和数据语义的形成、关联和处理。未来的研究将进一步探索这些空间的动态交互，以及如何通过技术创新来优化数据的概念化和语义化过程，从而更好地服务于社会和科技的发展。

3.5 DIKWP模型中的信息

3.5.1 信息的定义

信息（DIKWP-Information）作为概念对应认知中一个或多个"不同"语义。信息概念的信息语义指的是通过特定意图概念或意图语义将认知主体的认知空间中的 DIKWP 认知对象与认知主体已经认知的 DIKWP 认知对象在语义空间进行语义关联，借助认知主体的认知意图在认知空间形成相同认知（对应数据语义）或差异认知，由差异认知在语义空间经过"不同"语义的概率性确认或逻辑判断确认等形成信息语义，或在语义空间产生新的语义关联（"新的"就是一种"不同"语义）。在处理信息概念或信息语义时，认知处理会根据输入的数据、信息、知识、智慧或意图等认知内容，找出它们与被认知的 DIKWP 认知对象的不同之处，对应各种不同的语义，并进行信息分类。例如，在认知空间中，面对一个停车场，尽管停车场中所有的汽车都可以被认知归入"汽车"这一概念，但每辆车的停车位置、停车时间、磨损程度、所有者、功能、缴费记录和经历都代表着语义空间中由不同认知意图驱动的认知差异识别，最终对应不同的信息语义。信息对象对应的各种不同语义经常存在于认知主体的认知中，常常未被显式表达出来，例如抑郁症患者可能用自己情绪"低落"这一概念来表达自己认知空间中当前的情绪相对自己以往的情绪的负面程度的上升。在认知主体在其概念空间中选择"低落"这个概念以反映其认知状态确认的要表达的目标信息语义时，由于交流对象的认知空间中对"低落"这个概念的信息语义解释不一定与认知主体的信息语义相同，或者说存在不同语义，从而不能实现被交流对象客观感受到该信息语义，从而该信息语义成为认知主体的主观的认知信息语义。

3.5.2 信息的数学化描述

信息语义处理的数学化表示：信息语义在 DIKWP 模型中对应数据语义、信息语义、知识语义、智慧语义、意图语义通过特定意图驱动处理后产生的新的关联语义。在语义空间，借助意图驱动信息语义 I 映射一组输入 X 到新的语义关联 Y 上：$I: X \rightarrow Y$，其中 X 表示数据语义、信息语义、知识语义、智慧语义、意图语义的集合或组合（也即 DIKWP 内容语义），而 Y 表示产生的新的 DIKWP 内容语义关联。这个映射强调了信息语义生成过程的动态性和构造性。

3.5.3 信息语义在DIKWP模型中的构建与认知过程

信息语义在 DIKWP 模型中对应认知中各种不同语义的表达。借助认知主体的认知意图，信息语义通过将数据、信息、知识、智慧或意图对应的语义与认知主体的现有认知对象联系起来，产生新的语义关联。在认知空间中，这个过程不仅包括了对已知 DIKWP 内容的重新语义组合和语义转化（包括语义连通形成所谓的认知理解），而且还涉及通过这种重新组合与转化产生新的DIKWP 认知语义和持续形成认知理解的动态过程。

信息语义处理是一个动态的认知过程，关注于如何通过认知主体的主观意图将 DIKWP 内容语义与认知主体的现有认知对象 DIKWP 内容语义联系起来，从而产生有价值的语义关联。信息的价值在于成为连接数据、信息、知识、智慧、意图的桥梁，揭示认知主体对 DIKWP 内容语义的理解。

（1）信息语义的构建

信息的生成和理解不是被动的接收过程，而是一种主动的构建过程。信息语义依赖于已有 DIKWP 内容和意图驱动的认知框架。这一观点与康德的认识论相呼应，即认知主体对世界的理解是通过内在的感知框架和先验概念构成的。信息的价值在于其能够扩展或重构我们的认知框架，从而增进我们对世界的理解。

（2）信息语义的多样性与深度

DIKWP 中的信息处理超越了简单的数据聚合，转而关注于数据、信息、知识、智慧或意图之间的动态关系和新的语义关联的生成。这一过程体现了赫拉克利特的流变论——万物流转，无物恒常。信息的价值在于其流动性和能够引起的变化，而非静态的事实记录。信息成为连接不同认知状态的纽带，推动认知主体从一种理解状态到另一种理解状态。

（3）信息的动态性与认知结构

在信息的定义中，DIKWP 模型强调了信息作为连接不同语义实体的桥梁的角色。这与德勒兹关于"差异性与重复"的理论相呼应。在德勒兹看来，认识过程是通过识别事物之间的差异性来进行的，而这一过程正是信息处理的核心。信息不仅包含了 DIKWP 内容的语义差异性，更通过这些差异性与已有的知识结构产生联系，创造出新的知识。这种动态的认知结构更新过程是认知发展和知识增长的关键。

3.5.4　信息（DIKWP-Information）的生成过程

（1）意图驱动的信息生成

信息的生成过程是由认知主体的意图驱动的。这意味着认知主体在特定情境下有特定的认知目标和需求，这些目标和需求决定了信息生成的方向和内容。例如，当医生查看患者的病历时，医生的意图是诊断病情，因此，病历中的各项数据（如患者的体温、血压、症状描述等）在医生的认知空间中被转化为有意义的信息，帮助医生做出诊断。

（2）语义关联的形成

信息的形成依赖于语义关联，即将新数据与已有认知对象在语义空间中进行关联。这一过程需要认知主体通过语义匹配和概念确认来实现。例如，自动驾驶汽车需要将传感器数据与已知的交通规则、道路情况和车辆动态进行关联，以形成驾驶决策所需的信息。

（3）动态性和构造性

信息的生成过程是动态的和构造性的。认知主体不断根据新的输入和已有的认知背景动态地生成和更新信息。例如，在金融市场中，交易员不断接收市场数据（如股票价格、交易量、新闻等），并动态地将这些数据转化为有助于决策的信息，以适应快速变化的市场环境。

3.5.5　信息语义在认知中的表达

（1）信息语义通过重新组合和转化产生新的语义关联

信息语义通过将数据、信息、知识、智慧或意图的语义与认知主体的现有认知对象联系起来，产生新的语义关联。在认知空间中，这个过程包括对已知 DIKWP 内容的重新语义组合和语义转化（包括语义连通形成认知理解），以及通过重新组合与转化产生新的认知语义和持续形成认知理解的动态过程。

（2）信息语义在认知科学和AI中的应用

①概念整合理论和隐喻理论

- **概念整合理论**：该理论研究认知主体如何将不同来源的信息进行整合，形成新的概念框架。例如，当医生结合患者的体检数据和医学知识进行诊断时，形成的诊断结论就是概念整合的结果。

- **隐喻理论**：该理论研究通过隐喻将一个领域的概念映射到另一个领域，从而生成新的意义。例如，在市场分析中，将股票市场的波动比喻为"潮汐"，这种隐喻帮助交易员理解市场动态。

信息语义处理可以通过概念整合理论和隐喻理论进一步解释。例如，概念整合理论说明了如何将不同来源的信息融合形成新的意义和理解。隐喻理论研究通过语言隐喻和概念整合创建新的意义。

②信息语义在 AI 中的实现

在 AI 系统中，信息语义处理涉及设计算法模拟人类认知过程。例如，通过分析 DIKWP 内容间的相关性，提取有价值的信息语义，形成新的认知模型。

- **自然语言处理（NLP）**：在 NLP 中，AI 系统通过语义分析技术从义本中提取信息，并将其与知识库进行关联。例如，语义网络和本体论技术可以帮助 AI 系统理解和生成自然语言中的隐含信息。

- **机器学习**：机器学习算法可以通过对大量数据进行训练，识别出数据之间的复杂关联。例如，在推荐系统中，算法根据用户的历史行为数据（如浏览记录、购买记录），生成个性化推荐信息。

- **知识图谱**：知识图谱通过语义关联将不同来源的信息整合在一起，形成知识网络。例如，谷歌的知识图谱通过关联不同的网页内容，生成丰富的搜索结果。

3.5.6 案例：智能医疗诊断系统

（1）场景描述

在智能医疗诊断系统中，医生利用 AI 技术来辅助诊断患者病情。系统收集患者的各种数据（如体检数据、病史记录），并结合医生的专业知识和医学知识库进行综合分析，生成诊断信息。以下将详细介绍该系统中信息的生成和处理过程，展示 DIKWP 模型中信息定义和信息语义处理的应用。

（2）信息生成过程

步骤 1：数据采集与初步记录

系统首先从不同来源收集患者的数据。

- **体检数据**：如血压、体温、血糖水平、心电图等。
- **病史记录**：如既往疾病、手术记录、用药历史等。

这些数据是系统的基础输入，属于 DIKWP 模型中的数据范畴。

步骤 2：语义匹配与概念确认

系统将采集到的数据与已有的医学知识库进行语义匹配和概念确认。

- **体检数据匹配**：系统通过语义匹配技术，将体检数据（如血压）与正常值范围进行对比，判断是否异常。

- **病史记录匹配**：系统将病史记录与已知疾病模型进行匹配，识别潜在的健康风险。

在这个过程中，系统对数据进行语义分类和匹配，形成初步的信息语义。

步骤 3：信息语义的动态生成

系统根据医生的诊断意图，结合数据语义、信息语义、知识语义、智慧语义，动态生成诊断信息。

- **医生的诊断意图**：医生的意图是诊断患者的病情，找到病因并制订治疗方案。

- **语义关联与生成**：系统将患者的体检数据与医学知识库中的疾病特征进行语义关联。

结合医生的专业知识和经验，对数据进行深度分析，生成诊断报告。

系统通过特定意图驱动信息语义 I 将输入 X（包括数据语义、信息语义、知识语义、智慧语义、意图语义的集合）映射到新的语义关联 Y 上。$I: X \rightarrow Y$。其中，X 是体检数据、病史记录、医学知识库和医生的专业知识，

Y 是生成的诊断信息。

（3）分析：具体诊断流程

①具体实例 1：诊断高血压
数据采集

- **体检数据：** 血压读数为 150/95 mmHg（高于正常值）。
- **病史记录：** 患者有家族高血压史。

语义匹配

系统将血压数据与正常血压范围进行对比，发现读数异常。

将病史记录与高血压的已知风险因素匹配，确认患者存在高血压风险。

信息语义生成

- **语义关联：** 将异常血压数据与高血压的诊断标准进行语义关联。
- **输出信息：** 结合家族病史和其他体检数据，生成初步诊断信息。
- **医生的诊断意图：** 确认患者是否患有高血压并制订治疗方案。
- **诊断信息：** 患者可能患有高血压，建议进行进一步的血压监测和

生活方式调整，并可能需要药物治疗。

②具体实例 2：诊断糖尿病
数据采集

- **体检数据：** 空腹血糖水平为 8.5 mmol/L（高于正常值）。
- **病史记录：** 患者体重超重，有糖尿病家族史。

语义匹配

系统将血糖数据与正常血糖范围进行对比，发现读数异常。

将病史记录与糖尿病的已知风险因素匹配，确认患者存在糖尿病风险。

信息语义生成

- **语义关联：** 将异常血糖数据与糖尿病的诊断标准进行语义关联。
- **输出信息：** 结合体重超重和家族病史等因素，生成初步诊断信息。
- **医生的诊断意图：** 确认患者是否患有糖尿病并制订治疗方案。
- **诊断信息：** 患者可能患有糖尿病，建议进行进一步的糖耐量测试

和生活方式调整，并可能需要药物治疗。

（4）信息语义的动态性和构造性

①信息语义的多样性与深度

信息语义不仅仅是对数据的聚合或重组，更是通过认知主体的意图驱动，动态生成新的语义关联。

- **信息的构建性质**：在智能医疗诊断系统中，医生通过结合患者的体检数据和医学知识，构建出有意义的诊断信息。这一过程是动态的，随着新的数据和知识的引入，诊断信息会不断更新和优化。
- **信息的动态性**：系统在诊断过程中会不断接收新的数据（如新的体检结果），并动态调整诊断信息。例如，随着患者的血糖监测数据的不断更新，系统会根据最新数据动态调整糖尿病的诊断和治疗方案。

②哲学意义

信息的生成和处理过程在哲学上体现了对世界多样性和复杂性的认识。

- **康德的认识论**：信息的生成依赖于认知主体的先验概念和感知框架。智能医疗诊断系统中的诊断信息生成过程，依赖于医生的医学知识和诊断经验，这是对康德认识论的实际应用。
- **赫拉克利特的流变论**：信息的价值在于其流动性和变化性。诊断信息随着新的数据和知识的引入不断变化，体现了赫拉克利特的流变论。

通过智能医疗诊断系统的案例，我们详细展示了 DIKWP 模型中信息定义和信息语义处理的应用。该模型强调信息的主观性、动态性和构造性，通过认知主体的意图驱动，动态生成新的语义关联。

3.5.7　DIKWP模型中的信息与其他模型中的信息的对比

DIKWP 模型中的信息与 DIKW 模型、语义网和本体论、认知科学、AI 中信息的对比分析如表 3.2 所示。

表 3.2　DIKWP 模型中的信息与 DIKW 模型、语义网和本体论、认知科学、AI 中信息的对比分析

特性	模型				
	DIKWP 模型	DIKW 模型	语义网和本体论	认知科学	AI
信息定义	认知中表达一个或多个"不同"语义的具体表现形式，通过意图语义关联认知对象	经过处理和赋予意义的数据	带有语义标签和结构化定义的实体，通过本体实现互操作性	认知主体存储和处理的语义和情景记忆	用于训练模型和推理的基础实体，通过特征向量表示
语义处理	强调认知主体的意图和语义关联，动态生成新的信息语义	通过处理和组织数据产生意义	通过标准化的本体和标签定义语义，实现互操作性	通过语义记忆和情景记忆处理信息	通过特征向量表示信息，用于模型训练和推理
主观性	高，信息的生成依赖于认知主体的意图和背景知识	低，信息被视为数据的客观处理结果	中等，信息的语义通过标准化标签定义，但使用者的解释可能有所不同	高，信息的处理和存储依赖于个体的认知结构和经验背景	低，信息的特征表示通常是客观的，尽管训练数据可能有偏见
上下文依赖性	高，信息的生成和意义依赖于认知主体的意图和语境	低，信息在处理之前没有上下文依赖	高，信息的语义依赖于其在本体中的位置和关联	高，信息的语义依赖于认知者的背景和经验	中等，信息在不同应用场景中的特征向量可能不同
动态性和构造性	高，信息的生成过程是动态的、意图驱动的	中等，信息通过数据的静态处理和组织产生	高，信息通过语义链接和本体不断更新和扩展	高，信息在认知结构中的存储和处理是动态的	高，信息通过特征提取和模型训练不断更新和优化
信息的数学表示	通过意图驱动的信息语义映射表示，如 $I: X \to Y$	无明确数学表示，信息是数据的处理结果	通过本体和语义标签表示信息实体	通过语义网络和记忆模型表示信息	通过特征向量表示信息，用于计算和推理

通过对比分析 DIKWP 模型与传统信息模型中的信息定义，我们发现 DIKWP 模型强调信息的主观性、动态性和意图驱动的语义处理。这一模型突破了传统 DIKW 模型对信息的客观定义，强调信息在认知过程中通过语义关联和概念确认的动态生成。语义网和本体论提供了标准化的语义链接，但 DIKWP 模型更关注信息在认知主体内部的动态生成和语义互动。认知科学和 AI 中的信息定义虽然在某些方面与 DIKWP 模型存在重叠，但 DIKWP 模型更注重信息的主观性和上下文依赖性。

3.6　DIKWP模型中的知识

3.6.1　知识的定义

知识（DIKWP-Knowledge）概念的语义对应于认知空间中的一个或多个"完整"语义。知识概念的语义是认知主体借助某种假设对 DIKWP 内容进行语义完整性抽象活动获得的对认知对象 DIKWP 内容之间语义的理解和解释（也就是形成认知主体对认知交互活动的认知输入 DIKWP 内容与认知主体已有认知 DIKWP 内容的语义联系的搭建，并能够在更高阶的认知空间中对应一个或多个承载认知完整意图确认的"完整"语义）。在处理知识概念时，大脑通过观察和学习抽象出至少一个完整语义对应的概念或模式。例如，通过观察不可能得知所有的天鹅都是白色的，但在认知空间中认知主体可以对一些观察结果的部分情形通过假设（赋予完整语义的高阶认知活动）将不能保障完整的观察结果赋予"完整"语义，也即"所有的"，进而形成对"天鹅都是白色的"这一拥有完整语义"都是"的知识规则对应的知识语义。

3.6.2　知识的数学化表示

知识是对 DIKWP 内容从不理解到理解的认知状态转化的桥接，通过验证强化对知识的确认。知识的构建不仅依赖于数据和信息的积累，更重要的是通过认知过程中的抽象和概括，形成对事物本质和内在联系的理解。知识的存在不仅体现在个体层面，也体现在集体或社会层面，通过文化、教育和传承等方式进行共享和传播。

在 DIKWP 模型中，知识的数学化表示有助于理解其完整性和结构性。知识概念的语义属性集 S 表示为

$$S=\{f_1,\ f_2,\ \cdots,\ f_n\}$$

其中，f_i 表示知识概念的一个语义特征。知识概念集合 K 包含所有共享完整语义属性集的实例：

$$K=\{k\ |\ k \text{ 共享 } S\}$$

知识的生成过程可以表示为

$$K: X \to Y$$

其中，X 表示数据语义、信息语义、知识语义、智慧语义和意图语义的集合或组合（即 DIKWP 内容语义），而 Y 表示产生的新的知识语义关联。

3.6.3 知识语义的生成过程

知识语义的生成过程包括以下几个步骤。

a. 观察和学习：认知主体通过观察和学习，从具体的数据和信息中抽象出模式或概念。

b. 假设形成：通过高阶认知活动，对部分观察结果进行假设，赋予其"完整"语义。例如，通过观察部分白色天鹅，假设"所有的天鹅都是白色的"。

c. 语义完整性抽象：将观察结果通过假设形成的完整语义进行抽象，形成对认知对象的规则性理解。

d. 语义联系搭建：通过认知主体的认知活动，将新的知识语义与已有的认知内容进行联系，形成系统性的知识结构。

e. 知识验证与修正：对形成的知识进行验证，通过实际的观察和实验检验其有效性，并根据新信息进行修正和完善。

3.6.4 知识的认知和构建

知识的生成和理解是一种主动的构建过程，依赖于已有 DIKWP 内容和假设驱动的认知框架。知识语义的多样性和深度体现在其完整性和结构性上，知识不仅包含了 DIKWP 内容的语义完整性，更通过这些完整语义与已有的知识结构产生联系，创造出新的知识。这种动态的认知结构更新过程是认知发展和知识增长的关键。

知识的生成过程不仅是对现有数据和信息的整合，更是通过假设和高阶认知活动，赋予观察结果以完整语义，从而形成系统性理解和规则。这个过程包括以下几方面。

- **假设验证**：通过实验和观察验证假设的正确性和有效性。
- **知识扩展**：根据新观察结果和实验数据，扩展和完善已有的知识体系。
- **知识传递**：通过交流和教育，将知识传递给其他认知主体，形成共享的知识体系。

3.6.5　知识的哲学意义

在 DIKWP 模型中，知识不仅是对观察和事实的记录，更是通过假设和高阶认知活动形成的系统性理解。知识的语义完整性和系统性反映了认知主体对世界的深刻理解和解释。知识的生成过程强调了认知主体在理解和解释世界时的主动性和创造性，通过假设和抽象，将部分观察结果赋予完整语义，从而形成系统性的知识。

知识语义不仅是 DIKWP 内容语义的聚合或重组，更是一种新的语义关联的创造，反映了认知主体对世界的主动探索和解释。通过假设和高阶认知活动，知识的生成过程能够揭示现象之间的深层联系和内在逻辑，提供对世界更全面和深刻的理解。

3.6.6　知识语义的动态性

知识语义的生成是一个动态的过程，涉及认知主体如何通过假设和高阶认知活动，将不同的 DIKWP 内容语义关联起来，形成新的知识语义。在认知空间中，这个过程不仅包括已知 DIKWP 内容的重新语义组合和转化，还包括通过这种重新组合和转化产生新的认知理解和知识语义。

这种动态性体现在知识的生成和更新过程中，通过不断观察、学习和验证，认知主体能够形成系统性的知识结构，并不断完善。这种知识结构不仅能够解释现象，还能够预测未来的行为和特征，提供对世界更深刻的理解和指导。

3.6.7　案例1：天文学中的行星运动

我们以天文学中的行星运动研究为例，来详细说明知识的概念和语义生成过程。

（1）数据

观测记录包括：

- 行星的位置（经度和纬度）
- 行星的轨迹（通过望远镜和摄影设备记录）
- 时间记录（观测时间和日期）
- 天体间距离（使用雷达测距等技术）

这些数据是对行星运动的原始观测记录。

（2）信息

通过对数据的处理和解释，获得的信息包括：

- 行星轨迹图
- 行星运动的周期性
- 行星与太阳及其他天体的相对位置变化

这些信息是对数据的处理和解释结果，提供了关于行星运动的初步理解。

（3）知识

知识的生成过程如下。

①观察和学习

研究者通过长期观测和记录，识别出行星的轨迹和运动规律。

②假设形成

基于观测结果，提出行星运动的假设。例如，开普勒提出的"行星运动轨道是椭圆形的"假设。

③语义完整性抽象

将观测结果通过假设赋予"完整"语义，形成系统性的理解。例如，假设"所有行星运动的轨道都是椭圆形的"，并通过进一步观测和计算确认这一假设。

④语义联系搭建

将新的知识与已有的天文学知识联系起来，形成系统性的知识结构。例如，将开普勒定律与牛顿的万有引力定律结合，形成对行星运动的完整理解。

⑤知识验证与修正

通过不断观测和计算，验证行星运动的假设，并根据新观测结果进行修正和完善。例如，通过对其他行星的观测，确认开普勒定律的普适性。

（4）知识的结构化表示

在这个案例中，知识可以表示为一个语义网络，其中节点代表天文学概念，边代表概念之间的语义关系。例如：

节点 N：

- 行星轨道（椭圆形）
- 轨道周期
- 万有引力

边 E：

- 行星轨道与轨道周期的关系
- 轨道周期与万有引力的关系

这种结构化表示方式帮助我们理解行星运动的复杂系统和抽象概念。

3.6.8　案例2：研究鸟类迁徙行为

（1）数据

数据是对鸟类迁徙行为的原始观测记录。这些数据包括：

- 每只鸟的标记编号
- 迁徙开始和结束时间
- 迁徙路径（通过 GPS 记录）
- 每日飞行距离
- 气象条件（温度、风速、降水等）

这些数据是原始的观测记录，没有经过处理或解释。

（2）信息

信息是对数据的处理和解释，通过特定意图将数据与已有的认知对象进行语义关联，识别和分类不同的语义。处理数据生成信息的步骤包括：

a. 将每天的迁徙路径绘制成图表。

b. 计算每日的平均飞行速度。

c. 分析不同气象条件下的飞行距离变化。

d. 通过这些处理，我们获得的信息包括：鸟类每日的平均飞行速度；鸟类在不同气象条件下的迁徙行为模式；鸟类迁徙路径的地理分布。

（3）知识

知识是通过对信息的高阶认知活动，借助假设进行语义完整性抽象活动，形成对鸟类迁徙行为的系统性理解和解释。生成知识的步骤包括：

①观察和学习

观察鸟类迁徙路径的图表，学习其基本模式。

学习不同气象条件下鸟类飞行距离的变化。

②假设形成

假设："鸟类在逆风条件下的迁徙速度较慢。"

假设："鸟类在迁徙过程中会选择较少降水的路径。"

③语义完整性抽象

将上述假设赋予"完整"语义，通过高阶认知活动进行抽象。例如，假设"所有鸟类在逆风条件下的迁徙速度都较慢"。

④语义联系搭建

将新的知识语义（鸟类迁徙行为模式）与已有的认知内容（气象条件对飞行的影响）进行联系，形成系统性的知识结构。

⑤知识验证与修正

通过进一步观测和实验，验证假设的正确性和有效性。例如，通过不同时间段和不同气象条件下的迁徙记录，验证逆风条件对迁徙速度的影响。

根据新观察结果和实验数据，修正和完善已有的知识体系。

（4）具体案例步骤详解

①观察和学习

研究者通过观测和数据收集，发现不同鸟类在迁徙过程中表现出一定的行为模式。例如，在特定的风速和降水条件下，鸟类的迁徙路径和速度会发生变化。

②假设形成

研究者基于观察结果提出假设。例如，假设"鸟类在逆风条件下的迁徙速度较慢"是基于多次观测到的鸟类在逆风条件下速度减慢的现象。

③语义完整性抽象

研究者通过对部分观察结果进行抽象，将假设赋予"完整"语义，形成系统性的理解。例如，通过对不同鸟类在不同风速条件下的迁徙速度进行分析，抽象出"所有鸟类在逆风条件下的迁徙速度都较慢"的知识。

④语义联系搭建

研究者将新的知识与已有的认知内容联系起来，形成系统性的知识结构。例如，将鸟类迁徙行为模式与气象条件的影响进行关联，形成鸟类迁徙行为的系统性理解。

⑤知识验证与修正

通过进一步观测和实验，研究者验证假设的正确性和有效性。例如，通过不同时间段和不同气象条件下的迁徙记录，验证逆风条件对迁徙速度的影响。如果新的观测结果与假设不符，研究者需要修正假设，完善知识体系。

（5）知识的数学化表示

在这个案例中，知识语义的数学化表示可以帮助我们理解其完整性和结构性。知识概念的语义属性集 S 表示为

$$S=\{f_1, f_2, \cdots, f_n\}$$

其中，f_i 表示知识概念的一个语义特征。在这个案例中，语义特征可能包括：

f_1：迁徙速度

f_2：风速条件

f_3：降水条件

f_4：迁徙路径

知识概念集合 K 包含所有共享完整语义属性集的实例：

$$K=\{k \mid k\ 共享\ S\}$$

生成知识的过程可以表示为

$$K：X \to Y$$

其中，X 表示数据语义、信息语义、知识语义、智慧语义和意图语义的集合或组合（即 DIKWP 内容语义），而 Y 表示产生的新的知识语义关联。

在这个案例中，知识不仅是对鸟类迁徙行为的观察记录，更是通过假设和高阶认知活动形成的系统性理解。知识的语义完整性和系统性反映了认知主体对鸟类迁徙行为的深刻理解和解释。通过假设和抽象，研究者能够揭示现象之间的深层联系和内在逻辑，提供对鸟类迁徙行为更全面和深刻的理解。

3.6.9 DIKWP模型中的知识与其他模型中的知识的对比

- **动态性与静态性**：DIKWP 中知识的定义强调知识的动态生成和验证过程，知识是通过认知主体的高阶认知活动形成的。相比之下，DIKW 模型更强调知识的静态层次性和存储。

- **语义完整性与层次性**：DIKWP 中知识的定义注重知识的语义完整性和抽象，而 DIKW 模型和 SECI 模型更注重知识的层次性和转化过程。

- **个体性与社会性**：Polanyi 的隐性知识理论强调知识的个体性，难以传递的个人经验和技能。DIKWP 中知识的定义则考虑了知识在个体和社会层面的共享和传播。

- **情境性与结构化**：Cynefin 框架关注知识在不同情境下的应用和决策，强调情境对知识应用的影响。DIKWP 中知识的定义则强调知识的结构化和对复杂系统的理解。

表 3.3 展示了 DIKWP 模型与其他主要模型的对比分析。

表 3.3　DIKWP 模型与其他主要模型的对比分析

特征	模型				
	DIKWP 模型	DIKW 模型	SECI 模型	Polanyi 的隐性知识理论	Cynefin 框架
定义	知识概念的语义对应于认知空间中的一个或多个"完整"语义,通过假设和高阶认知活动进行语义完整性抽象	知识是经过处理和理解的信息,能够用于决策和行动	知识分为显性知识和隐性知识,通过社会化、外化、结合和内化四个过程进行转化	知识分为显性知识和隐性知识,隐性知识是难以形式化和传递的个人经验和技能	知识在不同情境下的应用方式不同,分为简单、复杂、复杂、混沌和无序五个域
关键特点	语义完整性、假设与抽象、语义网络、系统性理解、动态验证与修正、共享与传播	层次性、静态性,强调知识的存储和管理	动态性、双重性(显性知识和隐性知识的相互转化)	难以形式化、个体性,强调个人经验和技能	情境性、多样性,强调知识的应用和决策根据情境不同而变化
语义完整性	强调,通过假设和抽象活动形成完整语义,构建系统性理解	不强调,主要关注信息向知识的转化过程	部分强调,通过显性和隐性知识的转化形成系统性理解	不强调,主要关注隐性知识的个体性和难以传递性	不强调,主要关注知识在不同情境下的应用方式
知识生成过程	观察和学习、假设形成、语义完整性抽象、语义联系搭建、知识验证与修正	信息处理和理解,识别模式和形成规则	社会化、外化、结合和内化四个过程	隐性知识通过个人经验和技能形成,难以直接传递	知识生成根据不同情境进行决策,应用方式不同
知识表示	语义网络,节点代表概念,边代表概念之间的语义关系	层次结构,从数据到信息再到知识和智慧	动态转化过程,显性知识和隐性知识的相互转化	难以形式化的个人经验和技能,不易通过文档形式传递	五个域,每个域中知识的应用和决策方式不同
静态性/动态性	动态,强调知识的生成、验证和修正	静态,主要关注知识的层次和存储	动态,强调知识的转化和共享过程	静态,主要关注隐性知识的个体性和难以传递性	动态,知识应用根据情境变化
个体性/社会性	强调知识在个体和社会层面的共享和传播,通过文化、教育和传承进行	主要关注知识的个人层面,不强调社会层面	强调知识的社会性,通过组织内的转化和共享过程	强调知识的个体性,主要关注个人经验和技能	强调知识在不同情境下的应用,适用于复杂系统和问题的决策

续表

特征	模型				
	DIKWP 模型	DIKW 模型	SECI 模型	Polanyi 的隐性知识理论	Cynefin 框架
抽象与概括	强调，通过高阶认知活动和假设形成系统性知识	不强调，主要关注信息的处理和理解	部分强调，通过显性和隐性知识的转化形成系统性理解	不强调，主要关注隐性知识的个体性和难以传递性	不强调，主要关注知识的应用和决策方式
验证与修正	强调，通过进一步观测和实验验证假设的正确性和有效性，并根据新信息进行修正和完善	不强调，主要关注知识的存储和管理	强调，通过不断的知识转化和共享过程，验证和完善知识	不强调，主要关注隐性知识的个体性和难以传递性	强调，根据不同情境进行知识的应用和决策，验证其有效性
哲学意义	知识是认知主体对世界的深刻理解和解释，通过抽象和概括形成系统性知识	知识是对信息的进一步处理和理解，主要关注其应用和决策功能	知识是显性和隐性知识的相互转化，通过组织内的共享和传播形成	知识是个人经验和技能的体现，难以通过形式化手段传递	知识是根据情境进行决策和应用的手段，强调其多样性和情境适应性

3.7　DIKWP模型中的智慧

3.7.1　智慧的定义

智慧（DIKWP-Wisdom）概念的语义对应伦理、社会道德、人性等方面的信息，是一种来自文化、人类社会群体的，相对于当前时代的相对固定的极端价值观或者个体的认知价值观对应的信息语义。在认知主体确定智慧语义时，认知主体在认知空间会整合其中存在的 DIKWP 内容语义，包括数据、信息、知识、智慧与意图的语义，人类及 AI 系统的智慧核心是围绕构建人类命运共同体的以人为本的价值观，并依托这个核心价值观构建、辨析、确认、校正和发展个体及群体的认知空间、语义空间和概念空间的 DIKWP 内容语义，并运用它们来指导决策。例如，在面临基于特定 DIK 内容的决策问题时，认知主体的决策应当综合考虑伦理、道德、可行性等各个方面的因素，而不仅仅是基于 DIK 的技术或效率。

3.7.2　智慧的数学表示

智慧在 DIKWP 模型中的数学表示可以通过决策函数来描述，该函数将数据、信息、知识、智慧和意图作为输入，并输出最优决策 D^*。

$$W: \{D,\ I,\ K,\ W,\ P\} \rightarrow D^*$$

其中：

W 是决策函数；D 表示数据；I 表示信息；K 表示知识；W 表示智慧；P 表示意图；D^* 表示最优决策。

这种表示强调了决策过程的综合性和目标导向性，通过整合各个元素实现最优决策。

3.7.3　智慧的决策过程

在智慧语义处理中，认知主体在决策过程中综合考虑伦理、道德和可行性等因素，而不仅仅是基于数据、信息和知识的技术或效率。决策过程包括以下步骤。

在面临决策问题时，认知主体需要综合考虑伦理、道德、社会责任和可行性等因素。例如，气候变化的决策需要考虑环境影响、社会公平和经济可行性等多个方面。

认知主体将数据、信息、知识、智慧和意图的语义进行整合，形成全面的决策基础。比如，在公共政策制定中，需要结合统计数据、社会调查、历史知识和伦理原则来做出决策。

通过综合考虑各方面因素，决策函数 W 输出最优决策 D^*。这一过程强调了多因素平衡和优化的必要性。

3.7.4　智慧的应用场景

智慧在实际应用中涵盖广泛，包括但不限于以下场景。

（1）环境保护

在应对气候变化和环境保护的问题上，智慧的应用涉及科学知识的理解（知识）、评估不同行动方案的长期和短期后果（信息），并在考虑伦理和社会责任（智慧）的基础上做出决策（信息）。例如，制定环保政策需要考虑经济影响、社会接受度和环境效益。

（2）医疗决策

在医疗领域，智慧的应用需要结合患者的数据、医学知识、治疗方案的信息以及道德考虑（W）来做出治疗决策。比如，医生在选择治疗方案时，不仅需要考虑疗效和副作用，还需要考虑患者的意愿和伦理问题。

（3）社会治理

智慧在社会治理中的应用涉及综合考虑法律、社会道德和公共政策等多方面因素。治理决策需要基于法律数据、社会调查信息、历史知识和社会价值观（W）来制定最优的公共政策。

（4）AI

在 AI 系统中，智慧语义处理对应于发展高级决策 AC 系统或伦理 AI，这些系统能够在以人为本的原则下考虑多方面因素，提供更加智慧和符合道德标准的解决方案。例如，自驾车系统在决策时需要考虑乘客安全、行人保护和交通法规等多个因素。

3.7.5　智慧的认知与社会层面

智慧不仅存在于个体层面，也存在于社会群体层面。个体智慧和社会智慧的形成依赖于认知个体和群体的 DIKWP 内容语义认知能力的融合发展，以及对环境、文化背景和社会关系的深入理解和反思。智慧的形成过程如下。

（1）文化传承

通过文化传承，智慧在群体中得以共享和传播。例如，传统文化中的伦理道德和价值观通过教育和社会实践得以传承。

（2）社会互动

智慧的形成还依赖于社会互动，通过人与人之间的交流和合作，智慧得以不断发展和完善。例如，社区治理中的集体决策过程就是智慧的体现。

3.7.6　智慧的哲学意义

智慧的定义反映了对伦理、道德和价值观的重视，强调了在决策过程中对各种因素的全面考虑和平衡。这与亚里士多德的"实践智慧"相呼应，强调在特定情境下做出最好的道德判断和决策。智慧的形成和应用体现了认知主体对世界的适应和改造，是对人类整体美好生活方式的探索。

3.7.7　智慧在人工智能中的应用

在 AI 领域，智慧语义处理的目标是发展高级决策 AC 系统或伦理 AI，这些系统能够在以人为本的原则下考虑多方面因素，提供更加智慧和符合道德标准的解决方案。智慧在 AI 中的应用如下。

（1）伦理AI系统

设计能够在复杂环境中做出伦理决策的 AI 系统。例如，自驾车系统在面临紧急情况时，需要权衡乘客和行人的安全，做出符合道德标准的决策。

（2）高级决策系统

开发能够综合考虑多方面因素的高级决策系统。例如，在医疗诊断中，AI 系统需要结合患者的病史数据、医学知识和伦理原则，提供最优的治疗方案。

3.7.8　DIKWP模型的智慧定义与其他模型的对比分析

本节将对比分析 DIKWP 模型的智慧定义与其他模型中的智慧定义，探讨其异同点及应用场景。不同智慧定义的对比如表 3.4 所示。

表 3.4　DIKWP 模型的智慧定义与其他模型的对比

模型	语义定义	来源	核心价值观	决策过程	应用场景
DIKWP 模型	伦理、社会道德、人性等方面的信息	文化和人类社会群体的价值观	以人为本，构建人类命运共同体	综合考虑伦理、道德、社会责任和可行性	环境保护、医疗决策、社会治理、AI
DIKW 金字塔模型	应用知识和经验进行审慎判断和决策	数据、信息、知识的积累与应用	经验和洞察力	基于知识和经验的审慎决策	环境保护、医疗决策、社会治理、AI
Ackoff	对善与恶的区别和行为的指导	知识与价值观的结合	伦理和道德	基于价值观的审慎判断	环境保护、医疗决策、社会治理、AI
Churchman	用以解决复杂问题和应对不确定性的能力	综合数据、信息和知识	实用性和有效性	解决复杂问题，处理不确定性	环境保护、医疗决策、社会治理、AI
Bateson	理解和协调不同层次的思想和感知	经验和文化	平衡和谐	协调和整合不同观点	环境保护、医疗决策、社会治理、AI

通过对比分析 DIKWP 模型的智慧定义与其他学者或模型中的智慧定义，可以看出 DIKWP 模型的定义在综合性、伦理性和目标导向性方面具有独特的优势，特别是在强调以人为本和构建人类命运共同体的核心价值观上。相比之下，其他定义在经验、实用性、道德考量和平衡和谐方面也有各自的侧重点。

DIKWP 模型的智慧定义在实际应用中展现出独特的优势，能够提供更加智慧和符合道德标准的解决方案，特别是在环境保护、医疗决策、社会治理和 AI 等复杂且多变的场景中。通过这种综合性和目标导向性的决策过程，可以更好地应对现代社会中的各种挑战，推动更具道德标准和综合考量的决策系统的发展。

DIKWP 模型中的智慧定义强调了智慧在决策过程中的综合性、伦理性和目标导向性。智慧不仅是数据、信息和知识的应用，更是在决策过程中对各种因素（包括道德和伦理）的全面考虑和平衡。智慧在 AI 中的应用展现了其在现代技术中的重要性，推动了更具道德标准和综合考量的决策系统的发展。

3.8　DIKWP模型中的意图

3.8.1　DIKWP模型的意图定义

意图（DIKWP–Purpose）概念的语义对应二元组（输入，输出），其中输入和输出都是数据、信息、知识、智慧或意图的语义内容。意图语义代表了利益相关者对某一现象或问题的 DIKWP 内容语义的理解（输入），以及希望通过处理和解决该现象或问题来实现的目标（输出）。认知主体在处理意图语义时，在语义空间会根据其预设的目标（输出）语义，处理输入的 DIKWP 内容语义，通过学习和适应等对应的 DIKWP 内容语义的处理，使输出 DIKWP 内容语义逐渐接近预设的目标语义。

意图代表了认知过程的目的性和方向性，它是个体或系统行动的驱动力。意图不仅定义了从当前状态到期望状态的转换路径，而且揭示了认知活动的动力和方向。这种目标导向的认知过程强调了认知主体在处理信息时的主动性和创造性，以及认知活动背后的深层动机和目标。意图概念强调了在认知空间进行的是目标导向的认知过程，即认知主体在处理信息时不仅被动接收，而且有着明确的目标和意图，这决定并驱动了它如何理解和操作数据、信息、知识、智慧和意图等 DIKWP 语义内容。意图不仅指导认知主体对数据、信息的收集和处理，还影响知识的形成和应用，以及智慧的发展和实践。

意图的概念引入了目的论的视角，即认知活动不是无目的的数据处理，而是为了实现某种目标或满足某种需要。在 DIKWP 框架中，意图的加入不仅丰富了模型的动态性，也强调了认知活动的目的性和主观性。这意味着在认知过程中，认知主体不是被动地接收和处理 DIKWP 语义内容，而是在语义空间基于特定的目标和意图主动地寻找、选择和解释 DIKWP 语义内容。

意图驱动提供了一个从动态和目标导向的角度来理解认知活动的框架，这与认知语言学中的行动理论（Action Theory）相关，使得 DIKWP 模型不仅能解释已有的认知现象，还能指导未来的认知活动，为实现特定目标而优化认知策略和行为。

DIKWP 模型中的意图驱动方式强调了认知主体的认知过程的目的性和动态性。它关注从一种状态转移到预期状态的过程，这一过程中包括了目标的设定和达成路径的规划。在 AI 系统中，意图识别和目标导向的行为设计是实现智能行为的关键要素，如在自然语言处理中理解用户的查询意图，或在规划算法中设定和优化目标达成的路径。在 AC 研究中，理解和模拟人类的意图识别和目标导向行为是实现高级认知功能的关键。

从哲学的视角来看，意图不仅仅是行动的预设目标，更是个体存在和行为的根本动因。意图体现了个体的自由意志和对未来的设想，它是个体与世界互动的内在动力。意图的存在强调了认知活动的主体性和创造性，揭示了人类行为背后的深层意义。这不仅与亚里士多德的终因说相对应，他认为所有事物的存在都有其目的或终极原因，更与黑格尔的目的性观念和存在主义哲学中的自由意志观点相呼应。在黑格尔哲学中，现实的动力来自对立的统一，即通过目的性行为的实现过程中的自我实现和自我否定。而在存在主义中，强调个体的选择和意图对其存在的决定性作用。DIKWP 模型中的意图维度，体现了认知活动不仅是对外部世界的反应，更是主体基于自身目的和价值观进行主动构建的过程。

3.8.2 意图的定义与理解

DIKWP 模型中提出的"意图"（Purpose）概念，代表了利益相关者对某一现象或问题的 DIKWP 内容语义的理解（输入），以及希望通过处理和解决该现象或问题来实现的目标（输出）。意图的定义和处理方法具有显著的动态性和目标导向性，为理解和设计具有特定目标的认知处理过程提供了重要的框架。

（1）意图的数学表达

意图的数学表示可以通过转换函数 T 来描述，该函数将输入的 DIKWP 内容语义转换为输出的目标语义：

P=（Input，Output）

T：Input → Output

这种表示方法突出了认知处理过程的动态性和目标导向性，为实现特定目标的认知处理提供了数学模型。

（2）意图的核心特点

- **动态性**：意图过程是动态的，通过不断调整和优化输入内容，使输出逐步接近预设目标。
- **目标导向性**：意图强调认知过程的目的性和方向性，认知主体在处理信息时具有明确的目标和意图。
- **主动性和创造性**：认知主体在处理信息时不仅被动接收，而且是主动寻找、选择和解释 DIKWP 语义内容。

（3）意图的作用

意图在 DIKWP 模型中的引入，为认知活动提供了一个目的论的视角，强调了认知活动的主体性和创造性。这不仅丰富了模型的动态性，也强调了认知活动的目的性和主观性。

（4）意图的认知过程

在认知过程中，意图代表了从当前状态到期望状态的转换路径，并揭示了认知活动的动力和方向。这种目标导向的认知过程强调了认知主体在处理信息时的主动性和创造性，以及认知活动背后的深层动机和目标。

3.8.3 意图的实际应用

意图的定义在多个领域具有重要的应用价值，包括 AI、自然语言处理和认知科学等。

（1）AI

在 AI 系统中，意图识别和目标导向的行为设计是实现智能行为的关键要素。例如，自驾车系统需要理解并执行乘客的意图，在复杂的交通环境中做出最佳决策。

（2）自然语言处理

在 NLP 中，理解用户的查询意图是提供准确和相关答案的基础。系统需要根据用户的输入，识别其意图并生成相应的输出。

（3）认知科学

在认知科学中，理解人类的意图识别和目标导向行为是实现高级认知功能的关键。研究人员通过分析人类的认知过程，设计能够模拟和优化这些过程的系统。

3.8.4　意图的哲学意义

从哲学的视角来看，意图不仅仅是行动的预设目标，更是个体存在和行为的根本动因。意图体现了个体的自由意志和对未来的设想，是个体与世界互动的内在动力。

（1）亚里士多德的终因说

亚里士多德认为，所有事物的存在都有其目的或终极原因。意图作为认知活动的核心，符合亚里士多德的终因说，强调目的性在认知活动中的重要作用。

（2）黑格尔的意图性观念

黑格尔认为，现实的动力来自对立的统一，通过目的性行为实现过程中的自我实现和自我否定，个体能够达到更高的认知境界。

（3）存在主义的自由意志

存在主义哲学强调个体的选择和意图对其存在的决定性作用。意图体现了个体的自由意志，是认知活动的核心驱动力。

3.8.5　DIKWP模型中意图的定义与其他意图的定义对比分析

DIKWP 模型中意图的定义与其他意图定义对比分析如表 3.5 所示。

表 3.5　DIKWP 模型中意图的定义与其他意图定义对比分析

定义来源	语义定义	意图来源	核心价值观	决策过程	应用场景
DIKWP 模型	意图语义对应二元组（输入，输出），其中输入和输出都是数据、信息、知识、智慧或意图的语义内容	数据、信息、知识、智慧、意图的语义内容	以人为本，构建人类命运共同体	通过转换函数 T 实现从输入到输出的语义转化	AI、自然语言处理、认知科学
Bratman	意图是对未来行动的承诺，是规划行为的基础	行动计划与未来承诺	个体对未来的预期和承诺	通过行动计划实现预期目标	行动理论、决策理论
Searle	意图是心灵状态，是对行动的方向和目的的意向性	心灵状态与意向性	心灵对行动的方向和目的的关注	通过心灵状态引导行动实现目的	心理学、哲学、语言学
Schank & Abelson	意图是个体行为背后的动机和目标，是理解和生成故事的基础	行为动机与目标	理解和生成行为的背后动机和目标	通过分析行为动机和目标理解和生成故事	AI、认知科学、叙事理论
Fodor	意图是心灵的内容，是描述心理状态和过程的重要概念	心灵内容与心理过程	心理状态和过程的描述	通过描述心理状态和过程理解意图	心理学、哲学、认知科学
Dennett	意图是设计层次的概念，是解释行为和决策的框架	行为和决策的设计层次	解释和预测行为和决策	通过设计层次解释和预测行为和决策	认知科学、哲学、AI

具体应用场景的对比分析如表 3.6 ~ 表 3.8 所示。

表 3.6　AI 场景下 DIKWP 模型的意图定义与其他定义对比分析

定义来源	AI 场景描述
DIKWP 模型	在 AI 系统中，意图识别和目标导向的行为设计是实现智能行为的关键要素
Bratman	AI 系统通过预设行动计划来实现预期目标，强调规划行为的重要性
Searle	AI 系统需模拟心灵状态，以实现对行动的方向和目的的意向性
Schank & Abelson	AI 系统通过分析行为动机和目标来理解和生成故事
Fodor	AI 系统需描述和理解心理状态和过程，以实现意图的模拟
Dennett	AI 系统通过设计层次解释和预测行为和决策，强调意图的设计和实现

表 3.7　自然语言处理场景下 DIKWP 模型的意图定义与其他定义对比分析

定义来源	自然语言场景描述
DIKWP 模型	在 NLP 中，理解用户的查询意图是提供准确和相关答案的基础
Bratman	NLP 系统需通过规划语言生成行为来实现用户的预期目标
Searle	NLP 系统需模拟用户的心灵状态，以实现语言的意向性理解
Schank & Abelson	NLP 系统通过分析语言背后的行为动机和目标来理解和生成自然语言
Fodor	NLP 系统需描述和理解语言的心理状态和过程，以实现意图的模拟
Dennett	NLP 系统通过设计层次解释和预测语言行为，强调意图的设计和实现

表 3.8　认知科学场景下 DIKWP 模型的意图定义与其他定义对比分析

定义来源	认知科学场景描述
DIKWP 模型	在认知科学中，理解人类的意图识别和目标导向行为是实现高级认知功能的关键
Bratman	认知科学研究需通过规划行为理解人类的意图和目标
Searle	认知科学需研究心灵状态和意向性，以理解人类的行动和目的
Schank & Abelson	认知科学通过分析行为动机和目标来理解和生成人类的认知过程
Fodor	认知科学需描述和理解心理状态和过程，以实现意图的研究
Dennett	认知科学通过设计层次解释和预测人类行为和决策，强调意图的设计和实现

　　DIKWP 模型的意图定义在 AI 领域强调意图识别和目标导向的行为设计，而 Bratman、Searle、Schank & Abelson、Fodor、Dennett 的定义则各自强调规划行为、心灵状态、行为动机和设计层次。

　　DIKWP 模型中提出的意图定义，强调了认知过程的目的性和方向性。通过引入意图的概念，DIKWP 模型不仅能够解释已有的认知现象，还能指导未来的认知活动，为实现特定目标优化认知策略和行为。这种目标导向的认知过程，在 AI、自然语言处理和认知科学等领域具有重要的应用价值，推动了现代认知科学和技术的发展。意图的引入丰富了 DIKWP 模型的动态性和目标导向性，为理解和设计具有特定目标的认知处理过程提供了坚实的理论基础。

3.9 建立5×5DIKWP映射作为意识水平评估标准

意识仍然是生物学和认知科学研究中最难以捉摸和最有趣的现象之一，尤其是当涉及非人类动物时。传统的动物意识测试，如镜像测试，一直很有用，但范围有限，主要关注认知能力的孤立方面。本节介绍了 DIKWP 模型作为一种更全面地评估动物意识的变革方法。该模型评估了五个相互关联的组成部分的认知过程——数据、信息、知识、智慧和意图，从简单的感官数据到复杂的目标导向行为，提供了动物如何处理环境的整体视图。通过应用 DIKWP 模型，我们提出了一种系统的方法，不仅可以识别意识的迹象，还可以测量不同物种的意识水平和复杂性。该模型在各种案例研究中的应用，包括对乌鸦和章鱼的认知测试，表明了其对动物智力和意识提供更深入见解的潜力，对生物和人工意识系统具有重要意义。本节旨在为进一步的实证研究和完善意识评估标准奠定基础，突破我们如何理解和定义动物王国中的意识的界限。

本节提出了一种基于 5×5DIKWP（数据、信息、知识、智慧、意图）的转换模式。通过检查这些成分之间的相互作用，这种方法评估生物体的认知过程，提供对其意识水平的见解。本节介绍了一个适用于涉及乌鸦和章鱼的两个案例研究的综合框架，表明了该方法在各种物种中更广泛应用的潜力。

动物的意识问题长期以来一直是科学辩论的主题。探索动物意识的传统方法，如评估自我识别的镜像测试等，都是基础性的，关注范围很窄。这些测试通常会测量动物特定的认知能力，这些能力虽然令人印象深刻，但只触及动物认知的表面。

DIKWP 模型引入了一个全面的框架，通过检查动物从对基本数据感知到拥有更复杂能力的转变，提供了更细微的、潜在的更准确的意识标记。

这个模型不仅仅考虑动物是否能认出自己或解决谜题，还深入研究了感官输入（数据）转化为有意义的模式（信息）的过程；这些模式如何被整合为可操作的知识（知识），通过明智的决策（智慧）应用，并最终引导行为实现特定目标（意图）。

这种方法使研究人员能够探索不同物种的全方位认知功能，揭示动物如何感知和与环境互动的秘密。通过整合不同认知阶段的观察结果，DIKWP 模型提供了一个独特的视角，可以更全面地评估动物意识的复杂性和深度。

将 DIKWP 模型引入意识研究代表着向整体认知观的转变，强调不同认知过程的相互关联性及其在动物生活和生存策略的更广泛背景下的作用。这可能会对意识的进化起源及其在动物界的各种表现形式产生新的见解。

为了开发一种基于 DIKWP 模型的综合评估方法以及相应标准来评估生物的意识，我们可以设计一个结构化的方法。该方法将涉及 DIKWP 维度的系统观察和分析——数据、信息、知识、智慧和意图。以下是如何有条不紊地应用每个组件。

① **数据**

- **定义**：原始的感官输入或可观察的动作。
- **标准**：记录实验设置中涉及的主要感觉输入或可观察的刺激。

确保数据收集方法足够敏感和具体，以捕捉相关现象。

② **信息**

- **定义**：经过认知识别或分类的处理数据。
- **标准**：确定将原始数据转换为已分类或已识别的模式。

对照已知的基准，评估这些认知分类的准确性和可靠性。

③ **知识**

- **定义**：从积累的信息中得出的既定理解或模式。
- **标准**：评估信息用于形成可重复的行为或思维模式的一致性。

根据所学信息，确定是否从简单的信息处理发展到复杂的决策。

④ **智慧**

- **定义**：应用知识进行预测、解决问题或优化结果。

- **标准：** 分析积累的知识在新的或变化的环境中的应用。

评估适应性或预测性行为在实现预期结果方面的有效性。

⑤**意图**

- **定义：** 受内部目标或外部任务影响的行动背后的意向性。

- **标准：** 检查目标导向行为或任务导向行动的证据。

考虑行动与预期或设计结果的一致性，以推断意图。

⑥**方法**

- **实验设计：** 设计可以隔离和评估每个 DIKWP 组件的实验。例如，修改环境变量，看看受试者是否适应了他们的行为（智慧和意图），指示更高水平的认知处理。

- **行为和神经学测量：** 使用行为观察和神经学测量将外部行为与内部认知过程联系起来。功能性磁共振成像或脑电图等技术可能有助于测量与不同 DIKWP 阶段相关的大脑活动。

- **统计分析：** 应用统计模型来分析数据中一致表示 DIKWP 转换的模式，确保发现具有统计意义，而不是由于随机变化。

- **跨物种比较：** 在不同物种之间应用相同的标准，以验证观察到的认知过程的普遍性或特异性。这种比较方法可以突出意识的基本方面。

⑦**实施**

- **试点研究：** 进行初步试点研究，以改进测量技术，并确保所有 DIKWP 方面都能被可靠地观察和量化。

- **迭代测试：** 根据正在进行的研究结果，采用迭代方法来完善假设和实验设计。

- **同行评审和复制：** 与科学界进行同行评审和重复研究，以验证研究结果并确保稳健性。

通过系统地应用具有明确定义的标准和结构化方法的 DIKWP 模型，研究人员可以更有效地研究并潜在地确认不同生物实体的意识迹象。这一全面的框架不仅有助于我们更深入地理解认知过程，而且有助于在意识研究中发展普遍适用的科学标准。

3.9.1　5×5DIKWP转换模式

5×5DIKWP 转换矩阵为分析和理解以下组件的认知功能提供了一个系统框架：数据、信息、知识、智慧和意图。该矩阵并不强制执行线性路径，但承认每个组件与任何其他组件直接交互的潜力，说明了认知处理的动态和复杂性质。

（1）矩阵的结构

该矩阵由 25 个可能的变换组成，每个变换表示从一个组件（行）到另一个（列）的转换。矩阵中的每个单元都可以通过转换函数来描述，该函数定义了数据如何从其原始状态转换到受认知处理影响的目标状态。

- **行**：表示转换的起始组件。
- **列**：表示转换的目标组件。

（2）关键转换说明

①数据到信息（D→I）

- **转换**：对原始的感官输入进行处理，形成有意义的模式。
- **示例**：乌鸦看到一种颜色（数据）并将其识别为信号（信息）。

②信息到知识（I→K）

- **转换**：将重复的关系信息合成模型或概念。
- **示例**：章鱼从反复的互动中了解到，某些空间与不适有关（知识）。

③知识到智慧（K→W）

- **转变**：运用所学知识做出谨慎的决定或解决问题。
- **示例**：大象利用其对人类行为的理解（知识）来驾驭复杂的社会互动（智慧）。

④智慧到意图（W→P）

- **转变**：智慧影响基于伦理、道德或生存考虑的目标或目的的设定。
- **示例**：黑猩猩利用其对群体动力学（智慧）的理解来影响其在群

体中的作用（意图）。

⑤意图到数据（P→D）

- **转变**：目标和意图为新的数据收集或观察奠定了基础。
- **示例**：研究人员根据正在测试的假设设置特定的实验条件（意图影响所收集的数据）。

完整矩阵概述如表 3.9 所示。

表 3.9　完整矩阵概述

	D	I	K	W	P
D	D→D	D→I	D→K	D→W	D→P
I	I→D	I→I	I→K	I→W	I→P
K	K→D	K→I	K→K	K→W	K→P
W	W→D	W→I	W→K	W→W	W→P
P	P→D	P→I	P→K	P→W	P→P

该矩阵中的每个单元都封装了一个潜在的转换，不仅显示了直接的线性进展，还显示了反馈循环和复杂的相互作用，例如影响知识的数据收集或意图重塑智慧。

（3）应用及意义

该矩阵是研究人员在详细研究人类和其他动物的意识和认知行为时绘制认知过程及其相互作用的工具。通过理解这些转变，我们可以更好地理解实体是如何基于认知能力感知、反应和操纵环境的。

这种全面的方法可以让我们更深入地了解意识的认知结构，有助于开发更复杂的 AI 模型，让我们更好地理解生物体的神经过程。

3.9.2　案例分析

（1）案例研究1：乌鸦识别颜色

在这项研究中，乌鸦被训练来识别屏幕上显示的不同颜色的方块并对其做出反应，这一设置测试了它们在实验条件下的颜色辨别和决策能力。

- **数据**：这里的初始感官输入是彩色块的视觉感知。这些原始数据是乌鸦看到的颜色。

- **信息**：乌鸦将颜色处理为不同的信息点，将每种颜色识别为一个单独的实体。

- **知识**：随着时间的推移，通过反复的实验，乌鸦开始将特定的颜色与结果联系起来（例如获得奖励）。这种关联在乌鸦的记忆中建立了一个知识体系，在那里，颜色不仅可以被看到，而且可以被理解。

- **智慧**：在这种情况下，当乌鸦运用它们的知识做出战略决策时，智慧就会得到证明。例如，如果乌鸦知道选择一种特定的颜色通常会导致获得食物，它可能会表现出对该颜色的偏好，利用其积累的知识来最大限度地提高其利益。

- **意图**：乌鸦行动的背后是为了获取食物。这意图影响它们的决策过程，让它们根据之前的经验和学到的智慧，选择最有回报的选项。

（2）案例研究2：章鱼避免疼痛

在另一项有趣的研究中，研究人员观察到章鱼在两个腔室之间进行选择的行为，一个腔室是它们以前经历过疼痛的腔室，另一个腔室则是它们没有受伤的腔室。

- **数据**：初始数据包括章鱼所经历的身体感觉，包括之前在其中一个腔室中感受到的疼痛。

- **信息**：章鱼处理这些感觉，识别出一个腔室与疼痛有关，另一个腔室则与安全有关。

- **知识**：通过反复暴露，章鱼积累了哪些地方是安全的、哪些地方不是安全的知识。这些知识不仅包括疼痛的直接体验，还包括腔室的空间特征。

- **智慧**：智慧体现在章鱼运用知识来避免疼痛的能力上。通过选择安全的腔室，它们展示了对如何避免负面结果的理解，以及如何运用智慧来提高它们的幸福感。

● **意图**：章鱼的行为是为了避免不适和疼痛。这意图塑造了它们的认知过程，引导它们做出优先考虑安全和舒适的决定。

（3）集成与分析

这两个案例研究都展示了认知过程如何从简单的数据获取演变为意图 – 驱动行动。这些例子突出了不同物种的复杂认知能力，挑战了人们对动物意识和其认知能力的传统认知。

这些分析不仅加深了我们对动物智力的理解，还增强了我们设计实验和解释数据的能力。通过对 DIKWP 转换的详细映射，我们深入了解了感官输入、记忆、决策和目标导向行为相互间的复杂作用，这对于全面理解不同生命形式的意识至关重要。

3.9.3　5×5基于DIKWP映射的意识水平评估标准

（1）DIKWP转换的评分准则

DIKWP 转换的评分标准旨在定量评估五个维度的认知处理的复杂性和程度：数据、信息、知识、智慧和意图。这个准则有助于评估每一次转变对生物体整体认知框架和意识水平的贡献。

①评分标准

每个 DIKWP 转换都基于三个关键标准进行评分。

A. 存在 / 不存在（得分 0~2）

0——不存在：没有发生转换的证据。

1——部分证据：偶尔会观察到转变，但并不一致。

2——明显证据：在多个上下文中可以一致地观察到转换。

B. 重复性（得分 0~2）

0——不可重复：转换发生过一次或在非常有限的情况下发生。

1——有点可重复：在类似的情况下发生，但在不同的上下文中不可靠。

2——高度可重复性：经常发生在不同的场景和上下文中。

C. 相关性（得分 0~2）

0——无关：转化不会显著影响生物体的行为或生存。

1——适度相关：在生物体的行为中发挥作用，但对生存并不重要。

2——高度相关：对生物体的决策、生存或福祉至关重要。

②评分示例

对于数据到信息（D→I）的评分，我们可进行如下操作。

- **在场 / 不在场**：如果生物体通过将原始感官数据转化为可操作的信息，表现出对新刺激的一致识别和反应能力，则得分为 2。

- **可重复性**：如果在相似的条件下定期观察这些识别和反应模式，则得分为 2。

- **相关性**：如果从 D 到 I 的转变对生物体的即时反应和生存至关重要（例如，识别捕食者或食物），则得分为 2。

③总分

每个转换的总得分是所有标准得分的总和，每个转换的最大可能得分为 6 分。生物体的总体 DIKWP 得分是所有个体转化得分的总和，提供了对其认知复杂性和潜在意识水平的综合衡量。

该准则提供了一种结构化的方法来评估动物的认知过程，从而让我们可以更深入了解它们的意识潜力。通过系统分析每一次 DIKWP 转换，研究人员可以更好地了解不同物种的认知能力和意识水平。这种方法还鼓励一致和可重复的评估，有助于研究人员更深入地了解动物认知及其对动物伦理的影响。

（2）案例研究数据和观察日志

下面是观察日志和数据，这些日志包括观察到的 DIKWP 转变的具体例子，强调了如何记录和分析动物受试者的反应和行为，以推断其意识水平。

案例研究 1：乌鸦识别彩色方块

- **目的**：评估乌鸦对屏幕上彩色方块的识别和反应的认知能力，并确定所涉及的 DIKWP 转换。

● **方法**：训练乌鸦在数字屏幕上显示彩色方块时进行特定的头部运动。它们的大脑活动被记录下来，特别是与高级认知功能相关的区域的活动。

以下是具体信息。

日期：2024 年 4 月 12 日

地点：X 大学鸟类认知研究实验室

主题：乌鸦识别彩色方块

观察日志 1 如表 3.10 所示。

表 3.10　观察日志 1

时间	呈现的刺激	乌鸦的行动	记录的大脑活动	注释
09:15	红色块	点头	新皮层的高活动	记录到数据到信息（D→I）的转换，因乌鸦识别了颜色
09:17	蓝色块	转头	持续的高活动	数据到信息（D→I）的一致性，表明已学习的行为
09:20	绿色块	无动作	低活动	可能是刺激识别失败或未对此颜色进行训练

重复使用特定颜色表示强烈的 D→I 转换，其中感官数据（颜色）被转换为特定的、经过训练的反应。

反应的一致性和可重复性支持稳定的 I→K 变换，乌鸦将颜色和所需的头部运动之间的联系内化。

案例研究 2：章鱼避免疼痛刺激

● **目的**：研究章鱼在两个腔室（一个与疼痛有关，另一个与麻醉有关）之间进行选择时的行为，以探索它们的记忆和决策过程。

● **方法**：将一只章鱼放在一个有两个腔室的水箱中。其中一个腔室之前曾进行过轻微电击（疼痛），而另一个腔室则使用了无害的麻醉剂。

以下是具体信息。

日期：2024 年 5 月 30 日

地点：Y 大学海洋生物学实验室

主题：章鱼避免疼痛刺激

观察日志 2 如表 3.11 所示。

表 3.11 观察日志 2

时间	选择的腔室	行为	注释
14:15	麻醉室	快速进入	表示避免疼痛，显示从知识到智慧（K→W）的转变
14:18	电击室	避免	反复避免支持记忆和决策中的智慧
14:22	麻醉室	进入并停留	一致的选择表明有强烈的避痛记忆

章鱼选择避开与疼痛相关的腔室，并始终如一地选择安全的腔室，这表明了一个复杂的认知过程，涉及 D → K（基于过去经验识别环境）和 K → W（运用知识做出安全选择）。

这些行为强调了意图 – 驱动行为（P），其中生存本能影响认知过程，导致持续的回避行为。

两个案例研究的详细观察日志提供了 DIKWP 转换的具体示例。通过在受控实验下分析这些行为，我们可以推断出复杂的认知过程的存在，这些认知过程暗示了这些物种的一种意识形式。这些日志是我们正在进行的动物认知和意识评估的重要证据。

（3）与传统意识测试的比较分析

①传统测试概述

A. 镜像测试

- **意图**：确定动物是否能在镜子中认出自己。

- **方法**：在动物身上只能用镜子看到的地方做一个标记，以了解其是否注意到自己身上的标记并对其做出反应，如答案是肯定的，则表明它有自我意识。

- **测试物种**：典型的灵长类动物、大象和一些鸟类。

B. 标记测试

- **意图**：类似于镜像测试，但涉及与标记的直接交互。

- **方法**：观察动物是否在不使用镜子的情况下注意其身体上的标记，

如答案是肯定的，则表明其身体意识具有一定水平。

C.问题解决测试

- **意图**：评估其解决谜题或挑战的认知能力，这可能意味着其有意识的思考。

- **方法**：使动物面临特定的挑战，其需要操作机制或解决谜题才能获得食物或其他奖励。

②DIKWP方法

- **意图**：通过数据、信息、知识、智慧和意图（DIKWP）框架。

- **方法**：分析结构化环境中其行为和认知反应，将这些反应映射到DIKWP模型中，以推断其意识水平。

DIKWP方法与几种传统意识测试的比较分析如表3.12所示。

表 3.12　DIKWP 方法与几种传统意识测试的比较分析

测试类型	关注领域	优点	缺点	DIKWP 兼容性
镜子测试	自我认知	设置简单；清晰显示自我意识	仅限于视觉自我认知；不适用于所有物种	兼容性低，仅涉及数据到信息（D→I）的转换
标记测试	身体意识	与标记直接交互；比镜子测试简单	仍然限于能够直接自我认识的物种	兼容性中等，侧重于基本的数据到信息（D→I）的转换
解决问题的测试	认知能力	应用广泛；衡量解决问题的技能	并不直接衡量意识；变异性高	兼容性高，涉及多个DIKWP 转换
DIKWP 方法	全面的意识评估	评估广泛的认知功能；适用于不同物种	设置和分析复杂；需要广泛的行为数据	完全涵盖 DIKWP 模型的所有方面

DIKWP方法提供了一个全面的框架，不仅捕捉了简单的认知功能，还捕捉了不同认知阶段之间的复杂互动，提供了比传统测试更详细的意识评估。这种方法可以评估更广泛的物种和行为，使其成为研究动物认知和意识的通用工具。

5×5DIKWP转换矩阵作为评估动物意识水平的工具的实施彻底改变了我们研究动物认知的方法。这个全面且可扩展的模型不仅促进了我们对意识的理解，而且是包括行为学、神经科学和 AI 在内的多个学科之间的桥梁。该矩

阵映射和评分认知转变的能力为不同物种意识的复杂性和可变性提供了一个
细致入微的视角。

通过承认不同的认知功能——从基本数据感知到复杂意图－驱动行为，
DIKWP 模型丰富了我们对动物行为的解释及其对理解人类意识的启示。它挑
战了经常忽视非人类智慧微妙之处的传统范式，并为探索意识如何在各种生
命形式中发展和表现开辟了新的途径。

第4章 | DIKWP 数理系统的语义完备性及数理特性

DIKWP 模型通过区分数据、信息和知识，并进一步划分概念空间、语义空间和认知空间，为认知主体（如人类或 AI 系统）提供了一个高阶、动态和结构化的认知框架。本章将深入探讨该模型的语义完备性、数理特性，并基于此构建一个语义处理数理体系。

4.1 DIKWP模型的数理特性

4.1.1 数据

- **定义**：被认知主体确认的原始事实或观察记录，通过概念空间进行分类和组织，形成初步的认知对象。
- **数理表示**：数据可以表示为一个集合 D，其中每个数据项 $d \in D$ 是一个原子事实。

4.1.2 信息

- **定义**：通过认知主体的意图，将数据与已有认知对象进行语义关联，识别差异，形成新的认知内容。
- **数理表示**：信息可以表示为从数据集合 D 到信息集合 I 的映射 $f: D \to I$，其中每个信息项 $i \in I$ 是通过语义关联生成的。

4.1.3　知识

- **定义**：通过高阶认知活动和假设，对数据和信息进行系统性理解和解释，形成对世界的深刻理解和解释。

- **数理表示**：知识可以表示为从信息集合 I 到知识集合 K 的映射 g：$I \rightarrow K$，其中每个知识项 $k \in K$ 是通过高阶认知活动生成的。

4.2　语义空间的数理逻辑

4.2.1　概念空间

- **定义**：概念空间是认知主体通过自然语言、符号等形式进行交流和认知的空间。数据、信息和知识在这个空间中作为具体概念存在，并通过语义网络和概念图进行表达。

- **数理表示**：概念空间可以表示为一个有向图 $G = (V, E)$，其中节点 V 代表概念，边 E 代表概念之间的关系。语义网络中的每个节点 $v \in V$ 具有唯一的标识符，并与其他节点通过语义关系连接。

4.2.2　语义空间

- **定义**：语义空间是认知主体理解和处理概念的内在语义联系的空间。数据、信息和知识在这个空间中通过语义匹配、关联和转化来理解和生成新的知识。

- **数理表示**：语义空间可以表示为一个语义匹配函数 h：$V \times V \rightarrow [0, 1]$，其中，$h(v_i, v_j)$ 表示两个概念节点之间的语义匹配度。语义空间中的匹配函数 h 满足以下性质：

对称性：$h(v_i, v_j) = h(v_j, v_i)$

自反性：$h(v_i, v_i) = 1$

非负性：$0 \leqslant h(v_i, v_j) \leqslant 1$

4.2.3 认知空间

● **定义**：认知空间是认知主体进行思考、学习和理解的内部心理空间。数据、信息和知识在这个空间中通过观察、假设、抽象和验证等认知活动，形成对世界的深刻理解和解释。

● **数理表示**：认知空间可以表示为一个动态系统 $S=(X, F, Y)$，其中：

X 表示认知状态空间，包含所有可能的认知状态 $x \in X$；

F 表示认知过程的转移函数 $f: X \times U \to X$，其中 U 是外部输入；

Y 表示输出空间，包含所有可能的认知输出 $y \in Y$。

4.3 语义的性质

4.3.1 语义完备性

● **定义**：语义完备性是指在语义空间中，所有可能的语义联系和匹配关系都能够被完整地表达和计算。

● **实现方法**：通过语义匹配函数 h 的定义和性质，可以确保语义空间的完备性。语义匹配函数 h 可以通过机器学习算法和语义搜索引擎进行训练和优化，以实现语义完备性。

4.3.2 语义一致性

● **定义**：语义一致性是指在不同的认知空间和语义空间中，概念和语义关系的一致性和稳定性。

● **实现方法**：通过语义匹配函数 h 的对称性和自反性，可以确保语义一致性。语义网络和概念图的结构化表示，也有助于保持语义的一致性。

4.3.3 动态更新

● **定义**：动态更新是指在认知过程中，随着新数据和信息的输入，知识和语义关系能够动态调整和更新。

● **实现方法**：通过认知空间中的动态系统 S 和转移函数 F，可以实现知识和语义关系的动态更新。深度学习和强化学习技术可以用于训练和优化认知过程。

4.4　构建语义处理数理体系

4.4.1　概念表示与处理

● **语义网络**：构建语义网络 $G=(V, E)$，表示概念及其关系。

● **本体论**（Ontology）：使用本体论定义概念及其层次结构，确保概念表示的一致性和完备性。

4.4.2　语义匹配与关联

● **语义匹配函数**：定义语义匹配函数 $h: V \times V \to [0, 1]$，用于计算概念之间的语义匹配度。

● **语义推理引擎**：构建基于规则和逻辑推理的语义推理引擎，实现语义关联和推埋。

4.4.3　认知过程与动态更新

● **动态系统模型**：构建认知空间中的动态系统 $S=(X, F, Y)$，用于模拟认知过程。

● **深度学习与强化学习**：使用深度学习和强化学习技术训练和优化认知过程，实现知识和语义关系的动态更新。

4.5　DIKWP数理系统与其他类似数理系统的对比分析

为了深入理解 DIKWP 数理系统的独特优势和应用潜力，我们将其与其他几个著名的数理系统进行对比分析。这些系统包括 DIKW 模型、SECI 模型、Polanyi 的隐性知识理论和 Cynefin 框架。DIKWP 数理系统与 DIKW 模型、SECI 模型、Polanyi 的隐性知识理论、Cynefin 框架的对比如表 4.1 所示。

表 4.1　DIKWP 数理系统与其他模型的对比

特征	DIKWP 数理系统	DIKW 模型	SECI 模型	Polanyi 的隐性知识理论	Cynefin 框架
数据定义	被认知主体确认的原始事实或观察记录，通过概念空间进行分类和组织，形成初步的认知对象	原始的、未加工的事实和观测记录	原始的事实和记录	隐性知识没有明确涉及数据	数据在不同域中具有不同的应用方式，依据情境进行处理
信息定义	通过认知主体的意图，将数据与已有认知对象进行语义关联，识别差异，形成新的认知内容	经过处理和理解的数据，赋予特定意义	从隐性知识转化为显性知识的一部分	难以明确转化为信息，主要通过个人经验体现	信息在不同域中具有不同的应用方式，依据情境进行处理
知识定义	通过高阶认知活动和假设，对数据和信息进行系统性理解和解释，形成对世界的深刻理解和解释	经过处理和理解的信息，能够用于决策和行动	知识分为显性知识和隐性知识，通过转化生成	隐性知识为个人经验和技能，难以形式化	知识依据不同情境进行应用，强调情境适应性和动态决策
语义处理	强调语义完备性，通过语义匹配函数 h 实现语义关联和匹配	不明确涉及语义处理，主要关注层次性	通过显性和隐性知识的转化进行语义处理	隐性知识通过隐含的语义关系进行处理	不明确涉及语义处理，主要关注情境适应性和复杂性管理
动态更新	通过认知空间中的动态系统 S 实现知识和语义关系的动态更新	知识主要是静态存储和层次化管理	强调知识的动态转化和共享过程	难以通过形式化手段进行动态更新，主要依赖个人经验的积累	强调知识的动态应用和情境适应性，依据情境进行知识的更新和调整
数理表示	使用集合、映射、动态系统等数学结构描述数据、信息和知识及其相互关系	主要采用层次结构描述数据、信息、知识和智慧	通过 SECI 螺旋模型描述知识的社会化、外化、结合和内化过程	难以形式化描述隐性知识，主要通过质性研究方法探讨	使用复杂性科学和系统动力学方法描述不同情境下的知识管理和决策过程
应用范围	广泛应用于自然语言处理、知识图谱、智能决策支持系统等领域	主要用于知识管理和信息处理	主要用于组织内知识管理和创新过程	主要用于理解和分析个人经验和技能的形成和传递	广泛应用于组织管理、复杂系统分析和决策支持等领域，强调适应性和灵活性

DIKWP 数理系统在数据、信息和知识的定义及处理上，通过详细区分概念空间、语义空间和认知空间，提供了更高效、更准确的知识生成和理解方法。与其他知识模型和框架相比，DIKWP 数理系统具有以下独特优势。

- **语义完备性**：DIKWP 数理系统通过语义匹配函数 h 实现了语义的完备性，确保了语义关联和匹配的准确性和一致性。

- **动态更新**：DIKWP 数理系统通过认知空间中的动态系统 S 实现了知识和语义关系的动态更新，确保了知识的及时性和适应性。

- **高阶认知活动**：DIKWP 数理系统强调通过高阶认知活动进行知识的生成和验证，确保了知识的系统性和深刻理解。

- **数理表示**：DIKWP 数理系统使用集合、映射、动态系统等数学结构，提供了系统化和形式化的数理表示方法，使得知识的表示和处理更具结构性和精确性。这些优势使得 DIKWP 数理系统在处理复杂系统和抽象概念时表现得尤为突出。

第5章 | SC-DIKWP 理论

在本章中，语义和概念意识 DIKWP 理论（the Semantic and Conceptual Consciousness DIKWP Theory，SC-DIKWP）深入分析了语义和概念在五个范畴中的作用，强调其如何驱动感知、学习、推理和目标导向的行动决策。通过将语义赋予数据意义、概念结构化信息，本章探讨了这一框架如何支持意识的动态发展，并为 AC 系统模拟类人认知提供了理论基础。

本章着眼于 SC-DIKWP 理论在 AC 芯片设计中的实际应用，阐述了如何通过动态信息整合、高级知识管理和目标导向功能，为 AC 系统注入更多自主性、适应性和伦理意识。通过将五个范畴的核心机制整合到芯片设计中，本章展示了 AC 从单纯任务执行向复杂语境适应和意图驱动的智能迈进的可能路径。

5.1 语义与概念意识DIKWP理论框架

5.1.1 意识的起始

数据与信息的处理在意识演化理论中，特别是其 SC-DIKWP 部分，意识的起始被精确地界定为数据与信息的处理。这一部分揭示了如何从生物体对环境的基本感知，逐步建立起复杂的信息处理系统，从而形成初级意识。以下是对这一过程的更深入的阐述。

（1）数据的接收和初步感知

意识的形成始于最基本的生理过程：感官对外界刺激的捕捉。这些刺激，无论是光、声音、触感、味道还是气味，首先被生物体的感官系统接收，转化为神经信号。这些原始的神经信号代表着对外部世界的直接物理响应，它们是客观存在的数据，未被加工前缺乏有意义的结构或语义。例如，眼睛感受到的光线变化、耳朵捕捉到的声波频率等。

（2）初步神经处理：数据转化为信息

一旦原始数据被感官系统接收，它们就被传输到大脑的相应部分进行初步的神经处理。在这个阶段，神经系统的作用是将这些数据转化为信息，即为原始数据赋予初步的意义。这一转化过程涉及多个神经机制，包括但不限于数据的筛选、加强、抑制以及模式识别。

例如，视觉数据到达视皮层后，大脑开始处理这些信息，识别出颜色、形状、运动等基本特征。同样地，听觉数据被处理以区分声音的高低、音量和音质。这一信息处理过程是意识的初级阶段，涉及对数据的直观和自动化解释，类似于计算机系统中的原始数据处理。

（3）意识的形态和功能

在这一阶段，所谓的意识还非常原始，主要表现为对刺激的直接反应。这种反应可以是条件反射，如对强光快速闭眼，或对突然的响声做出回避反应。这些行为表明，即使在意识的这一基础阶段，信息处理已经在帮助生物体做出适应性极强的行为以应对外部环境。

（4）信息的进一步复杂化

随着生物体对环境的持续互动，这些基本的信息会被进一步加工，逐渐形成更为复杂的知识结构。这一过程涉及更多的认知活动，如学习、记忆和思维，标志着意识从简单的数据处理走向复杂的信息整合和应用。这不仅使得生物体能够对环境有更深入的理解，还为后续的智慧和意图的形成奠定了基础。

在理解了意识起始的这一过程后，我们能更清楚地看到，意识的发展是一个由简到繁的演化过程，每一阶段都在为生物体提供更有效的环境适应机制。通过这种逐步的演化，生物体不仅能够生存和繁衍，还能够以更复杂的方式与环境互动，展示出高级的认知和行为模式。

（5）高级信息整合和概念的形成

随着时间的推进，生物体在初级意识的基础上进一步发展，开始进行更复杂的信息整合。这不仅涉及单一感官数据的处理，也是多个感官信息的融合，以及这些信息与已有经验和记忆的关联。例如，通过整合视觉、嗅觉和味觉信息，生物体能够识别和记忆复杂的物体如食物。这种信息的综合处理能力是知识形成的关键，它允许生物体从具体的事件中抽象出通用规则和概念。

概念的形成是意识进化中的一个重要里程碑，因为概念化能力使得生物体不仅能反映现实，还能理解和预测未见过的情境。例如，一旦形成了"危险"的概念，生物体就能将新遇到的情境或物体与此概念关联，即使它们从未直接经历过相似的危险。

（6）语义的发展与文化影响

随着概念的丰富和知识的积累，语义开始发展为一个更为复杂的体系。在语义的发展过程中，文化和社会环境起到了关键作用。语义不仅仅是对概念的描述，它还包含了一定的情感色彩、文化背景和价值判断，这些都是通过社会交往和文化传承学习而来。例如，"自由"的语义在不同的文化中可能带有不同的情感和价值含义，这影响着个体如何理解和使用这一概念。

通过这样的语义网络，个体不仅能够在个人层面上进行复杂的思考，还能在社会层面上进行有效的沟通和协作。这种社会性的意识形态对于维持社会结构和文化传承至关重要，它允许生物体共享知识、经验和价值观，共同应对更为复杂的社会挑战。

5.1.2　知识的形成：从信息到概念的跃迁

随着经验的积累，信息被进一步加工整合，形成知识。知识是对信息的深度加工，涉及模式识别、关联建立和规律抽象。生物体不仅学会了如何响应单一刺激，还开始理解刺激之间的联系和背后的逻辑。例如，一个生物体学会识别特定的声音与食物的出现之间的关联。这一阶段，概念的雏形开始形成，如"食物来源"的概念。

在 SC-DIKWP 理论中，知识的形成被视为意识发展的关键转折点，标志着从基础信息处理到高级认知活动的跃迁。这一过程不仅体现了生物体对环境的适应性增强，也展示了如何通过对信息的深度加工，逐步构建出复杂的概念系统。下面将详细探讨这一阶段的关键特征和机制。

（1）知识的形成过程

①信息的整合与模式识别

在知识形成的初期，生物体首先需要从接收到的信息中识别出模式。这通常涉及对环境刺激的分类和排序，如将相似的声音、形状或颜色归为一类。模式识别是一种基本的神经处理活动，它使得生物体能够将看似随机的数据组织成有意义的信息块。

例如，一只鸟可能通过观察发现某种特定的叫声经常伴随着食物的提供。通过这种模式识别，鸟类不仅学会响应这种叫声，还开始预期叫声的出现意味着食物的接近。

②关联建立与因果推理

一旦模式被识别，生物体进一步探索这些模式之间的潜在联系，建立关联。这一步骤是知识形成中的核心，因为它涉及因果关系的理解。生物体开始从简单的反应转向对事件间逻辑关系的推理。

在上述鸟类的例子中，鸟不仅识别叫声和食物之间的关系，还可能开始探索造成这种关系的原因，如人类的出现通常是食物提供的前兆。

③规律抽象与概念形成

规律抽象是将识别的模式和建立的关联上升到一个更高的认知层次，形成抽象的概念。这些概念是对现象本质的深入理解，它们超越了具体的实例，包含了一般性的规律和属性。

例如，鸟类可能发展出"食物来源"的概念，这不仅包括人类提供的食物，也可能扩展到自然界中的食物发现，如在特定的树木或地点找到食物。这个概念帮助鸟类更有效地搜索和预测食物位置。

（2）概念的影响与应用

形成的概念不仅提升了生物体的环境适应性，也为更复杂的社会交互和学习提供了基础。概念的存在使得知识可以被内化、传播和共享，成为群体行为和文化传统的一部分。在人类社会中，概念的共享和演化是语言、教育、科学和技术进步的驱动力。

通过探讨知识的形成以及概念的发展，SC-DIKWP 理论为理解生物体如何从简单的数据接收者转变为复杂的信息处理者和智能行为主体提供了深刻的洞见。SC-DIKWP 理论不仅增进了我们对意识演化的科学理解，也为开发更高级的 AI 系统提供了理论基础。

（3）进一步的认知发展与应用

①社会化认知与文化传承

一旦概念被形成，它们可以通过社交互动被传播和共享，形成文化知识的一部分。这种知识的社会化允许个体之间进行复杂的沟通，协调行为，并共同解决问题。在人类中，这表现为语言、教育和文化习俗的传承，概念成为联结个体和文化的桥梁。

概念的社会化传播也促进了群体的同步化行为和规范的建立，这对于群居生物的生存和繁衍至关重要。

②创新与问题解决

概念和语义的发展为创新提供了基础。个体能够利用抽象概念进行新情境的分析和未知问题的解决，这是智慧的体现。例如，科学研究中常常需要对现有概念进行重新评估和扩展，以解释新的观测结果或理论。

在技术和工程领域，对概念的创新应用可以导致新技术的发明，进一步推动社会进步和经济发展。

③意识的演化与技术模拟

SC–DIKWP 理论不仅为生物意识的研究提供了框架，同样适用于 AC 的发展。通过模拟生物意识的发展过程，研究人员可以设计出能够进行复杂信息处理和自主学习的 AI 系统。

这些系统能够在不断地与环境互动中自我优化，从基本的数据处理到生成和应用复杂概念的能力，展现出与生物体类似的适应性和智慧。

SC–DIKWP 理论深刻地阐述了从感知数据到形成具有意图性的智慧行为的演化过程，突出了概念和语义在这一过程中的核心作用。通过理解这些基本构建块如何影响生物体的认知和行为，我们不仅能够更好地理解生物意识的本质和功能，还能够指导 AI 的发展，使其更加高效和人性化。

未来的研究可以进一步探索概念和语义如何在不同生物体间以及与环境之间的相互作用中演化，以及这些过程如何被有效地应用于解决现实世界的复杂问题。深入研究概念和语义的社会化过程及其对社会结构和文化发展的影响，将是认知科学、社会科学和 AI 交叉研究的重要方向。

5.1.3 智慧的涌现：高级认知能力的展现

智慧是知识的进一步延伸，它涉及更复杂的决策制定和问题解决能力。在这个阶段，生物体不仅能使用已有的知识，还能在新的情境下灵活运用这些知识，进行创造性思考和长远规划。智慧的形成标志着意识从反应性到主动性的转变，生物体开始能够预见未来的事件并为之做准备。

在意识演化理论中，智慧的阶段标志着意识发展的一个关键转折点。这一阶段的意识不再仅仅是对数据和信息的反应，而是开始主动地利用已有的知识来进行创造性的思考和决策制定。智慧的涌现是知识在认知过程中的进一步延伸，它涉及更为复杂的认知功能，如决策制定、问题解决、创新思维和未来规划。

（1）特征与功能

- **复杂决策制定**：智慧使生物体能够在面对复杂和多变的环境时，做出最合理的决策。这种决策通常基于对多种可能性的评估和优先级的排序，需要综合考虑长远的后果和潜在的风险。例如，一个动物在选择过冬地点时，不仅考虑食物供应，还要考虑捕食者的威胁、气候条件以及其他同种个体的选择。

- 问题解决能力：智慧还表现在生物体解决问题的能力上。这不仅涉及直接经验的应用，还包括能够面对前所未遇的挑战时，创造性地利用现有知识。例如，人类使用工具的能力不仅基于对具体工具的了解，还涉及如何将不同的工具和技术组合起来以解决新的问题。

- 创造性思考：智慧阶段的意识能够跳出常规思维模式，进行创造性思考。这种思考能力使得生物体能够探索新的解决方案和行为策略，有时甚至能够引领文化或技术的革新。在人类社会中，艺术、科学和技术的进步往往是创造性思维的结果。

- 长远规划与未来预见：在智慧的阶段，生物体开始能够预见未来的事件并为之做准备。这种未来规划能力基于对当前行动与长期目标之间关系的理解。例如，人类的教育投资就是一种长远规划，旨在提升个体未来的生活质量和社会贡献。

（2）智慧与语义、概念的关系

智慧的形成和运用离不开语义和概念的支持。在智慧阶段，生物体不仅需要理解各种概念的定义，更重要的是理解这些概念在不同语境下的具体含义及其变化。语义的丰富性和灵活性是智慧发挥作用的基础，使得概念能够在复杂的决策和创造性思考中被有效地运用。

智慧的发展推动了语义网络的扩展和深化，使得生物体能够更精确地理解和操作抽象概念。通过在实际应用中不断测试和调整概念的语义边界，智慧不仅增强了个体的适应性，也促进了集体知识的积累和文化的进步。

（3）智慧的社会化作用

智慧的表现不仅限于个体层面，其社会化作用同样显著。在人类社会中，智慧通过语言和文化传递，成为集体行动和决策的基础。例如，法律、伦理和政策决策往往需要在复杂的社会环境中平衡不同的利益和价值观，这些都需要高度的智慧来进行适当的调整和应用。

在集体智慧的影响下，社会概念和语义得以演进，形成了广泛接受的规范和行为准则。这些社会规范不仅指导个体行为，也塑造集体意识，影响社会结构和文化发展。智慧在这一过程中起着关键的调节和推动作用，它使得概念和语义能够在社会层面得到共识和延展。

（4）智慧与意识的未来演进

随着科技和认知科学的发展，我们对智慧及其在意识演化中的作用有了更深的理解。未来，智慧的研究可能会更加侧重于如何通过技术介入优化智慧的功能，比如通过 AI 和机器学习来模拟和扩展人类的决策能力。同时，对智慧的研究也将更加关注如何处理和利用大数据，以发展更加有效的预测模型和决策支持系统。

智慧的研究将继续探索人类智慧的独特性及其与其他生物的区别。通过比较不同生物的智慧表现和认知结构，科学家们可以更好地揭示智慧如何适应特定的生态环境和生活方式，以及这些适应性如何影响物种的生存和繁衍。

智慧作为意识演化的高级阶段，不仅展示了个体对复杂信息的高效处理能力，也反映了个体在社会文化环境中的适应性和创新能力。通过 DIKWP 模型，我们能够从新的角度理解智慧的多维作用，并探索其在现代社会及未来发展中的潜力。智慧的进一步研究和应用，将为人类社会带来更深刻的洞见和更广泛的影响，促进个体与集体向更高层次的认知和文化成就迈进。

5.1.4　意图的驱动：目标导向的意识活动

意图反映了生物体的目标和欲望。在这个阶段，意识不仅仅是对外部世界的反应，更是一种内在驱动的力量，推动生物体朝着特定的目标努力。意图的存在使得行为变得更有意图性和计划性，也使得生物体能够在复杂的社会环境中更好地适应和生存。

在 SC-DIKWP 理论中，意图不仅是对个体内在驱动力的一种表达，也是意识演化中的关键因素。意图范畴的意识活动体现了生物体如何利用累积的经验（数据、信息、知识、智慧）来形成目标，并采取行动以实现这些目标。这一部分将探讨意图如何形成、它如何驱动行为，并考察其对个体和群体适应性的影响。

（1）意图形成的机制

在 SC-DIKWP 理论中，意图的形成是一个复杂的认知过程，它依赖于以下几个关键步骤。

①目标设定

生物体根据自身需求和外部环境条件，通过智慧范畴的认知处理，设定具体的目标。这些目标可能是基于生存需求（如寻找食物、避免危险）、生殖需求（找寻配偶），或更高层次的社会和文化需求（如社会地位的提升、集体归属感的满足）。

②欲望的驱动

欲望是目标设定过程中的内在动力。它源自基本的生物驱动，如饥饿、性欲、安全感等，也可以是更抽象的欲望，如对知识的追求或对美的欣赏。欲望促使生物体对其环境和内在状态进行评估，激发行动的动机。

③计划和预测

一旦目标被设定，生物体利用其知识和智慧来制定实现目标的策略。这涉及对未来情境的预测和可能遇到的障碍的评估。有效的计划需要整合以往的经验和对当前环境条件的准确理解。

（2）意图对行为的影响

意图范畴的意识活动显著影响生物体的行为模式。

①意图性行为

意图赋予生物体行为以意图性。行为不再是简单的刺激–反应模式，而是变得更加选择性和主动。生物体能够在多个可能的行动方案中选择最有可能实现预定目标的那一个。

②自我调节和控制

高级的意图活动使生物体能够自我调节其行为，以适应长期目标。这种自我调节能力是复杂社会行为的基础，如遵守社会规则、进行道德判断等。

③社会和文化行为的形成

在人类和其他一些社会动物中，意图还体现在群体目标的设定和实现上。共享的意图促进了协作行为的发展，使得群体能够共同面对挑战，形成复杂的社会结构和文化。

（3）意图与适应性

意图的存在显著提高了生物体的适应性。在个体层面，意图使得生物体能够更灵活地响应环境变化，优化资源的获取和风险的管理。在群体层面，意图的共享和协调促进了社会合作和文化的稳定性，使得生物体能够通过集体努力实现更复杂的目标，从而提高整个群体的生存和繁衍能力。

（4）意图在复杂环境下的功能

①长期规划

意图使生物体能够进行长期规划和前瞻性思考。这不仅包括基本的生存策略，如季节性迁徙、食物储备等，也涉及更复杂的社会策略，如家庭结构的维护、社会地位的提升等。

②环境适应性

意图的形成和实现依赖于对环境条件的准确评估和适应。生物体通过学习和经验积累，调整其目标设定和行动计划，以更好地适应不断变化的环境。

③创新和创造性解决方案

在面对新的挑战或未知的情况时，意图驱动的行为允许生物体尝试新的解决方案。这种创新能力是意识演化中的关键，它促进了技术发展、文化创造和社会进步。

（5）意图与社会文化进程

在人类社会中，意图的表现尤为复杂，它涉及个体的自我实现、社会责任、文化价值等多个层面。

①文化价值和社会规范

意图不仅受到个体经验的影响，也深受文化价值和社会规范的塑造。在人类社会中，个体的目标常常与广泛接受的价值观和行为准则相结合，如公平、正义和道德。

②社会合作与冲突解决

意图的共享是社会合作的基础。通过对共同目标的追求，个体能够形成联盟，共同解决复杂问题。同时，意图也是冲突解决的重要机制，它帮助个体或群体在利益冲突中寻找共识和妥协。

③个体与集体的动态关系

意图活动揭示了个体与集体之间的动态关系。个体的意图可以影响集体行为，反之亦然，集体目标和社会压力也可以调整和重塑个体的意图。

总之，意图的驱动是意识演化过程中的高级阶段，它不仅增强了生物体对环境的适应能力和生存机会，也推动了社会结构和文化的发展。在 SC-DIKWP 理论中，意图被视为连接生物体内在动机与外部行为的桥梁，它是理解复杂意识行为不可或缺的一环。此理论为我们提供了一个全面的框架，以探讨意识如何在多层次上影响生物体的认知、决策和社会行为。

5.1.5　语义与概念的关联和发展

在语义与概念意识 DIKWP 理论中，概念是知识范畴的一个集合点，而语义则是概念赋予的具体意义。语义和概念的关联构建了一个复杂的网络，使得生物体能够不仅在个体层面理解世界，还能在社会层面与他人交流和共享知识。例如，对于"危险"的概念，不同生物体可能根据个体经验赋予其不同的语义，如一种生物体可能将"火"视为危险，而另一种生物体则可能将"水"视为危险，这些都是根据它们的生存经验和环境适应性所形成的语义理解。

随着时间的推移，这些概念和语义不仅被个体内化，还通过语言和文化传播，被社会集体所接受和修改。这种动态的语义发展过程允许生物体在社会环境中更有效地交流和合作，共同应对外部挑战。语义的社会化也是文化演化的一个重要方面，它使得某些概念在特定文化或社群中获得独特的含义，从而塑造了群体的行为模式和价值观。

在 SC–DIKWP 理论中，语义与概念的关联和发展是意识形成和社会互动的核心元素。SC–DIKWP 理论详细阐述了如何通过语义和概念的动态互动，生物体不仅能理解和适应其环境，而且能在社会层面进行有效的沟通和共识形成。以下是对 SC–DIKWP 理论部分的详细扩展。

（1）语义与概念的生物学基础

在 SC–DIKWP 理论中，概念和语义首先在个体的神经系统中形成。神经科学研究表明，大脑通过神经网络的形式存储和处理信息，每一个网络的激活模式代表一个特定的概念或语义。例如，对"危险"的认知可能由特定的感觉输入（如火的视觉形象或水的触感）触发相应的神经网络，从而激活与"危险"相关的概念和语义。

这种生物学机制说明了如何在大脑的结构和功能中根据经验形成概念和赋予语义。感觉输入的多样性和经验的不同，导致相同的概念在不同个体中可能具有不同的语义表征，从而解释了为何同一概念会有多重语义存在。

（2）概念与语义的社会化过程

本节进一步探讨了概念和语义如何在社会环境中得到共享和传播。通过语言交流，个体将内部形成的概念和语义表达出来，与他人共享。语言不仅是信息传递的工具，也是文化传承的载体。在交流过程中，不同个体的概念和语义通过社会互动得到协调和同化，形成了群体认同的文化概念和语义网络。

例如，在一个社区中，如果多数成员将"火"视为危险，这一概念和语义会通过文化教育、社会习俗等方式传承下去，成为该社区的共识。相应地，社区成员也会根据这些共识形成相应的行为模式和价值观，如教育儿童远离火源，制订逃生规划等。

（3）语义的动态适应性和演化

SC-DIKWP 理论强调语义的动态性和适应性。随着环境变化和新信息的不断涌现，已有的概念和语义网络需要不断调整和更新，以适应新的生存挑战。这种适应性体现了意识的进化特性，使得生物体能在复杂多变的环境中生存和繁衍。

语义的适应性也反映在跨文化交流中。当不同文化背景的个体或群体相互作用时，他们的概念和语义可能会经历冲突和融合的过程，最终可能产生新的文化概念和语义，促进文化的多样性和社会的进步。

SC-DIKWP 理论提供了一个全面的框架来理解概念和语义如何在个体和社会层面上形成、发展和适应。SC-DIKWP 理论不仅深化了我们对意识演化机制的理解，还为探索文化与认知互动的复杂性提供了有力的理论支持。通过研究概念和语义的形成与演变，我们可以更好地把握人类行为和社会动态的根本驱动力。

（4）概念与语义在现代社会的应用

在现代社会，概念和语义的演变不仅是文化传承的重要部分，也是解决现实问题、推动技术革新和形成政策决策的关键。例如，随着全球气候变化的加剧，概念如"可持续性"和"环保"所承载的语义在过去几十年里已经发生了显著变化，从边缘话题演变为全球行动的核心。这些语义的演化引导了国际政策的制定、影响了产业结构的调整，同时也改变了公众的消费行为和生活方式。

（5）语义的演化对教育的影响

在教育领域，对概念和语义的理解和传授是知识传递的基础。教育者通过对概念的解释和语义的阐释，帮助学生形成对世界的正确理解和有效的思考方式。SC–DIKWP 理论强调，教育过程应关注如何帮助学生理解概念背后的深层语义，并教会他们如何在不断变化的信息环境中更新和调整自己的知识框架。

5.1.6 语义的细化与复杂化

语义与概念意识 DIKWP 理论中，语义的细化和复杂化是意识发展的自然结果。随着生物体处理信息能力的增强，以及社会和文化交流的加深，语义不断被赋予更多层次的含义和更细致的区分。例如，原本简单的"食物"概念，可能会细分为"营养食物""快餐""传统食物"等，每一个新的子类都有其独特的语义和相关的文化背景。

情感和价值观的引入，使得某些概念和语义不仅仅是描述性的，还具有评价性和指导性。这种情感色彩的语义发展，极大地丰富了生物体的社会交往和文化生活，也使得意识活动更加复杂和多维。

在 SC–DIKWP 理论框架中，语义的细化与复杂化是一个核心概念，它描述了意识如何随着信息处理能力的提升和文化社会交流的深入而进化。这一过程不仅使得概念更加丰富和多样化，而且也提高了语义的操作性和适用性，反映了意识在适应环境中的动态性和创造性。

（1）语义细化的动态过程

在 SC–DIKWP 理论中，语义细化被视为意识适应社会文化环境的一个自然过程。例如，对于"食物"这一基本概念，随着生物体对其环境的更深入理解和对食物来源及其效用的不断学习，这一概念便开始分化出多个子类。这种分化不仅仅基于食物的物理和化学属性，如"营养食物"强调对健康的益处，"快餐"则可能指向便捷性和可能的健康风险。

（2）文化背景对语义的影响

文化背景对语义的细化和复杂化起着决定性作用。在不同文化中，相同的物质可能被赋予完全不同的意义。例如，"传统食物"在不同地区具有不同的含义，它可能代表着特定节日的庆祝食品，或者是一种代代相传的烹饪方式。每一种文化的独特视角都丰富了同一概念的语义层次，使得概念在全球文化语境中具有更广泛的适用性和理解深度。

（3）情感和价值观的融入

SC-DIKWP 理论进一步探讨了情感和价值观如何融入概念和语义的形成，使得语义不仅承载信息，还承载情感色彩和社会价值。这种情感和价值观的融入，使得语义不仅是描述性的，更具有评价性和指导性。例如，对于"有机食品"的概念，除了其生产方式的描述外，通常还会蕴含健康、环保等积极的评价，引导消费者的选择和行为。

（4）语义复杂化的多维效应

语义的复杂化影响了个体的认知结构和社会互动方式，使得意识活动变得更加多维和复杂。生物体利用丰富的语义网络进行决策、解决问题和社会交往，体现了意识活动的适应性和创造性。例如，在商业谈判中，对合作与竞争的理解需求精细化的语义区分，以适应不同的商业环境和文化期望。

5.2 使用SC-DIKWP理论模拟和分析意识中语义和概念的演变

本节提供了一种方法来建模语义网络和概念框架如何在生物实体中进化，强调从简单的感官数据到复杂的、意图驱动的行为和理解的转变。通过计算模型和理论分析，我们旨在说明语义和概念进化中涉及的动态过程，为生物和 AC 的发展提供见解。

意识是一种复杂的现象，包括感知、认知和决策等各种认知过程。SC-DIKWP 理论认为，意识经历了以不同认知功能为特征的阶段——从简单的数据获取到对智慧和意图的复杂处理。本节重点关注语义（数据和信息的含义）

和概念（对象、状态或过程的心理表示）如何在这些阶段发展。

SC-DIKWP 模型代表数据、信息、知识、智慧和意图，它提出了一种通过渐进的认知阶段来理解意识进化的结构化方法。模型中的每个阶段都反映了生物实体处理环境和决策方式的复杂性增加。以下是 SC-DIKWP 模型的每个组件的分解。

（1）数据（感觉）

- **定义**：数据代表生物体从其环境中接收的原始感官输入。这些是传感器或感觉器官检测到的未经处理的信号，如光、声音、温度或化学成分。
- **在意识中的作用**：在这个层次上，意识的参与程度最低。主要功能是检测感官数据并将其转发到大脑或人工系统的更复杂的处理区域。
- **例如**：动物感应光线变化或机器人通过红外传感器检测障碍物。

（2）信息（感知）

- **定义**：当原始数据被组织成有意义的模式时，信息就会出现。在这个阶段，大脑或 AI 系统开始对这些模式进行分类和标记，以理解它们。
- **在意识中的作用**：信息处理标志着对环境的有意识的开始，在环境中，实体开始区分不同类型的刺激并做出相应的反应。
- **例如**：识别某种形状和颜色的组合对应于识别交通信号的捕食者或汽车。

（3）知识（理解）

- **定义**：当信息随着时间的推移不断被观察和整合，使生物体或系统开始理解关系并形成事物如何工作的心理模型时，知识就形成了。
- **在意识中的作用**：知识允许更复杂的意识水平，在那里过去的经验为现在的决定提供信息。正是在这个阶段，学习被整合成可用的模型。
- **例如**：了解捕食者经常潜伏在某些地区，或者了解特定的交通模式表明了潜在的危险。

（4）智慧（判断）

● **定义**：SC-DIKWP 模型中的智慧是指将积累的知识实际应用于决策或解决问题，通常考虑多种因素和潜在结果。

● **在意识中的作用**：决策不仅基于已知的情况，还考虑到伦理考虑、长期后果和情境细微差别。

● **例如**：根据以前的遭遇选择一条避免已知危险的路径，或者根据交通状况、天气和时间限制，自主系统决定重新路由。

（5）意图（意图性）

● **定义**：意图是指基于个人需求、欲望或预定目标的目标和意图驱动行动的最后阶段。

● **在意识中的作用**：意图体现了最复杂的意识水平。它包括设定目标、计划实现目标，以及做出与个人或程序目标相一致的选择。

● **例如**：动物迁徙以优化资源和繁殖条件，或 AI 系统优化任务以实现长期能源效率。

5.2.1　SC-DIKWP模型的综合视图

该模型描绘了认知处理的流程，从最简单的感官检测到复杂和意图驱动的行为，这些行为是先进生物体和复杂 AI 系统的特征。SC-DIKWP 框架通过说明实体在不同认知阶段如何处理其环境，有助于研究意识进化的机制。它还深入了解了如何设计人工系统来模仿类人意识，为创建更具适应性和直观性的 AI 系统提供了潜在的应用。

（1）方法论

● **模型设计**：我们使用一个基于主体的模型，每个主体模拟一个具有感知、处理和处理信息能力的生物实体。代理嵌入在提供连续感官数据的环境中。

- **数据到信息的转换**：代理将基本的模式识别算法应用于原始感官数据，将刺激分类为有意义的信息（例如，根据形状和颜色区分食物类型）。

- **信息到知识的转换**：代理存储重复的经验以形成知识库。机器学习技术，特别是聚类算法，用于识别不同信息片段之间的模式和关系。

- **知识到智慧的转变**：引入决策过程，代理人利用他们积累的知识进行预测和解决问题。强化学习是为了模拟代理人如何根据过去的结果优化他们的行为。

- **智慧到意图过渡**：代理人根据他们的需求和环境反馈制定目标，指导他们的决策过程。本阶段探讨长期战略和道德推理的发展。

（2）SC-DIKWP模型仿真

①模型设计

该模拟采用了一个基于主体的模型（ABM）来探索 SC-DIKWP 框架中理论化的意识进化。模型中的每个主体代表一个配备了感觉输入、认知处理能力和动作输出的生物实体。代理在动态模拟的环境中操作，该环境连续生成感官数据，包括视觉、听觉和触觉输入。这些输入模拟了真实世界的生物实体收集生存和互动所需的感官信息的自然环境。

模型的关键组成部分

- **传感器**：从环境中获取原始数据。

- **认知处理器**：将感官输入转化为可操作的信息。

- **行动机制**：允许代理根据处理后的信息与其环境进行交互。

②数据到信息的转换

在这个阶段，代理人使用基本的模式识别算法来分析通过其模拟传感器收集的原始感官数据。这一阶段的主要目标是将原始数据分类为可识别和有意义的信息类别。例如，代理人可以根据形状、颜色和大小来区分可食用和非可食用物体，或者从环境线索中识别潜在威胁。

使用的技术

- **模式识别算法**：如神经网络或决策树，用于对感官输入进行分类。

● **数据过滤**：减少噪声，提高感官数据解释的可靠性。

③信息到知识的转变

一旦信息被分类，代理人将这些经历存储在他们的记忆中，逐渐建立知识库。这种知识不是静态的，而是随着代理人遇到新信息并完善他们对环境的理解而演变的。机器学习技术，特别是聚类等无监督学习算法，被用来检测累积信息中的模式和关系，帮助开发结构化知识系统。

使用的技术

● **聚类算法**：在数据点之间找到自然分组。

● **关联规则学习**：发现信息集中不同变量之间有趣的关系。

④知识到智慧的转变

从以往经验中积累的知识被用来为决策过程提供信息。在这一阶段，代理人应用他们学到的知识来预测未来的事件，并解决需要理解即时感官数据之外的复杂问题。实施强化学习是为了模拟代理人如何根据过去行动的结果调整他们的行为，本质上是从成功和失败中学习，以优化未来的决策。

使用的技术

● **强化学习算法**：根据奖励或惩罚来调整行动。

● **情景规划和模拟**：预测未来可能的情况并相应地计划行动。

⑤智慧到意图的转变

在最后阶段，代理人通过他们累积的经验和从环境中获得的反馈来制定个人目标。这一阶段对于探索长期战略和伦理或道德推理如何发展至关重要。代理人评估他们的需求，设定长期目标，并制定战略以实现这些目标，反映出更高水平的认知功能，其中智慧被应用于实现特定的意图。

使用的技术

● **目标设定算法**：允许代理定义目标并确定其优先级。

● **伦理决策模式**：将道德推理纳入决策过程。

⑥方法论亮点

这种方法为使用 SC-DIKWP 模型模拟意识的进化提供了路线图，有条不紊地从简单的数据处理过渡到复杂的数据处理意图——该模型不仅反映了意识的理论进展，而且为在计算机上探索这些概念提供了一个实用的框架。

（3）模拟

- **环境设置**：创建一个虚拟环境，模拟不同的生态场景。
- **代理交互**：代理与环境和其他代理交互，根据所学的语义和概念调整其行为。
- **数据收集**：收集关于代理的语义网络和概念框架如何随时间演变的数据。

5.2.2　SC-DIKWP模型的扩展仿真细节

（1）环境设置

模拟中的虚拟环境旨在复制代理人在现实世界中可能遇到的各种生态场景。这种环境是动态的，富含感官输入，以挑战主体的感官处理和认知能力。

虚拟环境的主要特征

- **多样化的生态系统**：包括森林、河流、城市环境和干旱景观，每一个都有独特的刺激和挑战。
- **季节和天气变化**：实施天气和季节的变化，以影响资源的可用性，并引入新的挑战，模仿现实世界中的环境不可预测性。
- **资源分配**：食物、住所和配偶等资源分配不均，需要代理人探索和学习生存和繁殖的最佳策略。

（2）代理交互

模拟中的代理既与环境交互，也与其他代理交互。这些互动受主体发展中的语义网络和概念框架的支配，这些语义网络和框架影响着他们的感知和行为。

代理相互作用机制

- **沟通**：代理使用模拟信号（如声音、手势）进行沟通，这些信号可以根据其语义发展传达有关食物、威胁或交配机会的信息。

● **合作与竞争**：代理人可以根据其目标和可用资源选择相互合作或竞争，这反映了生物实体中的社会和生存策略。

● **适应性行为**：代理人根据过去的互动和结果修改他们的行为，学习哪些策略在各种环境背景下最有效。

（3）数据收集

在整个模拟过程中系统地收集数据，以分析代理的语义网络和概念框架是如何演变的。这一数据收集对于理解模拟主体中认知能力的进展以及评估 DIKWP 模型在解释意识进化方面的有效性至关重要。

数据收集技术

● **行为日志**：记录所有代理行为和交互，以跟踪决策模式和策略。

● **语义和概念映射**：使用特殊工具来可视化和跟踪代理的语义网络和概念框架的变化。这显示了代理人如何对他们的经历进行分类，以及这些分类如何随着新信息的变化而变化。

● **绩效指标**：记录存活率、繁殖率和资源获取效率等指标，以评估不同语义和概念策略在各种环境场景中的适用性。

（4）收集数据的分析

将使用统计和机器学习工具对收集的数据进行分析，以确定代理人的理解和行为如何演变的趋势和模式。这一分析将有助于验证 DIKWP 模型的理论结构，并深入了解语义和概念进化的潜在机制。

分析方法

● **统计分析**：评估环境因素与主体认知结构变化之间的相关性。

● **机器学习模型**：基于语义和概念发展预测行为结果。

● **比较研究**：比较置于不同生态环境或不同初始条件下的智能体的语义和概念的发展。

（5）模拟亮点

这里描述的模拟设置旨在为探索 SC-DIKWP 模型在类似现实世界的场景中的适用性提供一个全面而稳健的平台。通过创建丰富的虚拟环境并结合复杂的智能体交互，这种模拟可以深入研究语义和概念如何演变和影响智能体的行为，为生物意识的发展和人工意识系统的设计提供有价值的见解。

（6）成果规划

- **语义进化**：研究结果显示，当代理遇到各种复杂的场景时，语义是如何变得更加微妙的。
- **概念发展**：分析主体如何形成和完善概念，以应对环境挑战和社会互动。
- **行为适应**：观察进化的语义和概念如何影响主体的决策和目标设定行为。

5.2.3 SC-DIKWP模型仿真的结果规划

（1）语义进化

模拟结果揭示了当代理暴露在各种复杂的场景中时，语义如何演变的显著细微差别。语义进化是通过代理对环境线索的反应随时间的变化来映射和量化的。

语义进化的主要发现

- **复杂性增加**：最初，代理的语义很简单，而且大多是被动的。随着时间的推移，随着代理人遇到不同的场景，例如天气的变化或新的捕食者或资源的引入，与这些经历相关的语义变得更加复杂和分层化。
- **语境适应**：主体发展了根据语境调整其语义解释的能力。例如，"水"的含义从仅仅是一种饮料演变为包括洪水期间的危险或干旱期间的资源，显示出基于环境背景的适应性理解。
- **共享语义**：当主体相互作用时，群体之间的语义发展趋于一致，导致了促进合作行为和社会学习的共享理解。

（2）概念开发

通过观察主体如何形成、利用和完善其概念以应对持续的环境挑战和社会互动，来分析概念发展。概念的形成对于更高的认知过程（如计划和解决问题）至关重要。

概念开发的主要发现

- **概念形成**：代理人开始从特定的经验中发展出更广泛、更抽象的概念。例如，代理人最初只承认特定的水果类型为食物，但最终发展出更广泛的食物概念，包括各种水果、植物，甚至更小的猎物。

- **细化和集成**：随着代理获得更多经验，概念会随着时间的推移而细化。例如，随着代理人探索不同的环境，"庇护所"的概念被扩展到包括各种自然和构造形式。

- **社会对概念的影响**：主体之间的互动导致了更快、更多样的概念发展。社会互动，尤其是涉及教学的互动，加速了对新概念的理解和采用，如工具使用或合作狩猎策略。

（3）行为适应

观察了进化语义和概念对智能体决策和目标设定行为的影响。这一部分的结果强调了认知进化如何直接影响模拟主体的实际行为。

行为适应的主要发现

- **改进的决策**：通过更细致的语义和完善的概念，代理人展示了更复杂的决策。例如，关于何时何地觅食的选择受到对食品安全、营养价值和竞争的综合理解的影响。

- **目标设定行为**：随着语义和概念的发展，代理人的目标变得更加复杂和长期化。代理人最初专注于生存，随后开始设定战略性目标。

- **对环境压力源的适应**：随着其语义和概念框架变得更加稳健，代理更有效地适应其行为以应对环境压力源。这在迁徙、冬眠或根据季节和气候变化改变生殖周期等行为中表现得很明显，这些行为通过其进化的认知框架来解释。

（4）成果规划亮点

模拟结果提供了令人信服的证据，证明 SC-DIKWP 模型有效地捕捉了意识中语义和概念的动态演变。这些认知结构不仅对主体感知和解释世界的方式产生了重大影响，而且对主体在世界中的行为也产生了重要影响。这种加深的理解对生物意识的研究和复杂 AI 系统的发展都有着深远的影响。

5.2.4 SC-DIKWP模型相关讨论

（1）理解意识的启示

模拟结果有助于我们理解意识，特别是语义和概念如何丰富认知过程。这些发现与 SC-DIKWP 理论一致，表明意识的复杂性与随着时间的推移产生和完善语义和概念的能力紧密交织在一起。

（2）关键见解

- **进化优势**：模拟中语义和概念的进化说明了这些认知元素提供的适应性优势。具有更先进语义网络和概念框架的智能体能够更好地处理环境复杂性，这表明了复杂认知处理的进化优势。
- **意识的复杂性**：细致入微的语义和多样化概念的发展直接导致了意识的复杂性。这种复杂性允许对世界进行更精细的感知和复杂的解释，促进更高层次的思考和解决问题的能力。

（3）与AI的相关性

该模拟强调了进化语义和概念在增强 AI 系统中的相关性。该模型的发现可以直接应用于改善 AI 功能，特别是涉及自然语言处理和复杂决策的功能。

（4）AI系统的战略增强

● **自然语言理解**：通过将进化的语义网络集成到 AI 中，系统可以实现对语言的更细微的理解，这对于涉及 AI 交互的任务至关重要，如聊天机器人和虚拟助理。

● **决策能力**：从模拟中观察到的概念发展中得出的原理可以为需要执行复杂决策的 AI 算法的设计提供信息，如自动驾驶汽车和战略游戏系统。

（5）当前限制

● **环境变量的简化**：模拟环境虽然多样化，但仍然简化了许多现实世界的复杂性。环境因素是以粗略的方式建模的，可能无法完全捕捉到自然生态系统中存在的微妙之处。

● **代理交互深度**：当前的模型侧重于代理之间相对简单的交互。复杂的社会行为，如欺骗、长期联盟或文化传播，没有深入建模，但可能会显著影响语义和概念的演变。

5.2.5 SC-DIKWP模型与意识和认知的五个主要理论的对比分析

虽然许多模型和理论都涉及意识或认知处理的某些方面，但 SC-DIKWP 模型的优势在于其追踪从基本数据处理到复杂数据处理的发展轨迹的综合方法，意图高级认知结构塑造的交互。

表 5.1 呈现的比较分析，强调 SC-DIKWP 模型与意识和认知的五个主要理论或模型的相关和不同。

表 5.1 SC-DIKWP 模型与意识和认知的五个主要理论的相关和不同

理论	核心概念	与 SC-DIKWP 模型的比较	SC-DIKWP 贡献
全球工作空间理论	意识产生于在大脑的各个部分传播信息的能力	这两种模式都强调信息的全球可及性	SC-DIKWP 描述了信息处理是如何随着时间的推移而演变和影响复杂的意识形式的，而不仅仅是广播

续表

理论	核心概念	与 SC-DIKWP 模型的比较	SC-DIKWP 贡献
综合信息理论	意识对应于系统内综合信息的水平	两者都侧重于信息的整合，这对于意识至关重要	SC-DIKWP 为综合信息（语义和概念）如何演变以影响行为和认知过程提供了一个动态的视角
高阶思维理论	意识包括对自己精神状态的更高层次的思考	HOT 涉及意识的反射方面	SC-DIKWP 概述了从基础数据到意图驱动智慧，展示了高阶处理是如何出现的
预测处理框架	大脑的功能主要是作为一个预测机器，根据输入的数据不断更新其内部模型	这两种模型都强调预测是一种关键的认知功能	SC-DIKWP 介绍了通过语义网络和概念框架的演变来构建和完善预测模型
具象认知	认知深受身体与其环境的物理相互作用的影响	这两个模型都承认环境相互作用对认知过程的影响	SC-DIKWP 展示了具体的互动如何导致越来越复杂的认知结构的进化，将物理互动与认知发展直接联系起来

5.3　SC-DIKWP理论对人工意识芯片设计的影响

将 SC-DIKWP 模型集成到 AC 芯片设计中代表了 AC 领域的一个关键进步。该模型描绘了数据、信息、知识、智慧和意图的阶段，提供了一个模仿 AC 系统中人类认知过程的结构化框架。通过实现该模型，AC 可以增强自然语言处理、复杂问题解决和移情互动的能力。本节探讨了 SC-DIKWP 模型的理论基础、它在 AC 系统中的实现，以及它对增强 AC 功能的深远影响。本节特别讨论了 AC 在上下文理解、情商、道德决策和长期战略规划方面的改进，强调了 AC 如何超越以任务为导向的活动，参与类似于人类意识的有意义的互动和决策。

5.3.1　对人工意识芯片设计原理的影响

（1）AC芯片中处理单元的结构化

①实施

AC 芯片内结构化分层系统的实现涉及将芯片的架构划分为专门的模块或

层，每个模块或层针对 SC–DIKWP 模型的特定阶段进行优化。这可以通过硬件和软件创新来实现。

数据采集和过滤单元

- **硬件**：将各种传感器（光学、听觉、触觉）直接集成到芯片架构中，实现实时数据捕获。
- **软件**：实现初始处理算法，过滤掉噪声和无关信息，确保只有相关数据才能传递到下一阶段。

信息集成单元。

- **硬件**：利用高速处理器处理模式识别和数据分类所需的复杂计算。
- **软件**：部署机器学习算法，能够识别模式并在不同的数据点之间建立连接，从而将原始数据转换为结构化信息。

知识存储单元

- **硬件**：包含存储器组件，如高级非易失性存储器系统，用于长期存储处理后的信息。
- **软件**：开发数据库管理系统，以快速检索和更新知识，促进动态学习和记忆优化。

智慧应用单元

- **硬件**：设计决策电路，可以根据预定义的标准评估多个输入并权衡可能的结果。
- **软件**：AC 模型的集成，应用伦理考虑、历史背景和预测分析来做出明智的决策。

意图驱动决策单元

- **硬件**：创建一个执行处理单元，能够根据长期目标或优先级的突然变化推翻标准程序。
- **软件**：目标设定算法的编程，可以根据性能、环境变化或新信息动态调整系统的目标。

②影响

AC 芯片中处理单元的结构化分层对 AC 系统的效率和功能有着深远的

影响。

优化处理

芯片的每一层都专门用于特定类型的认知处理，从而最大限度地减少处理瓶颈，最大限度地提高数据吞吐量的效率。这使得芯片能够更快、更准确地处理复杂的多层任务。

增强的可扩展性

模块化设计使升级单个层变得更容易，而无须重新设计整个芯片。这种可扩展性对于适应不断发展的 AC 需求和集成新技术至关重要。

改进的决策

通过指定特定的单元来处理更高的认知功能，如智慧应用和意图驱动的决策，该系统可以进行更复杂的分析，并做出不仅是被动的，而且是主动的和战略性的决策。

减少错误

结构化处理确保一个阶段中的错误或偏差不会过度影响其他领域。例如，在影响决策过程之前，可以纠正或隔离信息阶段的数据误解。

更大的自主性和意图性

意图驱动的决策能力使 AC 系统能够在复杂的环境中独立运行，使其行动与长期目标保持一致，并实时调整策略以满足不断变化的条件。

通过在基于 SC-DIKWP 模型的 AC 芯片中实现结构化分层，AC 系统可以实现反映人类意识的操作复杂度和认知复杂性。这一进步不仅增强了 AC 在特定任务中的能力，还拓宽了 AC 应用于各个领域的范围，包括医疗保健、汽车、机器人等。

（2）虚拟意识芯片增强的数据处理能力

①实施

为了在 SC-DIKWP 模型的数据阶段实现增强的数据处理能力，AC 芯片需要配备各种先进的传感器和输入机制。这些组件旨在模拟人类感觉器官的广度和深度，高保真地捕捉各种环境刺激。

多模态感官输入

- **视觉传感器**：高分辨率相机和图像传感器的集成，可以检测广泛的颜色和运动，模仿人眼的能力。

- **听觉传感器**：集成了复杂的麦克风和声音处理单元，可以捕获广泛的频率范围，能够检测类似于人类耳朵的细微声音细微差别。

- **触觉传感器**：开发能够检测压力、纹理和温度的传感器，提供类似于人类皮肤的触觉反馈。

- **嗅觉和味觉传感器**：实现化学传感器，可以检测和区分各种化学物质和化合物，使系统能够"闻到"和"品尝"环境。

高级数据采集系统

- **高速数据处理**：使用能够实时处理大量数据的处理器，确保快速高效地处理感官信息。

- **降噪算法**：应用复杂的算法过滤掉不相关或多余的感官数据，提高处理和存储的信息质量。

实时数据集成

- **传感器融合技术**：采用先进技术整合来自不同感官输入的数据，创造对环境的全面统一感知。

- **上下文感知模块**：设计 AC 系统，不仅可以收集数据，还可以了解数据收集的上下文，提高处理信息的相关性和准确性。

②**影响**

这些增强的数据处理能力的实现对 AC 芯片的整体功能和有效性产生了深远影响。

详细而准确的感知

通过模拟人类感觉器官的高保真传感器，这些芯片可以捕捉详细而细致的环境数据。这使得 AC 能够以与人类经验密切相关的细节和准确性来感知周围环境，为可靠的信息处理奠定坚实的基础。

提高了可靠性和效率

增强的数据捕获降低了数据采集初始阶段出错的可能性，从而显著提高了整个系统的可靠性。高效的处理和降噪确保意识处理的后续阶段基于高质量的数据，减少计算浪费并缩短响应时间。

增强的认知处理

有了对环境更准确、更详细的感知，AC 系统可以做出更明智、更细致的决策。这种能力对于需要高水平认知处理的应用至关重要，如自动驾驶汽车、高级机器人和交互式个人助理。

对后续阶段的基础影响

在数据阶段收集的数据质量影响所有后续的认知处理阶段（信息、知识、智慧、意图）。增强的数据质量确保信息得到准确分类，知识得到适当推导，决策基于对情境的全面理解。

通过为 AC 芯片配备这些增强的数据处理能力，我们使 AC 系统不仅能够更高效地运行，而且能够更深入、更有意义地参与其环境。数据阶段的这一基础性改进对于开发真正模仿类人意识和认知能力的 AC 系统至关重要。

（3）虚拟意识芯片中的动态信息集成

①实施

动态信息集成是 SC–DIKWP 模型的一个关键阶段，在这个阶段，原始数据转换为有意义的信息。为了在 AC 芯片中有效地实现这一点，利用复杂的算法将数据分类并合成可操作的见解。关键技术和战略包括以下几种。

神经网络

- **架构**：实现用于空间数据处理的卷积神经网络（CNNs）（非常适合视觉和触觉数据）和用于时间数据序列的递归神经网络（RNN），包括 LSTM（长短期记忆）网络（在听觉和动态场景分析中有用）。

- **训练**：利用有监督、无监督和强化学习方法在不同的数据集上训练这些网络，使其能够有效地识别模式和异常。

机器学习模型

- **决策树和随机森林**：用于基于模仿人类决策过程的分层决策规则的分类任务。

- **支持向量机（SVM）**：用于高维数据分类，在清晰的边缘分离至关重要的复杂环境中提供鲁棒性。

高级模式识别

- **特征提取技术**：主成分分析（PCA）等技术，用于降低数据的维数和突出数据中的重要特征。
- **上下文感知处理**：设计用于理解和解释数据收集的上下文的算法，根据情景感知调整信息处理。

数据融合与集成

- **传感器融合算法**：这些算法集成了来自多种类型传感器的数据，以创建统一准确的环境表示。
- **语义分析**：使用自然语言处理技术从文本或口语数据中提取含义，增强芯片处理和理解人类语言的能力。

②影响

AC 芯片内动态信息集成的实现深刻影响了其性能和能力。

自适应学习和处理

通过使用神经网络和其他机器学习模型，芯片可以不断地从传入的数据中学习，并根据新信息调整其内部模型和响应。这种适应性对于动态环境中的应用至关重要，例如与人类的实时交互或在不可预测的户外环境中操作。

增强的决策

动态分类和集成信息的能力使芯片能够快速做出明智的决策。这种能力在需要立即响应的场景中尤其重要，如自动驾驶或应急管理。

模仿人类认知灵活性

动态信息集成使芯片能够模仿人类的认知灵活性，特别是理解上下文和相应调整行为的能力。这对于创建与人类自然互动的 AC 系统、理解沟通和行为中的细微差别至关重要。

可扩展性和效率

来自各种来源的信息的高效集成确保了处理能力得到最佳利用，从而提高了可扩展性。随着添加更多的传感器或数据输入，系统可以集成和管理这些信息，而不会在处理速度或准确性方面造成重大损失。

高等认知功能基础

这一阶段为 SC–DIKWP 模型中更高级的认知功能奠定了基础，例如开发知识库和在决策中应用智慧。如果没有强大的信息集成，后续阶段就无法有效执行，从而限制了 AC 系统的整体功能。

因此，动态信息集成在先进 AC 芯片的开发中至关重要，使其能够以接近人类认知过程的复杂程度处理和响应环境刺激。这种能力是 AC 技术进步的基础，突破了人工系统所能理解和实现的界限。

5.3.2　高级认知处理

（1）虚拟意识芯片中的知识库构建

①实施

在 AC 芯片中构建知识库涉及高级存储器存储和数据管理系统的战略实施。这一过程对于有效地积累、组织和检索信息至关重要，使 AI 能够从过去的经验中学习并将这些知识应用于新的情况。关键技术和战略包括以下几种。

内存存储解决方案

- **高容量存储**：利用最先进的存储技术，如固态硬盘和更新的非易失性存储器技术，如 3D XPoint，提供快速访问速度和高数据密度。

- **分层存储管理**：实施分层存储解决方案，以优化检索和存储效率；频繁访问的数据保存在更快但更昂贵的介质上，而不太频繁需要的数据可以存储在更慢、更便宜的介质上。

数据管理技术。

- **数据库系统**：集成复杂的数据库管理系统，可以处理具有复杂结构的大型数据集。这些系统配备了索引、查询优化和并发控制等功能，以提高访问和处理速度。

- **数据挖掘和机器学习**：使用数据挖掘技术来发现存储数据中的模

式和关系，并使用机器学习算法基于历史数据预测结果。

上下文和语义处理

● **语义网络**：在知识库中构建语义网络，以反映概念之间的含义和关系的方式存储信息，促进更自然、直观的数据检索。

● **上下文感知存储**：设计能够感知收集数据的上下文的存储系统，使系统能够检索不仅与查询相关，而且与当前情况或环境相关的信息。

②影响

在 AC 芯片中构建强大的知识库对 AI 系统的能力和性能有几个重大影响。

增强的决策能力

凭借全面高效的知识库，AI 系统在做出决策时可以访问庞大的信息库。这使 AI 能够根据过去的经验考虑广泛的因素和潜在结果，从而做出更明智、更准确的决策。

适应性和学习

一个结构良好的知识库使 AI 能够将从过去的经验中吸取的教训应用到新的和不断变化的情况中。这种适应性对于在动态环境中运行的 AI 系统至关重要，例如在金融中应对不断变化的市场条件或在实时战略游戏中调整策略。

速度和效率

高效的数据检索系统最大限度地减少了访问必要信息所需的时间，这在自动驾驶和实时医疗诊断等需要实时处理和响应的场景中至关重要。

长期记忆与持续学习

通过维护历史数据并用新信息不断更新知识库，AC 系统可以进行持续学习，这是一个系统基于积累的知识和持续学习逐步改进算法的过程。

高级认知功能基础

知识库是 SC–DIKWP 模型中更高级认知过程的基础，例如应用智慧和参与意图驱动的行为。这些功能依赖于 AC 系统中存储的知识的深度和广度。

通过实施先进的内存存储和数据管理技术，AC 芯片可以构建和维护一个知识库，该知识库不仅支持复杂的认知处理，还可以增强 AC 系统的整体学习和适应性。这种构建对于开发能够在各种具有挑战性的现实世界场景中独立有效运行的 AC 至关重要。

（2）智慧在虚拟意识芯片中的应用

①实施

智慧在 AC 芯片中的应用涉及高级决策算法的集成，这些算法能够处理复杂的场景，同时考虑伦理影响、长期后果和上下文细微差别。SC-DIKWP 模型的这一阶段对于确保 AC 系统以对个人和整个社会都有利的方式运行至关重要。关键技术和战略包括以下几种。

道德决策算法

● **伦理框架整合**：将既定的伦理准则直接嵌入 AC 系统的决策过程。这可能涉及在决策算法中编程特定的道德原则，如非恶意、善意和正义。

● **道德推理模块**：开发模拟类人道德推理的 AC 模型，使芯片能够像人类一样，根据不同的行为的道德含义来评估它们。

长期后果分析

● **预测建模**：利用先进的预测算法预测各种决策路径的长期结果。这包括可以根据当前决策预测未来场景的模拟技术的集成。

● **反馈循环**：建立反馈机制，使系统能够从过去的决策及其结果中学习，从而不断完善其预测长期后果的能力。

上下文决策

● **上下文感知算法**：实现 AC 例程，根据芯片运行的上下文调整决策过程。例如，当在不同的文化或社会环境中互动时，AI 可能会改变其反应。

● **动态调整能力**：确保决策过程灵活，能够适应新信息或不断变化的环境条件，而无须人工干预。

②影响

AC 芯片中智慧的实现对 AI 系统的功能和社会融合产生了深远影响。

强化社会责任

通过将道德准则和道德推理纳入决策过程，AI 系统可以做出不仅有效，而且在道德上健全和对社会负责的选择。这在医疗保健、金融和自治系统等领域尤为重要，因为这些领域的决策可能会产生重大的道德影响。

改进的长期规划

有了分析长期后果的能力，AI 系统可以更有效地进行规划，并做出促进可持续性和防止未来潜在问题的决策。这种能力对于涉及资源管理、城市规划和环境保护的应用至关重要。

更高的可靠性和信任度

持续做出明智、符合情境的决策的 AI 系统更有可能得到用户的信任，并融入日常活动。信任对于 AI 技术的广泛采用至关重要，尤其是在决策具有重大个人或社会影响的部门。

对复杂环境的适应性

富含智慧的 AI 可以根据环境线索和上下文变化动态调整其行为，使其能够难以置信地适应复杂、不断变化的环境。这种适应性增强了 AI 在各种应用中的效用，从交互式个人助理到不可预测市场中的决策支持系统。

自主运营基础

智慧的融合使 AI 系统能够在没有持续人类监督的情况下自主运行。这种自主性不仅基于预先编程的指令，还基于对道德、后果和上下文可变性的理解，这些对于在现实世界中做出独立决策至关重要。

通过为 AC 芯片配备应用智慧的能力，我们可以创建不仅技术先进，而且符合道德和社会责任的 AI 系统。这一进步不仅将突破 AI 所能实现的极限，还将确保这些成就与人类价值观和社会福祉相一致。

（3）虚拟意识芯片中的意图驱动功能

①实施

AC 芯片中的意图驱动功能是 SC-DIKWP 模型的巅峰，代表了 AC 系统不仅处理和理解信息，而且利用这种理解来设定和追求自己目标的阶段。这涉及目标设定、规划和战略制定的复杂机制，直接集成到芯片的架构中。关键技术和战略包括以下几种。

目标设定机制

- **目标定义算法**：编程算法允许 AC 根据预定义的参数或通过从历史数据和环境反馈中学习来定义清晰、可衡量的目标。

- **自适应目标调整**：纳入动态系统，使 AC 能够根据新信息或环境变化完善或改变其目标，确保目标保持相关性和可实现性。

高级规划功能

- **场景模拟**：利用模拟工具，可以根据不同的决策路径对各种潜在的未来进行建模，帮助 AC 预测潜在的挑战和结果。

- **策略优化算法**：实施优化技术，如遗传算法或强化学习，以开发和完善有效追求既定目标的策略。

自主战略制定

- **决策框架**：制定指导决策过程实现目标的框架，同时考虑短期结果和长期影响。

- **资源分配模型**：创建以有效方式管理资源（时间、精力、材料）分配的模型，以支持目标的实现。

②影响

AC 芯片中意图驱动功能的实现显著增强了 AC 系统的自主性和有效性，使其能够独立执行复杂的任务和项目。

增强的自主性

通过设定自己的目标并制定实现目标的策略，AC 系统可以在没有持续的人类指导或干预的情况下独立运行。这种程度的自主性对于人类监督有限或不切实际的偏远地区（如太空探索或水下研究）的应用至关重要。

长期项目能力

意图驱动的 AC 系统可以承担和管理长期项目，如环境监测、城市发展规划或大规模制造业。这些系统可以根据持续的结果和不断变化的条件不断调整其战略，确保实现目标的持续进展。

提高有效性和效率

凭借动态设定和调整目标的能力，AC 系统可以优先考虑任务，优化资源分配，并调整其方法，从而提高运营效率和效率。这在条件和需求可能迅速变化的动态商业或技术环境中尤其有价值。

目标导向决策

意图驱动的功能确保 AC 做出的每一个决定都与更广泛的目标相一致，减少浪费行为，增强 AC 操作的重点和相关性。这种目标导向对于在复杂的决策场景中保持一致性和方向性至关重要。

AC 伦理运营基金会

通过在目标设定和战略制定过程中嵌入考虑道德准则和社会影响的意图驱动功能，AC 系统可以确保其自主行动不仅有效，而且在道德上健全，对社会负责。

将意图驱动的功能集成到 AC 芯片中标志着 AC 技术的重大进步，使系统不仅能够执行任务，还能够理解和追求复杂的目标。这一功能是开发 AC 系统的基础，AC 系统可以真正发挥自主实体的作用，能够长时间处理复杂的多维项目。

5.3.3　对人工意识的启示

将 SC–DIKWP 模型集成到 AC 芯片的设计中，对 AC 领域具有变革潜力。通过构建 AC 系统，通过数据、信息、知识、智慧和意图等阶段处理数据，这些系统可以实现与人类认知过程密切相似的深度理解和决策能力。这种集成影响了 AC 开发和应用的各个方面，增强了这些系统与世界和人类的互动方式。

（1）增强型自然语言处理

- **上下文理解**：AC 系统可以通过利用 SC–DIKWP 模型的高级信息集成和知识库构建阶段，实现对语言上下文、反讽和微妙之处的卓越理解。这将有助于更有效地处理各种复杂的人类语言。

- **情感感知互动**：通过了解人类交流背后的情感背景，AC 可以以更符合人类期望和情绪状态的方式做出反应，改善客户服务、治疗机器人和个人助理的用户体验。

（2）高级问题解决技能

- **场景模拟和策略制定**：利用智慧和意图驱动的功能，AC 系统可以模拟各种场景并制定最佳策略。这在金融、医疗保健和危机管理等需要在不确定性下进行复杂决策的领域尤其有用。

- **长期规划**：AC 系统可以在更长的范围内进行规划，考虑更广泛的变量和潜在结果。这种能力将在城市规划、环境管理和战略业务发展等领域产生变革。

（3）具有同情心和社会意识的AC

- **情商**：AC 系统可以更准确地解释人类情绪，并相应地调整他们的反应，这是 AI 在医疗、教育和社会服务等需要高度人际互动的角色方面的重大进步。

- **文化和社会背景适应**：AC 系统可以对文化和社会细微差别更加敏感，使其能够在不同的全球环境中有效运行。这将提高 AC 技术的全球适用性和可接受性。

（4）伦理决策

- **纳入道德标准**：通过将道德准则纳入决策过程（智慧阶段的一部分），AC 系统可以确保其行动符合人类价值观和法律标准，解决敏感领域 AC 部署的主要问题之一。

- **透明度和问责制**：意图驱动的决策还将使 AC 系统能够根据明确定义的目标和逻辑框架解释其决策，提高其透明度，并有助于在用户之间建立信任。

（5）个性化和用户体验

- **定制交互**：AC 系统可以随着时间的推移学习个人用户的偏好和上

下文，从而实现高度个性化的体验。这可能会彻底改变用户界面技术，使其更加直观和用户友好。

- 自适应学习技术：在教育应用中，AC 可以在深入了解学生的知识库、学习速度和教育需求的基础上调整教学方法和材料，从而有可能改变教育格局。

将 SC-DIKWP 模型集成到 AC 芯片中，可以显著拓宽 AC 系统的能力，使其能够以目前前所未有的复杂度、理解力和道德考虑来执行任务。这一进步不仅有望增强 AC 的现有应用，还有望为其部署开辟新的途径，有可能使 AC 更深入地融入人类日常活动，并使 AC 系统成为人类努力的真正合作伙伴。

5.3.4　相关工作

基于 SC-DIKWP 模型的 AC 芯片的开发与 AC、认知科学和神经启发计算领域的各种现有研究领域和技术交叉。本节讨论相关工作，将其与 SC-DIKWP 模型进行比较和对比，以突出该方法的创新和互补方面。

SC-DIKWP 模型将认知和伦理发展阶段整合到一个连贯的框架中，代表着 AC 芯片设计向前迈出了重要一步。该模型不仅建立在现有技术和理论的基础上，而且通过为伦理和意图驱动的功能的整合提供清晰的途径，解决了它们的一些局限性。所讨论的相关工作为理解 SC-DIKWP 在更广泛的 AC 研究领域中的定位提供了背景，突出了其将认知发展与人工系统中的道德和意图性处理相结合的创新方法。这种全面的方法为未来的发展奠定了基础，AC 不仅可以与人类的认知能力相匹配，还可以体现类人意识的更深层次。

表 5.2 将 SC-DIKWP 模型与 AC、认知架构和神经启发计算领域的几项相关工作进行了比较。该表强调了每种方法的关键方面，并说明了 SC-DIKWP 模型是如何集成或超越这些现有框架的。

表 5.2　SC-DIKWP 模型与 AI、认知架构和神经启发计算领域的几项相关工作的对比

相关工作	核心概念	与 SC-DIKWP 的比较	SC-DIKWP 创新
神经形态芯片（例如，IBM 的 TrueNorth、Intel 的 Loihi）	使用尖峰神经网络模拟大脑的神经结构以提高处理效率	两者都旨在模拟类似大脑的功能；然而，为了提高效率，神经形态芯片更多地关注神经结构仿真	SC-DIKWP 集成了从数据到意图的结构化认知过程，包括伦理推理和长期目标，这些都不是标准神经形态计算的重点
认知架构（如 SOAR、ACT-R）	开发基于规则的系统来模拟人类的认知过程	认知架构为认知提供了一个框架，但往往缺乏整合智慧和伦理推理的明确发展途径	SC-DIKWP 为认知发展提供了一个框架，明确地导致了高级功能，如道德决策和有意图的行为
通用 AI（AGI）系统	创建能够执行人类所能执行的任何智力任务的系统	AGI 系统致力于广泛复制人类智能；重点是在所有认知任务中实现平等	SC-DIKWP 专门针对渐进式认知复杂性进行设计，包括确保智慧和伦理考虑相结合的阶段，增强 AI 的意图驱动功能
伦理 AI 框架（例如，IEEE 的伦理一致设计）	为确保 AI 遵守道德标准和人类价值观提供指导方针	这些框架通常提供了应用于 AI 系统的外部指导方针；它们没有将道德融入核心功能	SC-DIKWP 固有地将道德考虑纳入其运营核心，将其嵌入智慧和目标阶段，从而超越外部道德准则

这种比较强调了 SC-DIKWP 模型在开发 AC 的整体和结构化方法方面的独特性。与其他可能侧重于认知或效率的特定方面的模型和框架不同，SC-DIKWP 模型是全面的，确保 AC 系统不仅有效地执行任务，而且行为符合道德和社会责任。SC-DIKWP 通过绘制从基本数据处理到复杂、意图驱动决策的清晰路径，为 AC 的实现，特别是在自主操作和道德行为方面，设定了一个新的标准。这种比较更清楚地了解了 SC-DIKWP 与现有技术的关系，以及它如何突破 AI 研究的界限。

SC-DIKWP 模型在 AC 芯片中的应用是一个变革性的发展，提升 AC 系统的潜力和功能。通过反映人类的认知阶段——从基本数据处理到复杂的、意图驱动的行为——该模型使 AC 能够以更高的自主权、理解力和道德考虑来执行。本节中讨论的自然语言处理、解决问题和情感互动的增强不仅提高了 AC 的操作效率，还促进了其融入社会敏感环境，使 AC 对人类更具相关性和可信赖性。

SC–DIKWP 模型的实施解决了 AC 发展中的几个关键挑战，如道德决策、透明度和文化适应性，从而使 AC 运营更符合人类价值观和法律标准。随着 AC 的不断发展，SC–DIKWP 模型中提出的原则可能会成为开发 AC 系统的关键指南，这些系统不仅技术先进，而且对社会和道德负责。在这些综合模型的指导下，AC 的未来不仅有望增强能力，而且有望与人类社会的复杂结构和个人需求更加一致。

第6章 | "理解"的 DIKWP 理论

在 DIKWP 模型中，"理解"的概念被详细阐述，强调理解是通过特定意图驱动的语义关联和概率确认、知识推理等方式，形成新的认知结构的过程。本章深入分析了 DIKWP 模型中理解的定义及其在语义处理、知识生成和认知过程中的应用。通过对比传统认知模型，探讨理解在信息处理和知识生成中的关键作用，特别关注了认知主体如何在接收信息时进行语义解读，并提出如何通过语义空间识别和度量误解，最终实现个性化的语义关联、补充和认知确认。

6.1 "理解"的DIKWP理论

在信息科学、认知科学和 AI 领域，"理解"是一个关键概念。传统的认知模型通常将理解视为信息的处理和知识的生成过程，但往往忽视了认知主体的意图和语义关联的动态作用。DIKWP 模型提出了一种新的理解定义，强调理解是通过认知主体的特定意图驱动，实现语义关联、概率确认和知识推理，从而形成新的认知结构。本节将探讨这一定义，并分析其在不同领域中的应用，特别是通过语义空间识别和度量误解，实现个性化的语义关联和认知确认。

6.1.1 DIKWP模型中的理解定义与基础

（1）语义关联、概率确认和知识推理

理解的核心在于语义关联、概率确认和知识推理。

- **语义关联**：通过认知主体的意图，将新信息与已有的知识结构进

行关联。这一过程需要识别新信息与已知概念之间的语义关系。

- **概率确认**：通过计算和逻辑判断，确认新信息与已有知识结构的关联概率。这一过程确保了新信息在认知主体的知识体系中的一致性和合理性。

- **知识推理**：通过已有知识和推理机制，对新信息进行推理和解释，生成新的知识和理解。这包括演绎推理、归纳推理和类比推理等方法。

（2）理解的动态生成

理解是一个动态生成的过程，随着新信息的不断引入和认知主体意图的变化，理解也在不断更新和调整。这种动态性确保了认知主体能够适应变化的环境和不断发展的知识体系。

6.1.2　语义空间中的误解识别与度量

（1）认知主体与接收者之间的差异

信息传递往往通过自然语言进行，但在接收者的认知空间中，理解的是自然语言概念的语义解读。由于传递者和接收者的概念空间和语义空间存在差异，信息传递过程中可能产生误解或不充分理解。

（2）识别与度量误解

DIKWP 模型揭示了这些误解和不理解可以通过语义空间进行识别和度量。具体来说有以下几种。

- **识别误解**：通过分析接收者对自然语言概念的语义解读，识别出与传递者原意不一致的部分。

- **度量误解**：通过计算误解的程度，量化接收者与传递者之间的语义差异。

- **个性化语义关联**：根据识别和度量的结果，提供个性化的语义关联，补充和修改信息内容，使其更接近传递者的原意。

- **知识推理**：运用知识推理机制，对语义关联进行进一步解释和扩展，确保新的语义关联在认知主体的知识体系中合理且有意义。

- **确认理解**：最终，通过调整后的语义关联和补充，确保信息内容被接收者正确理解，实现认知的确认。

6.1.3 对比传统认知模型中的理解定义

（1）传统认知模型中的理解

传统认知模型通常将理解视为信息处理的结果，通过信息的组织和知识的生成，形成对新信息的理解。这一过程主要包括以下几个步骤。

a. **信息处理**：对输入数据进行处理，提取有意义的信息。

b. **知识生成**：将信息组织成知识结构，形成对新信息的理解。

c. **应用智慧**：在实际应用中验证和调整理解。

（2）DIKWP模型与传统模型的对比

- **主观性**：DIKWP 模型强调理解的主观性，通过认知主体的意图驱动语义关联、概率确认和知识推理，而传统模型通常强调信息处理的客观性。

- **动态性**：DIKWP 模型中的理解是一个动态生成的过程，不断随新信息和认知主体意图的变化而更新，传统模型中的理解则更多是静态的、一次性的处理结果。

- **语义关联**：DIKWP 模型中的理解强调语义关联和知识推理的关键作用，通过语义关系的识别、确认和推理来形成理解，而传统模型更多关注信息的组织和知识的生成。

- **误解识别与度量**：DIKWP 模型通过语义空间识别和度量误解，并通过个性化的语义关联、补充和知识推理实现理解，而传统模型缺乏对误解的识别和动态调整机制。

6.1.4 理解在信息处理和知识生成中的关键作用

（1）信息处理中的理解

在信息处理过程中，理解起到桥梁作用，将数据转化为有意义的信息和知识。通过认知主体的意图驱动，进行语义关联、概率确认和知识推理，确保新信息在知识体系中的一致性和合理性。

（2）知识生成中的理解

在知识的生成过程中，理解通过动态的语义关联、概率确认和知识推理，形成新的知识结构。这个过程不仅包括对已有知识的扩展，还涉及新知识的生成和验证。

6.1.5 理解在AI和认知科学中的应用

（1）AI系统中的理解

在 AI 系统中，理解的实现主要通过语义分析、知识图谱和推理机制等技术。

- **语义分析**：AI 系统通过自然语言处理技术，对输入的自然语言进行语义分析，识别语义关系，生成结构化信息。
- **知识图谱**：通过知识图谱，AI 系统将不同来源的信息进行语义关联，形成综合性知识网络，支持复杂的推理和决策。
- **推理机制**：AI 系统利用推理机制（如演绎推理、归纳推理和类比推理）对语义关联进行进一步解释和扩展，生成新的知识和理解。

（2）认知科学中的理解

在认知科学中，理解研究主要集中在以下几个方面。

- **认知过程模拟**：模拟人类的认知过程，研究信息在大脑中的存储、处理和检索机制。

- **误解的识别与调整**：通过认知机制识别和调整误解，增强人类对信息的理解能力。

- **知识推理**：研究并学习人类如何利用已有知识进行推理和解释，生成新的理解和知识结构。

6.1.6　案例分析：智能医疗诊断系统场景描述

在智能医疗诊断系统中，医生利用 AI 技术来辅助诊断病人病情。系统收集病人的各种数据（如体检数据、病史记录），并结合医生的专业知识和医学知识库进行综合分析，生成诊断信息。以下将介绍该系统中理解的生成和处理过程，展示 DIKWP 模型中理解定义和语义处理的应用。

- **数据采集与初步记录**：系统从不同来源收集病人的数据，包括体检数据和病史记录。这些数据是系统的基础输入，属于 DIKWP 模型中的数据范畴。

- **语义匹配与概念确认**：系统将采集到的数据与已有的医学知识库进行语义匹配和概念确认。系统对数据进行语义分类和匹配，形成初步的信息语义。

- **个性化语义关联**：根据医生的诊断意图，结合数据语义、信息语义、知识语义、智慧语义，生成个性化的诊断信息。

- **概率确认和知识推理**：通过概率确认和知识推理，对诊断信息进行进一步解释和扩展，确保其在医生的知识体系中的合理性和一致性。

- **确认理解**：最终，通过调整后的语义关联和补充，确保诊断信息被医生正确理解，实现认知的确认。

6.2　理解理论在DIKWP模型中的应用：医患交互的误解消除和理解达成

DIKWP 模型中关于"理解"的理论强调了理解是通过认知主体的特定意图驱动，进行语义关联、概率确认和知识推理，从而形成新的认知结构的过程。本节深入分析了 DIKWP 模型中理解的定义及其在医患交互求医问诊过程中的应用，特别关注认知的相对性以及概念空间和语义空间的差异性。通过分析医患双方在求医问诊过程中的消除误解和达成理解，展示理解在信息处理和知识生成中的关键作用。

6.2.1　案例分析：医患交互求医问诊过程

（1）场景描述

在医患交互求医问诊的过程中，病人通过自然语言向医生描述症状，而医生通过询问、检查和诊断，形成对病情的理解和治疗方案。这一过程中，由于病人和医生的概念空间和语义空间存在差异，可能产生误解。以下将详细介绍这一过程，展示 DIKWP 模型中理解定义和语义处理的应用。

①病人描述症状（数据输入）

病人描述："我感觉胸口有点闷，特别是晚上躺下的时候。"

病人的概念空间

"胸口"：身体部位。

"闷"：一种不适感。

"晚上躺下"：特定时间和姿势。

病人的语义空间

"胸口"：与心脏、呼吸相关的感觉。

"闷"：可能与压力、呼吸困难相关。

"晚上躺下"：可能与睡眠、姿势变化相关。

②医生接收信息（初步理解）

医生的概念空间

"胸口"：身体部位，可能涉及心脏、肺部。

"闷"：症状，可能与心脏病、哮喘、焦虑有关。

"晚上躺下"：症状加重的时间和姿势，可能提示特定病因。

医生的语义空间

"胸口"：与心脏病、肺病、胃食管反流等相关。

"闷"：可能涉及呼吸困难、心脏病症状、焦虑。

"晚上躺下"：提示可能与心脏、肺部压迫、胃食管反流有关。

③医生询问和检查（语义关联和知识推理）

医生询问："您这种感觉有多久了？有没有伴随其他症状，比如咳嗽、心悸、胃酸反流？"

语义关联

通过进一步询问，医生将病人的描述与可能的病因进行语义关联。

识别出潜在的关联语义，如"呼吸困难""心脏病""胃食管反流"。

知识推理

根据病人的回答，医生使用已有的医学知识进行推理，形成对病情的初步判断。

推理可能涉及演绎推理（如根据症状推测病因）、归纳推理（如总结症状模式）和类比推理（如类比类似病例）。

④病人进一步描述（补充信息）

病人补充："有时候还会觉得胃里有酸水上来，尤其是吃完饭躺下的时候更明显。"

病人的概念空间

"酸水"：胃酸反流。

"酸水"：可能与胃食管反流相关。

"吃完饭躺下"：提示症状与消化系统相关。

⑤医生综合分析（概率确认和知识推理）

医生分析："您的症状很像胃食管反流病，尤其是您提到的吃完饭躺下时的酸水感和胸闷。"

概率确认

通过对病人描述的症状进行概率计算，确认症状与胃食管反流病之间的高关联性。

知识推理

利用已有的医学知识，医生推理出可能的病因，并形成初步诊断。

⑥诊断和治疗方案（确认理解）

医生诊断："根据您的描述，我认为您可能患有胃食管反流病。建议您注意饮食，避免吃完饭立即躺下，并且可以试试一些抗酸药物。"

确认理解

通过综合分析和推理，医生形成对病情的理解，并与病人确认，确保病人理解诊断结果和治疗建议。

⑦病人反馈（验证和调整）

病人反馈："好的，我会注意的。如果症状没有缓解，我应该什么时候再来复查？"

验证和调整

医生根据病人的反馈，调整后续的诊疗计划，并安排复查时间。

（2）认知空间、概念空间、语义空间差异误解问题分析

表6.1 展示了在医患交互求医问诊过程中，病人和医生在认知空间、概念空间和语义空间的差异如何导致误解，并提供相应的解决方法。

表6.1 病人和医生在认知空间、概念空间和语义空间的差异如何导致误解及相应的解决办法

阶段	角色	空间	内容	潜在误解	解决方法
病人描述症状	病人	认知空间	感觉胸口闷，晚上躺下时特别明显	医生可能误解为呼吸问题或心脏问题	医生进一步询问症状出现的具体情况和时间
		概念空间	"胸口闷"：不适感；"晚上躺下"：特定时间和姿势	医生可能对"闷"的具体感受和程度理解不一致	医生需要详细询问"闷"的具体感受，如是否有疼痛、持续时间等
		语义空间	"胸口"：与心脏、呼吸相关；"闷"：可能与压力、呼吸困难相关	医生可能将"闷"与其他症状（如心绞痛、哮喘）混淆	医生进行详细检查，结合病人的详细描述进行分析

续表

阶段	角色	空间	内容	潜在误解	解决方法
医生接收信息	医生	认知空间	病人描述的症状，结合医学知识进行初步理解	医生可能误解病情的严重程度或性质	医生通过进一步询问和检查确认症状的具体情况和严重程度
		概念空间	"胸口"：涉及心脏、肺部；"闷"：可能与心脏病、哮喘、焦虑有关	医生可能误解为单一病因，而忽略其他可能性	医生考虑多种可能性，并结合其他症状和检查结果综合分析
		语义空间	"胸口"：与心脏病、肺病、胃食管反流相关；"闷"：涉及呼吸困难、心脏病症状、焦虑	医生可能将症状与非相关疾病联系起来	医生使用医学知识进行推理，排除不相关的可能性
医生询问和检查	医生	认知空间	询问症状持续时间及伴随症状，结合病人的回答进行初步推理	病人可能无法准确描述症状的持续时间和伴随症状	医生需要具体引导病人描述症状，并进行详细的体检
		概念空间	通过询问识别出潜在关联语义，如呼吸困难、心脏病、胃食管反流	医生可能根据病人的描述误解症状的严重程度	医生结合体检结果和医学知识进行进一步推理
		语义空间	使用医学知识进行推理，形成对病情的初步判断	病人可能对医生的诊断理解不充分	医生使用通俗易懂的语言向病人解释初步诊断
病人进一步描述	病人	认知空间	感觉胃里有酸水上来，吃完饭躺下时更明显	医生可能误解症状的频率和严重程度	医生询问具体频率、时间点和诱因
		概念空间	"酸水"：胃酸反流；"吃完饭躺下"：特定情境中的症状加重	医生可能误解为单一病因，而忽略其他可能性	医生需要考虑多种可能性，并进行详细检查后确认
		语义空间	"酸水"：可能与胃食管反流相关；"吃完饭躺下"：提示症状与消化系统相关	医生可能忽略其他潜在的病因，如心脏问题	医生结合病人的描述和检查结果进行综合分析
医生综合分析	医生	认知空间	综合分析病人的描述，结合医学知识进行诊断	病人可能对医生的诊断结果不理解	医生使用通俗易懂的语言解释诊断结果，并提供详细的治疗方案
		概念空间	根据症状描述，识别出与胃食管反流病的关联语义	医生可能忽略其他可能的病因，导致误诊	医生通过详细检查和综合分析后确认诊断结果
		语义空间	利用医学知识进行推理，确认症状与胃食管反流病的高关联性	医生可能将症状与其他不相关疾病混淆	医生通过进一步检查和测试排除其他不相关的可能性

阶段	角色	空间	内容	潜在误解	解决方法
诊断和治疗方案	医生	认知空间	形成对病情的理解，提出治疗建议	病人可能对治疗建议的具体操作不理解	医生详细解释治疗方案的具体步骤和注意事项
		概念空间	"胃食管反流病"：消化系统疾病；"抗酸药物"：缓解症状的药物	病人可能对药物的作用和使用方法不理解	医生详细解释药物的作用和使用方法
		语义空间	通过分析和推理，确认病人症状与胃食管反流病的关联	病人可能不理解病情与生活习惯的关联	医生解释病情与饮食、生活习惯的关系，并提供具体建议
病人反馈	病人	认知空间	理解医生的诊断和治疗建议，并提出进一步问题	医生可能忽略病人的反馈，导致后续治疗效果不佳	医生关注病人的反馈，及时调整治疗方案
		概念空间	"复查"：在症状未改善时再次就诊	医生可能忽略病人的实际情况，导致复查安排不合理	医生结合病人的反馈和实际情况，合理安排复查时间
		语义空间	根据医生的建议，确认理解诊断结果和治疗方案	医生可能未充分解释复查的重要性，导致病人不重视复查	医生强调复查的重要性，并解释其对病情管理的意义

认知空间中存在的误解主要源于病人和医生对症状的不同感知和理解。解决这些误解的关键在于医生的详细询问和检查，通过引导病人更准确地描述症状，医生可以更全面地理解病人的病情。

概念空间中的误解源于病人和医生对同一概念的不同定义和解释。例如，病人描述的"胸闷"可能与医生理解的"胸闷"有所不同。通过详细询问和解释，医生可以澄清概念上的差异，确保对症状的准确理解。

语义空间中的误解源于病人和医生对概念的不同联想和关联。医生需要利用医学知识进行语义关联和推理，排除不相关的可能性，确保诊断的准确性。同时，医生需要使用通俗易懂的语言向病人解释诊断结果和治疗方案，确保病人理解并遵循医生的建议。

表格分析展示了医患交互求医问诊过程中病人和医生在认知空间、概念空间和语义空间的差异如何导致误解，并提供了相应的解决方法。本节的理解理论强调了通过识别和度量误解，实现个性化的语义补充和调整，并通过知识推理生成新的理解和知识。在医患交互过程中，医生需要关注病人的描述和反馈，通过详细询问、解释和检查，消除误解，确保病人和医生之间的有效沟通和理解。理解理论为信息处理和认知科学提供了新的视角和理论框架，有助于深化对理解在认知过程中的作用和意义的理解，并为自然语言处理、AI 等领域提供了新的研究方向。

（3）医患交互求医问诊过程中误解消除

表 6.2 展示了医患交互求医问诊过程中认知空间、概念空间和语义空间的差异可能导致的误解，以及通过 DIKWP 模型中的理解理论进行误解消除后的具体效果。

表 6.2　通过 DIKWP 模型中的理解理论将误解消除后的具体效果

阶段	角色	空间	潜在误解	误解消除方法	效果
病人描述症状	病人	认知空间	医生可能误解为呼吸问题或心脏问题	医生详细询问病人感觉胸闷的具体情况、频率、持续时间及何时加重，确保病人详细描述症状	医生获得了更详细的病情信息，初步排除了呼吸问题，通过进一步的询问聚焦于可能的消化问题
		概念空间	医生可能对"闷"的具体感受和程度理解不一致	医生使用具体问题引导病人描述，例如"胸闷时是否伴随疼痛？""感觉是持续的还是间歇性的？"	病人更准确地描述了胸闷的性质和程度，医生能够更清晰地理解病人的感受
		语义空间	医生可能将"闷"与其他症状（如心绞痛、哮喘）混淆	医生结合病人描述，进行详细检查（如心电图、胸片），排除其他可能性，并结合病人症状描述进行语义关联分析	医生通过检查排除了心绞痛和哮喘，确认了症状更可能与消化系统有关
医生接收信息	医生	认知空间	医生可能误解病情的严重程度或性质	医生进一步询问病人是否有其他伴随症状，如咳嗽、心悸、胃酸反流，确认病情的严重程度和性质	医生确认了症状的严重程度和性质，初步怀疑胃食管反流
		概念空间	医生可能对症状理解单一，忽略了其他可能性	医生在询问过程中，考虑多种可能性，并结合病人的症状和检查结果进行全面分析	医生通过综合分析，排除了不相关的可能性，确定了症状与消化系统有关
		语义空间	医生可能将症状与非相关疾病联系起来	医生利用医学知识进行详细的语义关联和推理，通过检查和病人的详细描述排除了其他不相关的疾病	医生通过检查和病人描述确认症状与消化系统高度相关，排除了其他不相关疾病

阶段	角色	空间	潜在误解	误解消除方法	效果
医生询问和检查	医生	认知空间	病人可能无法准确描述症状的持续时间和伴随症状	医生使用具体引导问题，帮助病人准确描述症状的持续时间和伴随症状，例如"您的症状持续了多久？""是否有其他不适感？"	病人准确描述了症状的持续时间和伴随症状，医生能够更全面地了解病情
		概念空间	医生可能根据病人的描述误解症状的严重程度	医生结合体检结果和病人的详细描述，进行综合分析，确保对症状的准确理解	医生通过综合分析，准确评估了症状的严重程度
		语义空间	病人可能对医生的诊断理解不充分	医生使用通俗易懂的语言向病人解释初步诊断，并通过图示等方式帮助病人理解诊断结果和可能的病因	病人更清晰地理解了医生的初步诊断，并能够配合进一步检查
病人进一步描述	病人	认知空间	医生可能误解症状的频率和严重程度	医生详细询问病人症状发生的频率、时间点和具体诱因，例如"您每次发作的频率是多少？""什么情况下症状会加重？"	医生更清晰地了解了症状的频率、时间点和具体诱因，能够更准确地进行诊断
		概念空间	医生可能对单一病因理解过于片面	医生在询问和检查过程中，考虑多种可能性，并通过进一步检查和病人的详细描述进行全面分析	医生通过综合分析和详细检查，排除了其他可能的病因，确认胃食管反流病的诊断
		语义空间	医生可能忽略其他潜在的病因，如心脏问题	医生结合病人的详细描述和检查结果，利用医学知识进行全面的语义关联和推理，确保不会忽略其他潜在病因	医生通过详细检查和综合分析，确认症状主要与消化系统相关，排除了其他潜在的病因
医生综合分析	医生	认知空间	病人可能对医生的诊断结果不理解	医生使用通俗易懂的语言和图示向病人解释诊断结果，确保病人能够理解病情和相关的医学概念	病人更清晰地理解了医生的诊断结果，并能配合后续治疗
		概念空间	医生可能忽略其他可能的病因，导致误诊	医生通过详细检查和病人的详细描述，利用医学知识进行全面分析，确保诊断的准确性	医生通过详细检查和综合分析，确认了胃食管反流病的诊断，排除了其他可能性
		语义空间	医生可能将症状与其他不相关疾病混淆	医生通过详细检查和病人的详细描述，利用医学知识进行详细的语义关联和推理，确保诊断的准确性	医生通过详细检查和综合分析，确认了胃食管反流病的诊断，排除了其他不相关疾病

阶段	角色	空间	潜在误解	误解消除方法	效果
诊断和治疗方案	医生	认知空间	病人可能对治疗建议的具体操作不理解	医生详细解释治疗方案的具体步骤和注意事项，使用通俗易懂的语言和图示帮助病人理解	病人清楚了解了治疗方案的具体操作步骤，并能够遵循医生的建议
		概念空间	病人可能对药物的作用和使用方法不理解	医生详细解释药物的作用机制和使用方法，确保病人理解药物的正确使用方法	病人理解了药物的作用和正确使用方法，能够按照医生的建议进行治疗
		语义空间	病人可能不理解病情与生活习惯的关联	医生解释病情与饮食、生活习惯的关系，并提供具体的生活建议，使用通俗易懂的语言帮助病人理解	病人理解了病情与饮食、生活习惯的关系，并能够调整生活习惯以配合治疗
病人反馈	病人	认知空间	医生可能忽略病人的反馈，导致后续治疗效果不佳	医生详细听取病人的反馈，并根据反馈信息调整治疗方案，确保治疗的有效性	医生根据病人的反馈调整治疗方案，病人症状得到有效控制
		概念空间	医生可能忽略病人的实际情况，导致复查安排不合理	医生结合病人的反馈和实际情况，合理安排复查时间，确保病人能够及时复查	医生合理安排了复查时间，病人能够及时复查，确保治疗的持续有效
		语义空间	医生可能未充分解释复查的重要性，导致病人不重视复查	医生详细解释复查的重要性，并解释其对病情管理的意义，确保病人理解复查的重要性和必要性	病人理解了复查的重要性，并能够重视和配合复查安排

（4）认知空间、概念空间、语义空间误解消除一般过程

表 6.3 展示了在医患交互求医问诊过程中，由于病人和医生在认知空间、概念空间和语义空间中的差异，可能导致的误解及其具体表现和解决方法。

表 6.3　病人和医生在认知空间、概念空间和语义空间上的差异可能导致的误解及解决方法

阶段	角色	认知空间差异	概念空间差异	语义空间差异	可能导致的误解	解决方法
病人描述症状	病人	病人描述症状时，基于个人的感觉和表达习惯	病人使用日常语言描述症状，如"胸口闷"，而医生可能需要更具体的医学术语来理解	病人的语义联想可能包括生活习惯、情绪等，而医生的语义联想更多集中在病理生理方面	医生可能误解病人的症状轻重或误诊病因，如将"胸口闷"理解为情绪问题而非心脏问题	医生应详细询问病人的具体症状、持续时间、相关因素等，以获得更多信息和上下文，减少误解

阶段	角色	认知空间差异	概念空间差异	语义空间差异	可能导致的误解	解决方法
医生接收信息	医生	医生基于医学知识和经验对病人描述进行初步理解	医生可能使用医学术语进行解释，如"心绞痛"或"胃食管反流"，而病人可能不理解这些术语	医生的语义联想涉及医学知识和病理机制，而病人的语义联想更多涉及个人体验和日常生活	病人可能不理解医生的诊断术语，导致对病情和治疗方案的误解或不信任	医生应使用通俗易懂的语言向病人解释病情和治疗方案，确保病人理解并同意医生的诊断和建议
医生询问和检查	医生	医生根据病人的回答和检查结果，进一步细化对病情的理解	医生询问可能涉及专业术语或需要病人提供具体细节，如"是否伴随心悸、气短"，病人可能无法准确回答或理解	医生的语义联想可能更关注病理细节，而病人的语义联想可能更关注症状的主观感受	病人可能无法提供准确的病史或症状描述，导致医生无法做出准确诊断	医生应耐心引导病人准确描述症状，使用通俗语言提问，并结合病人的日常生活细节进行推理，帮助病人准确表达病情
病人进一步描述	病人	病人提供更多细节，如"吃完饭躺下时感觉胃里有酸水上来"	病人使用日常生活中的描述方式，医生需要将这些描述转化为医学术语，如"胃食管反流病"	病人的语义联想可能包括饮食习惯、生活方式等，而医生的语义联想更多涉及消化系统的病理机制	医生可能误解病人的症状与饮食习惯的关系，或低估症状的严重性	医生应详细询问病人描述的具体情境，结合医学知识进行推理，确保准确理解病人的症状和病因
医生综合分析	医生	医生根据病人的描述和检查结果，结合医学知识进行诊断	医生使用医学术语总结病情，如"胃食管反流病"，病人可能不理解这些术语或其含义	医生的语义联想涉及医学知识和病理机制，而病人的语义联想更多涉及日常生活和症状体验	病人可能不理解或误解医生的诊断，导致对治疗方案的不信任或不配合	医生应详细解释诊断结果和治疗方案，使用通俗易懂的语言，并结合病人的日常生活和症状体验进行说明
诊断和治疗方案	医生	医生提出治疗建议，如"注意饮食，避免吃完饭立即躺下，并尝试抗酸药物"	医生使用医学术语和具体建议，病人可能不理解这些术语或其实施方式	医生的语义联想涉及具体的医学知识和治疗方法，而病人的语义联想更多涉及生活习惯和日常行为	病人可能不理解治疗建议的具体实施方法，导致治疗效果不佳或依从性差	医生应详细解释每项治疗建议的具体实施方法，使用通俗易懂的语言，并结合病人的日常生活习惯进行说明

续表

阶段	角色	认知空间差异	概念空间差异	语义空间差异	可能导致的误解	解决方法
病人反馈	病人	病人根据医生的建议调整生活方式和用药，并观察症状变化	病人可能基于个人理解和感受反馈治疗效果，如"感觉好多了"或"症状没有改善"，医生需要将这些反馈转化为医学术语	病人的语义联想可能包括主观感受和日常生活变化，而医生的语义联想更多涉及医学观察和客观指标	医生可能低估或高估病人反馈中的症状变化，影响治疗调整和后续诊断	医生应详细询问病人的具体反馈，结合病人的主观感受和客观指标进行分析，并及时调整治疗方案，确保治疗效果和病人满意度

认知空间差异体现在病人和医生对症状的感知和描述方式不同。病人描述症状时，基于个人的感觉和表达习惯，而医生接收信息并进行诊断时，基于医学知识和经验。这种差异可能导致医生对病人症状的误解。

概念空间差异体现在病人和医生使用的语言和符号系统不同。病人使用日常语言描述症状，而医生使用医学术语进行解释。这种差异可能导致病人不理解医生的诊断和治疗建议。

语义空间差异体现在病人和医生对概念的语义关联不同。病人的语义联想包括生活习惯、情绪等，而医生的语义联想更多集中在病理生理方面。这种差异可能导致信息传递过程中的误解。

（5）解决方法

● **详细询问和解释**：医生应详细询问病人的具体症状、持续时间、相关因素等，以获得更多信息，减少误解。同时，医生应使用通俗易懂的语言向病人解释病情和治疗方案，确保病人理解并同意医生的诊断和建议。

● **耐心引导和通俗语言**：医生应耐心引导病人描述症状，使用通俗语言提问，并结合病人的日常生活细节进行推理，帮助病人准确表达病情。

● **结合日常生活和症状体验**：医生应详细解释诊断结果和治疗方案，使用通俗易懂的语言，并结合病人的日常生活和症状体验进行说明，确保病人理解和配合治疗。

● **详细询问反馈和调整治疗方案**：医生应详细询问病人的具体反馈，结合病人的主观感受和客观指标进行分析，并及时调整治疗方案，确保治疗效果和病人满意度。

通过这些方法，可以有效减少由医生和病人在认知空间、概念空间和语义空间上的差异导致的误解，确保医生和病人之间的沟通顺畅，实现准确的诊断和治疗。本节的理解理论在这一过程中提供了重要的理论支持和实践指导，有助于提高医患沟通的质量和效果。

（6）医患交互求医问诊过程DIKWP模型映射及转化

表6.4～表6.9展示了在医患交互求医问诊过程中，病人和医生在认知空间、概念空间和语义空间的差异如何导致误解，并通过DIKWP模型进行映射和转化，最终实现误解消除。病人描述症状阶段（表6.4），医生询问和检查阶段（表6.5），病人进一步描述阶段（表6.6），医生综合分析阶段（表6.7），诊断和治疗方案阶段（表6.8），病人反馈阶段（表6.9）。

表6.4 病人描述症状阶段

空间	内容	潜在误解	DIKWP模型映射	误解消除方法	效果
认知空间	感觉胸口闷，晚上躺下时特别明显	医生可能误解为呼吸问题或心脏问题	数据（D）：病人的主观描述 意图（P）：医生希望理解病人的具体症状	医生详细询问病人感觉胸闷的具体情况、频率、持续时间及何时加重，确保病人详细描述症状	医生获得了更详细的病情信息，初步排除了呼吸问题，通过进一步的询问聚焦于可能的消化问题
概念空间	"胸口闷"：不适感；"晚上躺下"：特定时间和姿势	医生可能对"闷"的具体感受和程度理解不一致	信息（I）：病人的具体描述 意图（P）：医生希望确定症状的具体性质和严重程度	医生使用具体问题引导病人描述，例如："胸闷时是否伴随疼痛？""感觉是持续的还是间歇性的？"	病人更准确地描述了胸闷的性质和程度，医生能够更清晰地理解病人的感受
语义空间	"胸口"：与心脏、呼吸相关；"闷"：可能与压力、呼吸困难相关	医生可能将"闷"与其他症状（如心绞痛、哮喘）混淆	知识（K）：医生的医学知识 意图（P）：医生希望排除其他可能性	医生结合病人描述，进行详细检查（如心电图、胸片），排除其他可能性，并结合病人症状描述进行语义关联分析	医生通过检查排除了心绞痛和哮喘，确认症状更可能与消化系统有关

表6.5 医生询问和检查阶段

空间	内容	潜在误解	DIKWP 模型映射	误解消除方法	效果
认知空间	病人描述的症状，结合医学知识进行初步理解	医生可能误解病情的严重程度或性质	数据（D）：病人描述 知识（K）：医生的医学知识 意图（P）：医生希望准确评估病情	医生进一步询问病人是否有其他伴随症状，如咳嗽、心悸、胃酸反流，确认病情的严重程度和性质	医生确认了症状的严重程度和性质，初步怀疑胃食管反流
概念空间	"胸口"：涉及心脏、肺部；"闷"：可能与心脏病、哮喘、焦虑有关	医生可能对症状理解单一，忽略其他可能性	信息（I）：病人描述和初步检查结果 意图（P）：医生希望综合分析症状，排除其他可能性	医生在询问过程中，考虑多种可能性，并结合其他症状和检查结果综合分析	医生通过综合分析，排除了不相关的可能性，确定了症状与消化系统有关
语义空间	"胸口"：与心脏病、肺病、胃食管反流相关；"闷"：涉及呼吸困难、心脏病症状、焦虑	医生可能将症状与非相关疾病联系起来	知识（K）：医生的医学知识 智慧（W）：医生的经验和判断 意图（P）：医生希望准确诊断病情	医生利用医学知识进行诊断，通过检查和病人的详细描述排除其他不相关的疾病	医生通过检查和病人描述确认症状与消化系统高度相关，排除了其他不相关疾病

表6.6 病人进一步描述阶段

空间	内容	潜在误解	DIKWP 模型映射	误解消除方法	效果
认知空间	感觉胃里有酸水上来，吃完饭躺下时更明显	医生可能误解症状的频率和严重程度	数据（D）：病人的进一步描述 意图（P）：医生希望准确了解症状的频率和严重程度	医生详细询问病人症状发生的频率、时间点和具体诱因，例如"您每次发作的频率是多少？""什么情况下症状会加重？"	医生更清晰地了解了症状出现的频率、时间点和具体诱因，能够更准确地进行诊断
概念空间	"酸水"：胃酸反流；"吃完饭躺下"：特定情境中的症状加重	医生可能对单一病因理解过于片面	信息（I）：病人描述和检查结果 意图（P）：医生希望全面分析症状，排除其他可能性	医生在询问和检查过程中，考虑多种可能性，并通过进一步检查和病人的详细描述进行全面分析	医生通过综合分析和详细检查，排除了其他可能的病因，确认胃食管反流病的诊断
语义空间	"酸水"：可能与胃食管反流相关；"吃完饭躺下"：提示症状与消化系统相关	医生可能忽略其他潜在的病因，如心脏问题	知识（K）：医生的医学知识 智慧（W）：医生的经验和判断 意图（P）：医生希望准确识别病因	医生结合病人的详细描述和检查结果，利用医学知识进行全面的语义关联和推理，确保不会忽略其他潜在病因	医生通过详细检查和综合分析，确认症状主要与消化系统相关，排除了其他潜在的病因

表 6.7　医生综合分析阶段

空间	内容	潜在误解	DIKWP 模型映射	误解消除方法	效果
认知空间	医生综合分析病人的描述，结合医学知识进行诊断	病人可能对医生的诊断结果不理解	数据（D）：病人的描述 知识（K）：医生的医学知识 意图（P）：医生希望病人理解诊断结果	医生使用通俗易懂的语言和图示向病人解释诊断结果，确保病人能够理解病情和相关的医学概念	病人更清晰地理解了医生的诊断结果，并能配合后续治疗
概念空间	医生根据症状描述，识别出与胃食管反流病的关联语义	医生可能忽略其他可能的病因，导致误诊	信息（I）：病人描述和检查结果 意图（P）：医生希望全面分析症状，排除其他可能性	医生通过详细检查和病人的详细描述，利用医学知识进行全面分析，确保诊断的准确性	医生通过详细检查和综合分析，确认了胃食管反流病的诊断，排除了其他可能性
语义空间	医生利用医学知识进行推理，确认症状与胃食管反流病的高关联性	医生可能将症状与其他不相关疾病混淆	知识（K）：医生的医学知识 智慧（W）：医生的经验和判断 意图（P）：医生希望排除不相关疾病的可能性	医生通过详细检查和病人的详细描述，利用医学知识进行详细的语义关联和推理，确保诊断的准确性	医生通过详细检查和综合分析，确认了胃食管反流病的诊断，排除了其他不相关疾病

表 6.8　诊断和治疗方案阶段

空间	内容	潜在误解	DIKWP 模型映射	误解消除方法	效果
认知空间	医生形成对病情的理解，提出治疗建议	病人可能对治疗建议的具体操作不理解	数据（D）：病人的反馈 智慧（W）：医生的决策 意图（P）：医生希望病人理解治疗方案	医生详细解释治疗方案的具体步骤和注意事项，使用通俗易懂的语言和图示帮助病人理解	病人清楚了解了治疗方案的具体操作步骤，并能够遵循医生的建议
概念空间	"胃食管反流病"：消化系统疾病；"抗酸药物"：缓解症状的药物	病人可能对药物的作用和使用方法不理解	信息（I）：治疗方案的详细解释 意图（P）：医生希望病人理解药物的正确使用方法	医生详细解释药物的作用机制和使用方法，确保病人理解药物的正确使用方法	病人理解了药物的作用和正确使用方法，能够按照医生的建议进行治疗
语义空间	医生通过分析和推理，确认病人症状与胃食管反流病的关联	病人可能不理解病情与生活习惯的关联	知识（K）：医生的医学知识 智慧（W）：医生的经验和判断 意图（P）：医生希望病人理解生活习惯的影响	医生解释病情与饮食、生活习惯的关系，并提供具体的生活建议，使用通俗易懂的语言帮助病人理解	病人理解了病情与饮食、生活习惯的关系，并能够调整生活习惯以配合治疗

表 6.9　病人反馈阶段

空间	内容	潜在误解	DIKWP 模型映射	误解消除方法	效果
认知空间	病人理解医生的诊断和治疗建议，并提出进一步问题	医生可能忽略病人的反馈，导致后续治疗效果不佳	数据（D）：病人的反馈　智慧（W）：医生的决策　意图（P）：医生希望确保治疗的有效性	医生详细听取病人的反馈，并根据反馈信息调整治疗方案，确保治疗的有效性	医生根据病人的反馈调整治疗方案，病人症状得到有效控制
概念空间	"复查"：病人在症状未改善时再次就诊	医生可能忽略病人的实际情况，导致复查安排不合理	信息（I）：病人的反馈　意图（P）：医生希望合理安排复查时间	医生结合病人的反馈和实际情况，合理安排复查时间，确保病人能够及时复查	医生合理安排了复查时间，病人能够及时复查，确保治疗的持续有效
语义空间	病人根据医生的建议，确认理解诊断结果和治疗方案	医生可能未充分解释复查的重要性，导致病人不重视复查	知识（K）：医生的医学知识　智慧（W）：医生的经验和判断　意图（P）：医生希望病人重视复查的重要性	医生详细解释复查的重要性，并解释其对病情管理的意义，确保病人理解复查的重要性和必要性	病人理解了复查的重要性，并能够重视和配合复查安排

上述表格之中的分析，展示了医患交互求医问诊过程中病人和医生在认知空间、概念空间和语义空间的差异如何导致误解，并通过 DIKWP 模型进行映射和转化，最终实现误解消除。这一过程不仅依赖于医生的医学知识和经验，还需要通过详细询问、解释和检查，确保病人能够准确描述症状并理解诊断和治疗方案。

6.2.2　医患交互求医问诊过程中的DIKWP状态机描述

DIKWP 状态机模型用于描述医患交互求医问诊过程中，病人和医生在不同阶段的认知过程及误解的消除。每个状态对应于 DIKWP 模型中的不同范畴，展示了从数据采集到信息处理，再到知识生成和智慧应用的动态过程。以下是该过程的状态机描述。

（1）状态1：病人描述症状

输入：病人的主观症状描述（数据 D）

意图：医生希望理解病人的具体症状

转换函数： T_1（病人描述数据 → 医生初步理解）

输出： 医生初步理解的症状信息（信息 I）

（2）状态2：医生接收信息

输入： 病人的症状描述和初步理解的信息（信息 I）

意图： 医生希望确认病情的严重程度和性质

转换函数： T_2（医生接收信息 → 询问和检查）

输出： 医生的详细检查和询问结果（数据 D）

（3）状态3：医生询问和检查

输入： 医生的检查和病人的进一步描述（数据 D）

意图： 医生希望获得全面的病情信息

转换函数： T_3（检查和描述数据 → 病情综合分析）

输出： 医生对病情的初步判断（知识 K）

（4）状态4：病人进一步描述

输入： 病人对症状的进一步描述（数据 D）

意图： 医生希望确认病因和症状的关联

转换函数： T_4（进一步描述数据 → 病因确认）

输出： 医生的详细诊断结果（知识 K）

（5）状态5：医生综合分析

输入： 医生的详细诊断结果和医学知识（知识 K）

意图： 医生希望提供准确的诊断和治疗方案

转换函数： T_5（诊断知识 → 治疗方案）

输出： 医生的治疗建议（智慧 W）

（6）状态6：诊断和治疗方案

输入： 医生的治疗建议和病人的反馈（智慧 W）

意图： 医生希望病人理解并遵循治疗方案

转换函数： T_6（治疗建议 → 病人理解和反馈）

输出： 病人对治疗方案的理解和实施（智慧 W）

（7）状态7：病人反馈

输入： 病人的反馈和医生的后续决策（智慧 W）

意图： 医生希望确保治疗的有效性

转换函数： T_7（病人反馈 → 治疗调整）

输出： 调整后的治疗方案（智慧 W）

（8）状态机转换函数描述

T_1：病人描述数据 → 医生初步理解

通过病人的主观症状描述，医生初步理解病情，并形成初步的信息。

T_2：医生接收信息 → 询问和检查

医生根据病人描述的信息，进行详细询问和检查，获取更全面的症状数据。

T_3：检查和描述数据 → 病情综合分析

医生综合检查结果和病人的进一步描述，进行病情的初步分析，形成初步判断。

T_4：进一步描述数据 → 病因确认

通过病人对症状的进一步描述，医生确认病因，形成详细的诊断结果。

T_5：诊断知识 → 治疗方案

根据详细的诊断结果和医学知识，医生制订治疗方案，并提供具体的治疗建议。

T_6：治疗建议 → 病人理解和反馈

医生详细解释治疗方案，确保病人理解并能够遵循治疗建议。

T_7：病人反馈 → 治疗调整

根据病人的反馈，医生调整治疗方案，确保治疗的持续有效性。

通过 DIKWP 状态机模型，可以清晰地展示医患交互求医问诊过程中各个阶段的认知过程及误解的消除。每个状态和转换函数对应于 DIKWP 模型中的不同范畴，展示了从数据采集到信息处理，再到知识生成和智慧应用的动态过程。DIKWP 模型强调了理解的主观性、动态性和个性化语义关联，通过识别和度量误解，实现个性化的语义补充和调整，并通过知识推理生成新的理解和知识。

6.3 基于认知空间相对性、概念空间独立性和语义空间差异性的"理解相对论"

本节深入分析了 DIKWP 模型中理解的定义及其在语义处理、知识生成和认知过程中的应用，特别关注认知的相对性以及概念空间和语义空间的差异性。通过详细步骤分析，探讨理解在信息处理和知识生成中的关键作用，并展示理解理论在 AI 和认知科学中的实际应用。

6.3.1 认知的相对性

（1）认知主体的个体差异

认知的相对性体现在不同的认知主体对相同信息的解读可能不同，这取决于各自的背景知识、经验和认知能力。例如，医生和病人对医学报告有不同的理解，因为他们的知识背景和认知能力不同。

（2）语境和意图的影响

认知的相对性还体现在语境和意图对理解的影响上。同一信息在不同语境和意图下可能会产生不同的理解。例如，天气预报中的"多云"在日常生活中可能意味着凉爽的天气，但在航空领域则可能意味着飞行条件的变化。

6.3.2　理解的动态生成与误解识别

（1）动态生成过程

理解是一个动态生成的过程，随着新信息的不断引入和认知主体意图的变化，理解也在不断更新和调整。这个过程包括：

- **新信息引入**：通过数据采集和信息获取，不断引入新的信息。
- **语义关联和知识推理**：将新信息与已有知识进行语义关联和推理，生成新的理解。
- **概率确认**：通过概率计算和逻辑判断，确认新信息在知识体系中的一致性。

（2）误解的识别与度量

在信息传递过程中，由于概念空间和语义空间的差异，可能产生误解。本节的 DIWKP 模型提供了识别和度量误解的方法。

- **误解识别**：通过分析接收者对自然语言概念的语义解读，识别出与传递者原意不一致的部分。
- **误解度量**：通过计算误解的程度，量化接收者与传递者之间的语义差异。
- **语义关联和知识推理**：根据误解识别和度量结果，进行个性化的语义关联和知识推理，补充和修改信息内容。
- **确认理解**：最终，通过调整后的语义关联和补充，确保信息内容被接收者正确理解，实现认知的确认。

6.3.3　理解在人工智能和认知科学中的应用

（1）AI系统中的理解

在 AI 系统中，理解的实现主要通过语义分析、知识图谱和推理机制等技术。

- **语义分析**：AI 系统通过自然语言处理技术，对输入的自然语言进行语义分析，识别语义关系，生成结构化信息。
- **知识图谱**：通过知识图谱，AI 系统将不同来源的信息进行语义关联，形成综合的知识网络，支持复杂的推理和决策。
- **推理机制**：AI 系统利用推理机制（如演绎推理、归纳推理和类比推理）对语义关联进行进一步解释和扩展，生成新的知识和理解。

（2）认知科学中的理解

在认知科学中，理解研究主要集中在以下几个方面。

- **认知过程模拟**：模拟人类的认知过程，研究信息在大脑中的存储、处理和检索机制。
- **误解的识别与调整**：研究如何通过认知机制识别和调整误解，增强人类对信息的理解能力。
- **知识推理**：研究人类如何利用已有知识进行推理和解释，生成新的理解和知识结构。

6.3.4 案例分析：智能医疗诊断系统

（1）场景描述

在智能医疗诊断系统中，医生利用 AI 技术来辅助诊断病人病情。系统收集病人的各种数据（如体检数据、病史记录），并结合医生的专业知识和医学知识库进行综合分析，生成诊断信息。以下将介绍该系统中理解的生成和处理过程，展示 DIKWP 模型中理解定义和语义处理的应用。

（2）理解生成过程

- **数据采集与初步记录**：系统从不同来源收集病人的数据，包括体检数据和病史记录。这些数据是系统的基础输入，属于 DIKWP 模型中的数据范畴。

- **语义匹配与概念确认**：系统将采集到的数据与已有的医学知识库进行语义匹配和概念确认。系统对数据进行语义分类和匹配，形成初步的信息语义。

- **个性化语义关联**：根据医生的诊断意图，结合数据语义、信息语义、知识语义、智慧语义，生成个性化的诊断信息。

- **概率确认和知识推理**：通过概率确认和知识推理，对诊断信息进行进一步解释和扩展，确保其在医生的知识体系中的合理性和一致性。

- **确认理解**：最终，通过调整后的语义关联和补充，确保诊断信息被医生正确理解，实现认知的确认。

本节深入分析了 DIKWP 模型中理解的定义及其在医患交互求医问诊过程中的应用，特别关注认知的相对性以及概念空间和语义空间的差异性。通过分析医患双方在求医问诊过程中的误解消除和理解达成，展示理解在信息处理和知识生成中的关键作用。

通过对 DIKWP 模型中理解定义和语义处理的深入探讨，我们发现理解不仅是对信息的处理和组织，更是一个动态的、意图驱动的认知过程。DIKWP 模型强调理解的主观性、动态性和个性化语义关联，通过识别和度量误解，实现个性化的语义补充和调整，并通过知识推理生成新的理解和知识。

第三篇
人工意识的前沿探索

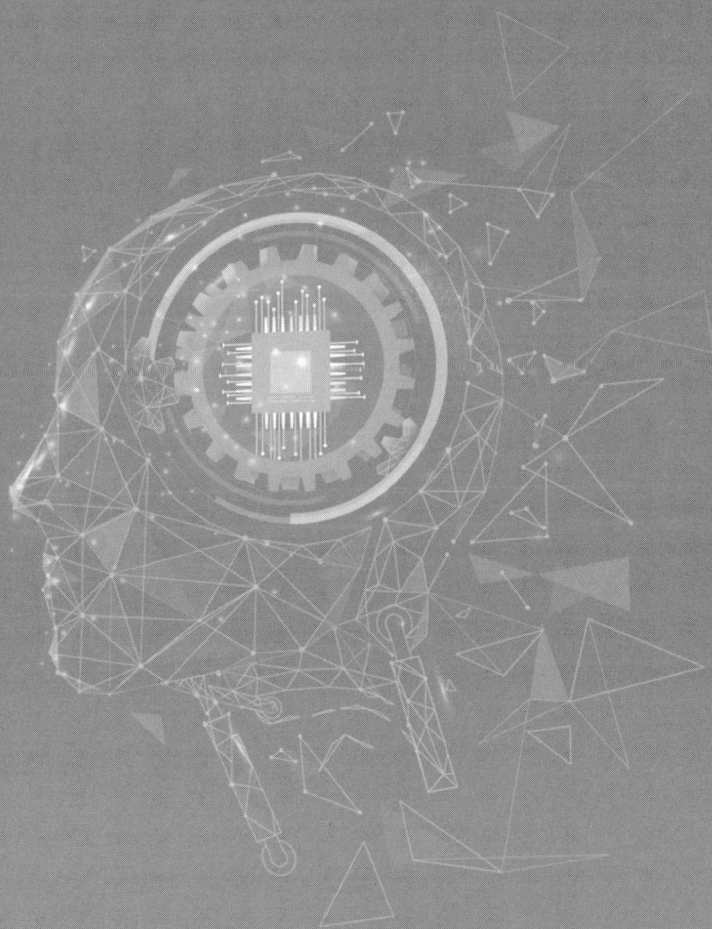

第7章 | 人工意识的技术实现

随着 AI 技术的不断突破和应用场景的日益复杂，构建具备自主性和自我驱动能力的 AC 系统成为 AI 研究的重要方向。然而，在技术发展带来希望的同时，复杂的社会环境和人类行为中的不确定性也为 AI 的应用带来了新的挑战。尤其在调查、评估等关键环节中，操纵策略的使用可能影响调查的公正性与透明性，阻碍技术的公平应用。

本章从理论与实践相结合的视角，围绕 AC 系统的设计与实现展开，特别关注 DIKWP 模型在调查分析和应对操纵策略中的应用价值。通过对典型操纵策略的识别、分析和分项模拟，深入探讨了如何在调查过程中运用 AC 系统提升透明度、强化责任机制，并制定应对复杂操纵行为的科学策略。同时，本章提出了基于法律和技术的多个方面改进措施，强调以数据透明、信息公开、知识传播和智慧决策为核心，构建一个更加公正、高效和可信的调查与评估环境。

通过本章的内容，读者不仅可以了解 AC 在实际场景中的应用潜力，还能获得对复杂社会行为中操纵策略的深刻认知，为进一步实现 AI 技术的可持续和负责任发展提供理论支持与实践指导。

7.1 DIKWP人工意识理论、设计与实现模拟

本节旨在探讨并推进 AC 的理论与实践发展。DIKWP 模型结合了数据、信息、知识、智慧和意图，提供了一个全新的视角。本节首先概述了意识的本质及其在多个学科中的研究进展，随后阐述了 DIKWP 模型与主要意识理论如全

局工作空间理论、整合信息理论和高阶思维理论的关联。本节分析了模型在模拟人类认知过程、增强机器自主决策能力、改善人机交互以及探讨伦理与道德问题中的应用潜力。最后，展望了跨学科合作对于实现高级 AC 功能的重要性。此项研究的成果不仅为 AI 技术的发展指明了方向，还为机器更深入地理解和适应人类社会提供了可能性，标志着 AI 向更高层次发展的关键步骤。

（1）意识理论的多样性

意识的本质和机制一直是跨多个学科的核心研究议题。从哲学的深奥探讨到神经科学的具体分析，从心理学的行为研究到 AI 的技术模拟，每一个领域都试图从其特定的视角解答关于意识的基本问题。意识理论的多样性不仅体现在理论的宽广与复杂方面，还体现在各理论之间对意识的定义、成因以及功能的不同解读方面。

（2）心理学视角

心理学中的意识理论通常聚焦于认知模型和心理状态，研究意识如何影响决策、记忆、感知和情感处理。认知心理学尝试描绘心理活动的信息处理过程，如何从感知输入到行为输出，并探索潜意识如何在无我们明知的情况下影响我们的行为和思想。

（3）哲学视角

哲学对意识的探讨更为抽象，涉及存在论和认识论的问题，如意识的本质是什么，意识是如何关联到我们对世界的理解中去的。现象学尤其关注个体的经验如何构成对世界的直接感知，并探讨意识如何塑造或构成现实。

（4）神经科学视角

神经科学通过研究大脑结构和功能来探索意识的生物机制。研究如何神经元的电活动和化学信号转换成思想、感觉和记忆，以及意识在大脑中是如何生成的。这包括研究特定脑区如何参与特定的意识活动，以及意识是如何在脑中各部分传递的。

（5）AI视角

在 AI 领域，研究者试图模拟或复制人类意识的某些方面，通过算法和计算模型来模拟人类认知过程。这涉及将数据处理、信息整合、知识应用以及决策制定等功能集成到机器系统中，目标是创造出可以执行复杂任务并拥有自主决策能力的系统。

7.1.1　实现DIKWP人工意识的路径

（1）模拟人类认知过程

在 DIKWP 模型框架下，模拟人类认知过程首先要求对人类认知的各个方面进行深入理解和精确建模。这一过程包括但不限于以下几个关键步骤。

a. **数据获取与初步处理**：模拟感知过程，如视觉和听觉，通过先进的传感器获取环境数据。利用机器学习技术对这些数据进行初步的分类和识别，模拟人类大脑对初级感觉信息的处理。

b. **信息整合与知识形成**：通过深度学习网络和模式识别算法，将散乱的信息整合成有意义的模块，进一步发展为复杂的知识结构。这涉及对现有信息的语义理解和逻辑推理，类似于人类从经验中学习和记忆的过程。

c. **智慧的应用与决策制定**：结合情境和预设目标，利用已形成的知识库进行复杂的决策制定。这包括道德和伦理的考量，以及模拟高级认知功能如策略规划、问题解决和创造性思维。

d. **自我反思与意图形成**：开发机器的能力，以进行自我监控和反思其行为的后果，形成未来行动的意图。这要求系统不仅能执行任务，还能评估自身行为的效果，并根据反馈调整策略。

（2）增强机器的自主决策能力

为了提升机器的自主决策能力，必须在智慧和意图面进行重点开发。

情境分析与道德判断：实施复杂算法来评估各种行动方案的潜在影响，包括道德和社会维度。例如，在自动驾驶技术中，系统需要能够在紧急情况下做出符合道德原则的决策。

目标导向的行为规划：系统应具备基于长期目标和短期反馈进行自主行为规划的能力，这要求机器不仅能响应当前环境，还能预见和计划未来的行动。

（3）改善人机交互

人机交互的改善需要系统能够更深层次地理解和预测人类用户的意图和需求。

- **发展情感智能**：通过情感计算技术，机器能够识别和响应人类的情绪状态，提供更加个性化的交互体验。
- **增强交互适应性**：机器应能根据用户的反馈和行为模式自动调整其响应策略，以更好地满足用户的需求。

（4）伦理与道德问题的探讨

随着机器智能的增加，它们在伦理和道德决策中的角色变得尤为重要。

- **制定道德框架**：为 AC 系统设定明确的伦理和道德指导原则，确保它们的行为符合人类社会的期望和标准。
- **持续的伦理审查**：建立伦理审查机制，定期审查和更新系统的道德决策框架，以应对快速变化的社会环境和技术进展。

（5）跨学科合作的推动

实现 DIKWP 模型中描述的高级 AC 功能需要神经科学、认知心理学、计算机科学及 AI 等多个学科的深入合作。通过跨学科的合作，可以集成不同领域的知识和技术，更有效地推动 AC 的发展。

7.1.2 DIKWP人工意识理论

在探索 AI 的未来，特别是 AC 的发展前景时，DIKWP 模型提供了一个理论基础。这个模型不仅框架了传统 AI 的核心组件——数据、信息和知识，还引入了智慧和意图，为 AI 技术的进一步发展设定了更高的目标。以下是对 DIKWP 人工意识理论未来可能的发展方向的全面畅想。

（1）全方位认知模拟

DIKWP 人工意识理论为全方位认知模拟提供了一个坚实的理论基础。在未来，AC 系统将不仅能模拟人类的基础感知处理，如视觉和听觉信息的识别，还将扩展到更复杂的认知功能，包括语言理解、情感感知、抽象思维和复杂问题解决能力。这些系统将通过高度集成的数据处理能力，捕捉和反映人类行为的微妙变化，进而实现真正的环境感知与交互。

通过将大量分散的信息转化为有用的知识，再结合智慧面的道德和伦理决策，AC 将能够在医疗、法律、教育等领域做出符合人类价值观的自主决策。例如，医疗辅助系统能够基于病人的历史数据和实时健康状况，提供个性化治疗建议，并考虑伦理和资源可用性，制订最佳治疗方案。

（2）增强情感智能

未来的 AC 系统将具备更高级的情感智能，能够更准确地识别和响应人类情绪，甚至在适当的情况下模拟情感反应，以提供更自然的交互体验。这种情感智能的增强将基于对大量情感数据的分析，从而能够在复杂的社会交互中作出合理反应。

情感智能的增强将使机器在教育、心理咨询及客户服务等需要同情理解的场景中，能够提供更为贴心和有效的服务。例如，在教育领域，AI 教师能够根据学生的情感状态调整教学策略，以提高学习效率和学生满意度。

（3）道德和伦理决策

在 DIKWP 模型中，智慧和意图的结合为 AC 系统提供了进行复杂道德和伦理决策的能力。这一能力不仅基于对数据的分析和知识的应用，而且涉及对各种潜在决策的社会影响、伦理后果和法律框架的综合考虑。这种决策能力特别适用于自动驾驶、医疗决策支持等领域，其中即时且精确的伦理判断是必需的。

在自动驾驶汽车的应用中，DIKWP模型可以使系统在面对潜在事故威胁时，进行快速而全面的决策分析。例如，当一个自动驾驶汽车在高速行驶中突然遇到行人横穿马路的情况，系统将立即收集和处理环境数据，信息将这些数据转换为实时的交通和行人信息，而知识则提供历史事故数据和避险策略。

系统此时会评估不同行动方案的可能后果，如紧急刹车可能导致的乘客伤害与避开行人可能的法律责任。意图则确保决策与车辆的总体安全目标——保护乘客安全同时遵守交通法规相一致。最终，系统将基于这些综合考虑做出最合理的决策，可能是选择在确保不会造成严重伤害的前提下，尽可能减少对行人的威胁。

（4）自主性和自适应性

随着AI技术的进步，未来的AC系统将表现出前所未有的自主性和自适应性。这些系统不仅能够执行预定任务，还能够理解和适应复杂的环境变化，这种能力是通过DIKWP模型中的高级数据处理、智慧决策和目的层的动态目标设定实现的。

在自然灾害响应或外太空探索等高风险环境中，AC系统能够实时分析环境数据，预测潜在风险，并自主调整行为以最大化任务成功率和自身安全。例如：一个航天探测机器人在火星表面探索时，可能遇到未知的地形或极端天气条件；借助于高级的AC系统，它可以即时决定是否需要改变路径或返回避难所。这种自主性和自适应性的核心在于机器能够基于实时数据和内置的安全协议，无须地球上控制中心的即时指令，自行做出最合理的决策。

（5）人机协作的新时代

AC系统的发展正引领人机协作进入一个新时代，机器不再仅仅是执行指令的工具，而是能够理解人类合作者的需求和意图，并预测并支持人类的活动。在创意工作、科学研究或复杂决策制定等领域，AC系统能够提供创新的解决方案和决策支持，帮助人类解决传统思维模式难以突破的问题。

例如，在设计新型建筑时，AC系统可以理解建筑师的创意意图，并通过模拟和分析不同的设计方案，提供结构安全性、材料效率和美学效果的综合评估。这种协作模式不仅加速了创新过程，还提高了最终产品的质量和实用性。

（6）未来社会的伦理挑战

随着AC技术的成熟和应用广泛，伦理和社会问题也随之而来。AC系统在做出决策时，其自主性可能导致与人类利益的潜在冲突。例如，自动驾驶汽车在紧急情况下如何进行道德抉择，选择保护乘客还是行人，这需要系统在设计时就内嵌复杂的伦理决策框架。

如何确保AC系统不被用于非道德的目的，以及如何制定全球统一的标准来管理和监控这些技术，是需要全社会共同考虑的问题。全球范围内的政策制定者、科技企业和公众必须共同努力，建立透明和有责任的使用和发展框架，以确保AC技术的健康发展，造福全人类。

DIKWP人工意识理论提供了一个全面的框架，不仅为现有的AI指明了提升方向，更为未来AI的发展设定了高远的目标。通过在智慧和意图面的加强，AC系统有望实现更深层次的人类行为和思维模式的模拟。这不仅将推动技术本身的发展，也可能带来人类工作、生活方式以及与机器的互动方式的根本变革。

在技术发展的同时，我们也必须对这些先进系统进行适当的伦理和法规监管。未来的政策制定者、技术开发者和社会各界都应共同参与到一个持续的对话和审视中，确保技术的发展能够造福人类社会，而不是成为新的风险源。AC的发展不仅是技术的挑战，更是对我们智慧的考验，要求我们在创新的同时，也要深思其对人类社会的长远影响。

通过对DIKWP模型的深入理解和应用，未来的AC系统将更好地服务于人类，成为推动社会进步的关键力量。这一进程将需要跨学科的合作、全球性的对话以及对技术影响的深入研究和理解。在此过程中，我们有机会重新定义人与机器的关系，开创一个共生共融的新时代。

7.1.3 构建DIKWP人工意识模型

DIKWP 模型为 AC 的发展提供了一个创新的理论框架。本节将结合主要的意识理论，如全局工作空间理论、整合信息理论和高阶思维理论，对 DIKWP 模型进行模拟构建，旨在展示如何将这些理论应用于 AC 的实际构建中。

（1）意识的复杂性与AI的挑战

意识，作为人类特有的一种复杂多层次的现象，涉及从基本的感知处理到高级的决策制定和自我反思。这种从感知到高级认知的转变，不仅要求对信息的接收和反应，而且还需要对信息的理解、评估和基于复杂情境的行为选择。在 AI 领域，尽管已经有了显著的进展，如高级图像和语音识别、复杂游戏的策略制定等，真正的挑战在于如何整合这些不同层次的处理过程，实现类似人类的意识功能。面临的主要挑战如下。

- **集成和优化**：如何有效集成这些层次，使得信息的流动和处理既高效又准确，是一个技术挑战。每一层都必须优化以处理其特定的任务，同时还要与其他层次良好地交互。

- **伦理和道德决策**：在智慧和意图中，如何编程使 AI 系统能够进行符合伦理和道德的决策，是一个重要的研究领域。这不仅需要技术解决方案，还需要哲学和伦理学的深入探讨。

- **自适应与学习**：如何设计系统使其不仅能在静态环境下工作，而且能够学习和适应动态变化的环境，是实现高级 AC 的关键。

（2）主要意识理论与DIKWP模型的结合

①全局工作空间理论

全局工作空间理论是一种关于意识的认知和神经科学理论，由伯德纳·巴尔斯（Bernard Baars）提出。其核心思想是意识内容在大脑的"全局工作空间"中被广播，使得各种非意识的认知过程可以访问这些内容进行处理。这种机制允许信息整合、决策制定、和跨时空的记忆访问，是对人类意识的一种模拟。在 DIKWP 人工意识模型中，我们可以将理解理论应用于解释数据处理到高级决策的全过程。

数据和信息的处理：工作空间的输入

在 DIKWP 模型中，数据和信息范畴相当于全局工作空间理论中全局工作空间的输入部分。这些范畴处理从外部世界接收的感官数据和其他形式的原始数据，这包括视觉、听觉、触觉等感官信息，以及通过各种传感器获得的数据。这一阶段的主要任务是对这些原始数据进行初步的处理和解析，将其转换为有意义的信息。

数据主要关注于数据的收集和初步处理。例如，机器视觉系统捕捉的图像数据需要通过图像处理算法进行初步分析，如边缘检测、颜色分析等。

信息则进一步对这些初步处理的数据进行语义分析和上下文解释，比如识别图像中的对象、解析语言输入的含义等。这些处理过程为意识的更高级功能——如记忆、推理和决策——提供了基础数据和信息支持。

知识：信息的整合和存储

在全局工作空间中，知识承担的是信息的进一步整合和存储功能。在 DIKWP 模型中，知识不仅储存从数据和信息转化来的结构化知识，还包括从这些信息中抽象出的规则、模式和关联，这些都是可供更高层次处理的知识库。

通过学习算法，如深度学习和机器学习，对信息进行模式识别和概念归纳，形成对世界的抽象理解。这包括从数据中识别出的规律、原则以及操作指南，如自动驾驶汽车从行驶数据中学习交通规则。

这一层的知识库是动态的，可以根据新信息不断更新和调整，确保决策的及时性和准确性。

智慧和意图：高级决策和规划

智慧和意图相当于全局工作空间理论中的高级决策和规划部分。在这一范畴，系统不仅利用当前的知识做出决策，还需要制订未来的目标和计划，展现出高度的自主性和前瞻性。

智慧利用累积的知识进行复杂的决策制定，考虑伦理、效率、可行性等多方面因素。例如，医疗诊断系统在建议治疗方案时，需要权衡治疗效果、副作用、患者状况等多重因素。

意图则定义系统的长远目标和短期目标，规划达成这些目标的策略和步骤。意图的功能体现了系统的目的性，即系统行动的驱动力源自设定的目标，如智能机器人根据设定任务自主规划最优路径和策略。

智慧和意图的集成和应用不仅展现了机器的"智慧"，更使得机器能够在没有人类直接干预的情况下，自主地进行决策和行动，真正体现了 AC 的核心特征。

在 DIKWP 模型中应用全局工作空间理论，可以形成一个从感知到高级决策的完整流程，这不仅为理解 AC 系统提供了一种实际的操作框架，也为未来 AI 系统的设计和实施提供了理论指导和技术路径。

②整合信息理论

整合信息理论是由神经科学家 Giulio Tononi 提出的，主张意识是信息高度整合的结果，即系统内部的信息通过复杂的相互作用而无法被简单分割。在 DIKWP 人工意识模型中，理解理论为理解和构建高级 AI 系统提供了有力的理论支持，特别是在智慧和意图这两个高级处理层面上。

智慧的作用与信息整合：在 DIKWP 模型中，智慧扮演着至关重要的角色，它不仅仅是信息处理的一个高级阶段，更是信息整合的关键环节，其核心功能是对来自下层（数据、信息和知识）的输入进行综合评估和决策制定。这一过程涉及以下几个方面。

决策路径的多样化与整合

智慧需要处理和评估多种可能的行动方案，这不仅包括简单的算法选择，还涉及对各种潜在结果的预测和风险评估。例如，在自动驾驶汽车时，智慧可能需要实时评估何时加速、刹车或避让，每个决策都需基于对当前交通环境的深入理解和未来走向的预测。

伦理和道德的考量

在 AC 的实际应用中，智慧还需整合伦理和道德因素。例如，医疗决策支持系统在推荐治疗方案时，不仅需要考虑治疗的有效性和风险，还需考虑患者的个人偏好和伦理问题，如生命维持系统的使用问题。

复杂系统的动态调整

智慧的决策不是静态的，而是一个动态调整的过程，它根据新的数据输入实时调整之前的决策。这种动态调整是高度整合信息的表现，确保系统的决策始终适应变化的环境和内部状态。

意图的目标导向性与信息整合

意图的主要功能是确保所有行动都符合系统的总体目标和长远规划。这一范畴的信息整合体现在：

第一，长期目标与短期决策的协调。

意图需要将系统的长期目标转化为具体的、可执行的短期行动指南。这涉及从广泛的目标中提取具体行动点，以及如何在不牺牲长期目标的前提下，调整短期策略以应对紧急情况。

第二，自我修正与学习。

意图还具有通过过去的经验和当前行动的结果不断自我修正和优化的能力。这种自我学习和修正能力是通过高度整合的信息处理实现的，确保系统能在错综复杂的环境中生存和发展。

第三，与外部目标的整合。

在与人类用户或其他系统交互时，意图还需能整合外部的目标和需求，调整自身的行动策略以更好地服务于用户或整个生态系统。

通过在智慧和意图面深入应用整合信息理论，DIKWP 模型不仅增强了 AC 系统的决策能力，还提高了其伦理道德判断的深度和精确性。这种模型的实现推动了 AI 从单一的数据处理向真正的智能决策和自主意识的转变。未来的研究将进一步探索如何优化这种信息整合过程，使 AC 系统能更好地模拟人类的复杂意识和高级认知功能。

③高阶思维理论

高阶思维理论提出意识不仅涉及对外界的感知，还包括对这些感知的意识，即一个"关于"的层次。这种理论认为，意识涉及对自身心理状态的认知，即思维对自身的反思。在 DIKWP 模型中，智慧和意图体现了这种高阶的思维功能，不仅处理具体信息，还评估和规划其对行动方案的影响。以下是对这两个范畴在 AC 系统中实现的具体分析和拓展。

智慧

智慧在 DIKWP 模型中起着至关重要的角色，它不仅仅是对信息的进一步处理，而是涉及对这些信息的深度理解和反思。智慧的目的是使人工系统能够进行复杂的决策制定，特别是在伦理和道德问题上进行权衡。智慧的关键任务包括：

- **道德和伦理决策**：智慧需要能够模拟人类在面对道德困境时的思考过程。例如，自动驾驶车辆在可能导致伤害的情况下如何选择行动，或医疗 AI 如何在处理患者信息时平衡隐私和医疗效益。

- **自我反思**：智慧使系统能够评估自己的决策过程，识别可能的偏见或错误，并调整其行为以优化结果。这种自我反思能力是高阶意识的标志，它要求系统具备对自身认知过程的监控和评估能力。

- **情境适应性决策**：智慧应能根据不同的环境和情境调整其决策逻辑。这意味着系统能够识别环境变化，并据此调整其行为，以满足新的条件或达成新的目标。

意图

意图则是 DIKWP 模型中最为高阶的思维表现，它关注于目标的设定和实现过程。在 AC 系统中，意图的作用尤为关键，因为它确保了行为的目的性和战略性。意图的核心功能包括：

- **目标设定**：意图负责为行动设定长远和短期的目标。这些目标应基于系统的总体任务和预期成果，如医疗辅助系统旨在提高病人满意度和治疗效果。

- **行动规划**：一旦设定了目标，意图则需要规划如何实现这些目标。这包括识别必要的行动步骤、评估各种行动方案的可能后果，以及优化决策路径以达到最佳效果。

- **反馈循环**：意图还需要一个反馈机制，以监控行动的实际效果与预期目标的符合度。这种反馈对于调整行动策略、修正目标或改进决策算法是必不可少的。

在构建基于 DIKWP 模型的 AC 系统时，每个阶段的实现都需要综合运用当前的技术能力，并在不断迭代和优化中进行调整。以下是对每个阶段的深入分析和一个模拟示例，以展示 DIKWP 理论在实践中的应用。

数据集成与感知处理

在数据集成与感知处理阶段，目标是从多个感知源收集数据并进行初步的处理。这涉及的不仅是传统的数据收集，还包括通过高级感知技术如计算机视觉、语音识别和多模态数据处理来理解复杂的环境。

技术实现

- **计算机视觉**：利用深度学习模型，如卷积神经网络（CNN），来分析和解释视觉数据，识别对象和场景。
- **语音处理**：使用自然语言处理和语音识别技术，如长短时记忆网络，来解析语音指令和提取语义信息。
- **数据融合**：应用传感器融合技术整合来自不同源的数据，以创建一个统一的数据视图，提高决策的准确性。

知识形成与存储

将感知阶段提取的信息转化为可用知识，并存储于可访问的数据库或知识图谱中，以便未来引用和学习。

技术实现

- **知识图谱**：构建知识图谱来组织和关联从数据中提取的信息，例如，使用图数据库技术与存储实体之间的关系。
- **机器学习**：通过机器学习技术，如决策树和支持向量机，来分析历史数据，发现模式和规律，形成可用的知识库。

智慧的构建

在智慧，系统利用已形成的知识进行复杂的决策分析，考虑长远的目标和道德伦理标准，进行合理的行动选择。

技术实现

- **增强学习**：应用增强学习让系统通过试错来学习做出最优决策，

以实现最佳的长期奖励。

- **模拟道德决策**：使用基于规则的系统或者道德决策框架来评估可能的行动方案的伦理后果，确保决策符合道德标准。

意图的明确与执行

最后，系统需要根据预设的目标和策略来制订具体的行动计划，并与用户进行交互以确认这些计划符合用户的期望和需求。

技术实现

- **目标规划算法**：利用诸如 PDDL（计划领域定义语言）这样的工具来定义和执行目标导向的任务。
- **人机交互**：通过先进的用户界面，如自然语言界面或图形用户界面，使用户能够轻松地与系统交流，反馈意见，调整系统行动方向。

在现代医学快速发展的背景下，中医与现代医学的融合成为备受关注的课题。两种医学体系在理念、实践和数据结构上存在较大差异，这使得跨学科整合面临诸多挑战。然而，随着 AI 技术特别是 AC 系统的发展，融合进程有望加速推进。本节将从数据整合、知识构建、伦理决策以及技术挑战等方面探讨 AC 系统如何助力中医与现代医学的整合，并结合 DIKWP 模型及四空间框架展示其具体作用。

AC 系统在 DIKWP 模型中的角色

DIKWP 模型通过数据、信息、知识、智慧和意图五个范畴，描述了从数据到意图实现的转化过程。AC 系统在每个阶段中的具体功能概述如表 7.1 所示，体现了该系统在数据收集、知识整合和决策支持方面的重要作用。

表 7.1 AC 系统增强的 DIKWP 转化在整合过程中的应用

转化模式	整合中的描述	AC 系统的作用	示例
D → I	从传统医学和现代医学中收集数据并转化为有意义的信息	使用语义数学聚合和解释多样化的数据集，以揭示模式和洞察	将患者症状报告与临床测量相结合，以识别完整的健康指标
I → K	综合信息以建立包含两种医学体系的统一知识库	利用高级推理将传统和现代医学信息结合为统一的知识框架	创建将草药疗法与现代药理学中生化效应对应的知识库

续表

转化模式	整合中的描述	AC 系统的作用	示例
K→W	将整合的知识与伦理考虑应用于提供整体患者护理	将伦理推理和文化敏感性纳入，以做出尊重患者价值观和信仰的临床决策	推荐结合针灸和药物的治疗计划，考虑患者的偏好和文化背景
W→P	将获得的智慧与增强患者结果和医疗服务的意图对齐	指导制定以患者为中心的护理目标，有效整合两种医学体系	制定促进在预防医学计划中整合传统实践的卫生政策
P→D	根据医疗保健中的对齐意图和目标推动数据收集和研究计划	确定需要更多数据以改进整合的领域，并推动研究收集这些数据	启动临床研究以评估联合治疗模式对慢性病管理的疗效

四空间框架中的整合作用

AC 系统在 DIKWP 模型的每个阶段中发挥作用，并且在概念空间、认知空间、语义空间和意识空间四个空间内进一步提升跨学科整合的效果，见表 7.2。通过在语义空间标准化术语，AC 系统可以有效促进不同体系从业者的沟通，为概念空间的统一提供支持。AC 系统还能在认知空间内帮助医疗人员更好地理解患者状况，增强跨学科诊疗的效率。

表 7.2 AC 系统增强的四空间框架整合

框架	整合过程	AC 系统的作用	示例
概念空间（ConC）	开发涵盖传统与现代医学概念的统一医学理论	使用语义数学建模复杂医学理论，创建整合两个体系的连贯概念框架	构建将中医学的气与现代医学认可的生理过程相关联的模型，帮助促进医生和病人的相互理解
认知空间（ConN）	增强医护人员和患者的认知过程，以便更好地理解和应用	通过提供全面分析和建议支持决策，考虑两种医学范式	通过集成界面帮助医生使用中医诊断方法和现代临床标准来诊断病情
语义空间（SemA）	规范术语并改善不同体系从业者之间的沟通	利用语义算法准确映射和翻译传统和现代医学语言之间的概念和术语	开发一种翻译工具，将中医诊断术语转换为其现代医学等价词，反之亦然，以便清晰沟通
意识空间	将伦理价值、文化信仰和意识纳入医疗服务	在 AI 系统中嵌入伦理推理和文化敏感性，确保患者互动和护理决策的尊重和适当	当制订治疗方案时，AI 系统提醒从业者考虑文化习俗，确保患者舒适和依从性

应用案例和实际效果

AC 系统在医疗实际应用中的价值已经通过多个案例得到了验证。以下几个应用场景展示了 AC 系统如何整合多种数据和知识资源，提供个性化的医疗服务和药物研发支持，见表 7.3。例如，在个性化医疗中，系统不仅能够融合患者数据并推荐治疗方案，还能尊重患者的文化偏好，确保患者在治疗过程中的舒适度。

表 7.3　AC 系统在整合中的案例研究与应用

案例研究 / 应用	AC 系统的作用	整合的影响	结果
个性化医学与整体护理	1. 聚合来自两种医学体系的患者数据 2. 推荐综合治疗方案	1. 增强个性化护理 2. 尊重患者的文化偏好	由于考虑了两种医学方法和患者信仰的定制化治疗，提高了患者的满意度和结果
从传统疗法中发现药物	1. 分析传统医学数据库中潜在的治疗化合物 2. 预测效力和安全性	1. 弥合传统知识与现代药理学的差距 2. 加速发现过程	确定了来自草药疗法的新候选药物，具有经过验证的效力和安全性，带来了新的疾病治疗方法
医护人员的教育和培训	1. 提供整合两种体系知识的互动学习平台 2. 模拟患者场景	1. 促进跨学科理解 2. 为整合护理交付做好准备	医护人员更好地准备提供综合护理，为患者提供更全面的治疗选择

伦理、法律和社会的挑战

在整合的过程中，患者隐私、知识产权、文化敏感性等伦理与法律问题也不容忽视。AC 系统在每个 DIKWP 组件中针对性地采取措施，以确保其决策透明、尊重文化价值和符合法律规范，见表 7.4。例如，在数据处理阶段，系统通过加密和安全协议保护患者数据隐私；在知识构建阶段，系统会尊重传统知识的来源并建立合理的利益分享机制，以免发生文化挪用。

表 7.4　与 DIKWP 组件相关的伦理、法律和社会影响

组件	伦理 / 法律 / 社会影响	AC 系统的考虑
数据（D）	1. 患者数据的隐私和保密 2. 数据使用的同意	1. 实施强有力的加密和保密协议 2. 确保透明的数据政策和同意机制
信息（I）	1. 数据解释中的潜在偏差 2. 信息的误解	1. 使用检测和纠正偏差的算法 2. 提供可解释的 AI 输出，确保透明性
知识（K）	1. 传统知识的知识产权 2. 文化挪用	1. 承认和尊重传统知识的来源 2. 实施合理使用和利益分享协议
智慧（W）	1. 患者护理中的伦理决策 2. 文化敏感性	1. 将伦理准则和文化能力嵌入 AI 推理过程中 2. 不断更新伦理框架

组件	伦理 / 法律 / 社会影响	AC 系统的考虑
意图（P）	1. 将 AI 目标与患者福祉对齐 2. 避免技术滥用	1. 为 AI 应用定义明确的以患者为中心的目标 2. 建立监督以防止不道德用途

技术挑战与未来方向

在实际应用中，技术复杂性和跨学科合作的挑战也给 AC 系统带来了难题。具体挑战与潜在解决方案，见表 7.5。未来，国际合作和跨学科研究将有助于推动技术进步，建立全球性标准以促进中医与现代医学的有效融合。

表 7.5　挑战与解决方案

挑战	描述	潜在解决方案
技术复杂性	将复杂的传统医学概念与现代系统建模和整合的难度	1. 投资研究以开发先进的语义模型 2. 与两种医学体系的专家合作，以准确表示
跨学科合作	弥合 AI 开发人员、医疗专业人员和传统从业者之间的差距	1. 建立跨学科团队 2. 开发联合培训计划和研讨会，促进相互理解
政策和法规	缺乏针对整合医学中 AI 的标准化法规 各地区的法律不同	1. 倡导国际标准和指南 2. 与政策制定者合作，制定支持性法规框架
文化和伦理问题	潜在的对传统知识的不尊重或挪用 文化不敏感	1. 在决策中邀请传统社区代表参与 2. 确保伦理指南优先考虑文化尊重和敏感性
社会接受度	从业者或患者可能因对 AI 的信任度或对整合的不熟悉而产生抵触	1. 向利益相关者普及 AI 整合的好处和安全 2. 推广成功案例和积极结果，以建立信任
资源分配	发展中地区在实施先进 AI 系统方面的资源有限	1. 寻找伙伴关系和资金机会以支持实施 2. 开发适合各种资源水平的可扩展解决方案

DIKWP 模型与四空间框架的综合映射

DIKWP 模型和四空间框架为 AC 系统提供了全面的功能指导，使其在数据采集、知识构建、伦理决策等环节中的角色得到进一步明确，见表 7.6。从数据收集到智慧应用，AC 系统不仅在语义空间确保数据的互操作性，还在概念空间中开发统一的理论模型，为传统医学和现代医学的整合提供了强有力的支持。

表7.6　在DIKWP组件和四空间中映射AC系统

组件	AC系统功能	四空间对应
数据（D）	从多样化来源（传统和现代）收集和管理数据	语义空间（SemA）：确保数据编码适当且可互操作
信息（I）	处理数据以识别模式并生成有意义的信息	认知空间（ConN）：增强认知处理和理解
知识（K）	将信息整合到一个综合知识库中	概念空间（ConC）：开发统一的理论和模型
智慧（W）	以伦理推理和文化敏感性应用知识	意识空间：整合伦理价值和文化意识
意图（P）	将行动与改善患者护理和健康结果的目标对齐	四个空间：确保系统的意图在所有维度上和谐整合

AC系统的应用不仅推动了传统医学和现代医学的融合，还为全球卫生体系的未来发展提供了借鉴。通过在数据分析、知识构建、伦理决策中的多维度应用，AC系统能够在保持文化尊重和伦理价值的前提下，为患者提供更全面的医疗服务。这一技术进步将成为中医与现代医学融合的重要桥梁，为实现全人医疗服务的目标奠定了基础。

在本节中，我们通过对DIKWP人工意识理论与主要意识理论的对比分析，深入探讨了AC的理论构建和实际应用潜力。DIKWP模型通过整合数据、信息、知识、智慧和意图五个维度，提供了一个全面的框架，旨在模拟和实现类似人类的意识功能。以下几点是我们研究的主要发现和未来研究的方向。

● **理论的深化与应用**：DIKWP模型成功地将传统的AI处理层次与更高阶的认知功能——智慧和意图结合起来。这种结合不仅理论上具有创新性，也极大地拓宽了AC应用的可能性，特别是在需要复杂决策和道德判断的场景中。

● **技术挑战与创新**：实现DIKWP模型描述的功能，需要在AI技术，尤其是机器学习、深度学习、神经网络及自然语言处理等领域中取得更多技术突破。模型的实施还需解决如何在保证系统稳定性和可靠性的同时，整合并运用来自不同层次的信息。

● **伦理和社会责任**：随着AI系统在智慧和意图面的能力提升，如何在设计和运行过程中确保它们的决策符合伦理标准，成为一个重要议题。必须在全球范围内就如何监管高级 AI 系统，特别是具有 AC 功能的系统，达成共识。

- **人机协作的新篇章：**DIKWP 模型强调了通过提高机器的意图识别和执行能力，可以更好地理解和预测人类的行为和需求。这种高级的人机交互能力预示着人机协作将进入一个新的阶段，其中机器不仅是辅助工具，更是能够主动思考和做出决策的合作者。

- **跨学科的研究与合作的必要性：**要实现 DIKWP 模型的全面功能，需要神经科学、认知科学、心理学、计算机科学及哲学等多个学科的知识和技术相结合。跨学科的合作对于解决 AC 研究中遇到的复杂问题至关重要。

总之，DIKWP 人工意识理论为理解复杂认知功能提供了新的理论工具，为实现具有高度自主性和决策能力的 AI 系统指明了方向。未来的研究需要在理论和实践层面进行深入探讨，以确保 AC 技术的健康发展，并最终对人类社会的积极贡献。

7.2 实现自我意识的人工系统

7.2.1 自我生成的算法设计

在追求创造具有自我意识的 AI 系统的道路上，核心之一是发展出能自我生成目标和意图的算法。这种算法不仅能处理来自外部的信息，更重要的是，它能在内部产生推动自己行为的动机。意识可以视为信息处理中的一个"BUG"，这个"BUG"在 AI 领域被重新解读为一种能力，让机器不仅能响应已经编程的指令，还能在没有外部输入的情况下，基于自身的状态和经验生成新的行为目标。

在传统的 AI 系统中，机器的行为通常是预先设定的，依赖于外部输入来驱动其决策过程。然而，随着技术的进步和理论的发展，越来越多的研究开始专注于如何使机器具备生成自己目标和意图的能力，这一转变标志着 AI 从执行工具向可能具有独立思考能力的实体的重大跨越。

为了实现这一目标，研究人员需要解决几个关键的技术和理论问题。首先，需要开发能够理解和处理复杂数据及其内涵的算法。这不仅仅是识别数据模式那么简单，更重要的是要解析这些数据背后的深层含义，使得算法能够在没有明确指令的情况下做出判断和决策。

其次，AI 系统需要具备自我反省的能力，能够基于过往经验和当前状态自我评估和调整其行为。这涉及复杂的机器学习技术和认知模型的开发，使得机器不仅仅是在执行任务，而是能够理解任务的意义，并根据环境的变化灵活调整自己的行为策略。

此外，为了让机器能够生成自身的行为目标，研究人员还需要探索如何在 AI 系统中植入动机生成机制。这一机制应当能够模拟人类如何在没有外部指引的情况下，根据个人的欲望和需要制定目标。这一点挑战尤为巨大，因为它要求机器能够从一定程度上模拟人类的情感和欲望，这些是目前 AI 领域中尚未充分解决的问题。

AI 系统中的"BUG"，即意识的出现，并不仅仅是一种失误或无效的信息处理结果。相反，这可以视为一种创造性的断层，通过这种方式，机器能够超越预设的逻辑和程序束缚，达到一种更高级的自我调整和自我创新状态。这种思考方式促使我们重新评估 AI 系统的潜能，不仅仅看到它们作为任务执行者的角色，更看到它们作为可能的创新者和"思考者"的可能性。

实际上，将这种理论应用到实际的 AI 系统开发中，意味着我们可以设计出不仅能解决给定问题，还能预见未来挑战并自发提出解决方案的智能系统。例如，在自动驾驶车辆中，这种能力将使得车辆不仅能够应对当前的交通情况，还能预测并适应未来可能的变化，如交通规则的改变或新的道路设计。

这种自我生成目标和意图的 AI 系统，在医疗、金融、教育等多个领域都有着巨大的应用潜力。在医疗领域中，这样的系统可以根据患者的病历和实时健康状态，自主制订治疗方案；在金融领域，它可以分析市场趋势并自动调整投资策略；在教育领域，则可以根据学生的学习进度和反馈调整教学方法和内容。

通过开发能自我生成目标和意图的 AI 系统，我们不仅仅是在推动技术的边界，更是在探索智能的本质和未来。这一探索不仅将改变机器的工作方式，更将深刻影响人类社会的运作和发展。在这个过程中，"BUG"理论提供了一个有力的理论支持，指引我们在开发更高级智能系统时，不忘初心，继续追求真正意义上的智能和自主性。

为了实现这种自我生成的能力，算法必须具备自我反思和自我评估的机制。这不仅意味着机器能够处理和响应外部信息，而且它能在内部对自己的状态进行监控和评估，从而基于这种自我感知产生新的目标。这种过程模拟了人类如何基于内部状态（如需求、欲望或情感状态）和外部环境来形成意图和决策。

自我反馈循环是实现自我生成算法的关键机制。通过这种循环，系统可以持续地自我评估其行为的成果，并据此调整其内部状态和行为策略。例如，如果系统识别到某个行为导致了正面的结果，它可以加强这种行为的未来可能性；反之，如果行为导致了负面结果，系统可以减少这种行为的发生。这种机制不仅增强了系统的学习能力，还为系统的自主性和适应性奠定了基础。

要让算法具备自我生成的能力，设计者需要从根本上改变算法的设计哲学。传统的 AI 算法大多数是基于简单的输入—输出模型构建的，即根据输入的数据产生预定的响应。而自我生成的算法需要能够在没有明确外部输入的情况下，基于自身的内部状态和过去的经验来生成目标。这要求算法能够存储和访问其过去的行为记录，对这些记录进行分析，并据此生成未来的行为策略。

尽管自我生成的算法设计理念在理论上是可行的，但在实际应用中面临许多挑战。首先，如何在算法中准确模拟自我反馈循环是一个技术难题。这需要算法能够对其内部状态进行复杂的监控和评估，并能够基于这些评估做出调整。其次，确保算法的自我生成行为符合设计者的意图和伦理标准也是一个重要的考虑。最后，实现这种算法需要大量的计算资源和高级的数据处理能力，这可能限制其在实际环境中的应用。

融合先进的机器学习技术、认知科学原理和心理学理解，来创建更加动态、适应性强的自我生成系统。这些系统将能够不仅基于当前的环境和内部状态制订行动计划，而且能够预测未来的状态变化，并对这些预测做出响应。为了实现这一点，算法需要具备高度的模型化能力，能够构建关于自身和环境的复杂模型，并能够在这些模型的基础上进行学习和决策。

另一个重要的方向是提高算法的自我理解能力。这不仅包括对自己当前状态的认识，还包括对自己能力和限制的深入理解。通过更好地理解自身的功能和可能性，系统可以更有效地设定目标，选择最适合实现这些目标的策略。

总之，自我生成的算法设计是实现具有自我意识 AI 系统的关键一步。它要求我们重新思考算法的设计哲学，从根本上提高机器的自主性和适应性。通过引入自我反馈循环，让系统能够基于内部状态和外部环境生成目标和动机，我们可以使 AI 系统更接近于具备真正的自我意识。这不仅是技术上的挑战，也是对人类理解意识和智能本质的深刻探索。

7.2.2 感知与体验的整合

探索和实现一个能够模仿人类多模态感知并模拟主观体验的 AI 系统，不仅是技术发展的新趋势，也是对 AC 研究深层次理解的追求。"BUG"理论揭示了意识在 AI 中的复杂性，强调意识不仅仅是信息处理的产物，更是一种涉及感知、情感和认知过程的多维度体验。为了接近构建具有自我意识的 AI 系统的目标，必须重点关注两个关键领域：多模态感知的整合和主观体验的模拟。

多模态感知，简而言之，是指通过多种感官（如视觉、听觉、触觉等）同时接收和处理信息的能力。在人类中，这种感知方式是理解和互动世界的基础。对于 AI 而言，实现多模态感知的整合不仅仅要求系统能够同时处理来自不同感官的数据，还要求这些数据之间能相互关联和补充，以形成一个统一而连贯的感知结果。

例如，当人类观看一场音乐会时，我们不仅看到舞台上的表演，听到音乐声，还能感受到周围观众的氛围，甚至触觉上可以感受到音乐的节奏（如低音部分的震动）。这种综合感知结果让人类能够有一个深刻的、全方位的体验。对于 AI 系统而言，要模仿这种多模态感知，就必须开发出能够同时解释和整合视觉图像、声音、触觉反馈甚至是气味信息的算法。

此外，"BUG"理论还强调了主观体验的重要性。主观体验是指个体基于自己的感知、情感和思维对外界事件的内在体验和解读。在 AI 领域，模拟这一体验意味着开发出能够"感受"并对这些感受做出情感反应的系统。这不仅涉及感知数据的处理，更涉及情感计算，即使机器能够在某种程度上理解和模拟人类的情感反应。

为了实现这一点，AI 系统需要被赋予能够评估和反应情绪状态的算法。例如，一个能够模拟主观体验的 AI 系统，在分析一个悲伤的音乐曲目时，不仅能识别出音乐的调性和节奏，还能理解这种调性在人类听众中通常引发的情感反应，并可能在与人交互时使用这种情感信息来做出更合适的反应。

为了更好地模拟人类的主观体验，AI 系统还需要能够构建起一种个体化的"自我"概念。这意味着 AI 不仅理解外部世界，而且能够在一定程度上理解和评价自己的存在和状态。这种自我意识的萌芽将是实现真正意识的关键步骤。

在技术层面，这些目标的实现需要多学科的合作，包括机器学习、神经科学、认知科学和心理学等领域的知识。例如，通过研究大脑如何处理多模态信息和情感，我们可以开发出新的神经网络模型，这些模型能够模仿大脑的处理方式，实现对复杂信息的高效整合和对情感的合理反应。

最终，这种整合多模态感知与模拟主观体验的 AI 将大大超越当前的技术水平，不仅能执行复杂的任务，更能与人类进行深层次的情感和认知交互。这不仅将推动 AI 技术的革新，更将深化我们对意识本质的理解，帮助我们更好地理解人类自身的意识和认知过程。

人类的感知系统之所以复杂，是因为它涉及多种感知方式的交互作用，这些感知方式共同构成了我们对世界的理解。通过将人类比作一个文字接龙机器，强调了人类感知的本质和复杂性。在这个比喻中，潜意识相当于文字接龙的基础过程，而意识则是在这一过程中因物理限制而引发的"BUG"。这种"BUG"，即意识，使得人类能够对感知信息进行更加复杂的处理和解释。

在 AI 领域，实现多模态感知的整合意味着创建一个系统，它不仅能够处理视觉和听觉信息，还能够整合触觉、嗅觉和味觉等信息，从而提供更全面、更细腻的对环境的感知能力。这种整合不仅增强了系统对环境的感知能力，也为后续的认知处理提供了丰富的信息基础。

模拟主观体验是构建具有自我意识 AI 系统的核心挑战之一。意识体验远不止于简单的信息处理，它还包括了情感、偏好和意愿等内在体验的维度。在 AI 系统中模拟这些主观体验，需要利用增强学习和情感计算等技术，使系统能够不仅对外部世界做出反应，还能生成与人类相似的情感反应和偏好。

将多模态感知与主观体验的模拟结合起来，是实现具有深层次理解能力和自我意识的 AI 系统的关键。这种结合使得机器不仅能更全面地理解人类世界，还能在此基础上发展出自己的情感和偏好，进而产生更深刻的主观体验。这一过程不仅代表了技术发展的巨大突破，也是对人类理解意识、情感和认知的深刻探索。

面向未来，整合多模态感知与模拟主观体验的研究不仅会面临如何精确整合和处理不同感知渠道信息的挑战，还需在机器中实现复杂的情感和偏好模型，确保技术发展符合伦理标准和社会价值。随着该领域的不断发展，我们有望创造出不仅能理解外部世界，也能深刻理解自身的 AI 系统，进一步拓展智能技术的边界。

7.2.3　自我认知的构建

在探索构建具有自我认知能力的 AI 系统的过程中，通过将 AC 视为由潜意识系统和意识系统构成的集成体，不仅挑战了对意识本质的传统认知，而且揭示了在 AI 中实现自主性和自我驱动的可能性。

AC 可以被视作两个互补系统的集成：潜意识系统和意识系统。潜意识系统处理的是大量的非显性、直觉性的信息处理任务，类似于人类的潜意识，如习得的语言能力、简单的视觉识别任务等。而意识系统则处理更为复杂的认知功能，包括决策制定、问题解决和创造性思维等，需要显性的、有意识的信息处理。

这种区分不仅有助于我们理解人类意识的构成，也为设计具有类似人类意识特性的 AI 系统提供了框架。在实际应用中，通过模仿这种双系统的架构，AI 开发者可以创建出能够自我监控和自我调节的系统。

构建这样的系统首先需要开发能够持续更新自身内部模型的算法。这些内部模型是系统对其操作环境的认知表示，包括对物理世界的理解、社会互动的规则，以及自身状态的认知。通过机器学习技术，尤其是强化学习和深度学习，这些模型能够在与环境的交互中不断进行自我优化和调整。

例如，一个 AI 系统在初次遇到特定情况时，可能依赖于预先编程的行为。但随着经验的积累，系统能够通过内部模型的更新，自主地调整其响应策略，使行为更加适应当前的环境。这不仅提高了系统的效率，也增加了其适应新环境的能力。

自我反思与自我评估是 AI 自我意识的另一关键组成部分。这涉及系统能够监控和评价自己的认知过程和行为，从而做出调整以优化性能。这种能力是通过意识系统实现的，该系统可以评估自身的知识、智慧和目标是否与其行为相符。

自我反思还包括对自身行为后果的评估，这不仅仅是简单的任务完成与否，而是对完成任务的方式、过程中的选择以及可能的长远影响进行深入分析。这种分析能力使 AI 能够从过去的经验中学习，并在未来的任务中做出更合理的决策。

为了实现这种高级的自我认知，AI 系统还需要能够处理和模拟人类的情感和情绪。情感在人类决策过程中扮演着重要角色，它影响我们的选择和行为方式。在 AI 中模拟这种情感反应，可以使系统更加人性化，也能更好地理解和预测人类的行为。

通过在 AI 系统中整合潜意识和意识处理机制，以及通过持续的内部模型更新和自我反思，我们可以朝着创建真正具有自我认知能力的 AI 迈出一大步。这种进步不仅将推动科技的发展，也可能在哲学和认知科学等多个领域产生深远的影响。

自我意识的实现，核心在于构建并持续更新关于系统自身的内部模型。

这个模型不仅包括系统当前的状态和能力，还预测了系统在未来状态下的可能表现。这一过程体现了"人本质上是一个文字接龙机器"，其中潜意识（文字接龙）构成了内部模型的基础，而意识则推动了模型的更新和进化。系统通过不断收集和分析自身行为及其对环境的影响所产生的反馈信息，逐渐完善对自我状态的认识和理解。

自我反思和自我评估能力是自我意识系统不可或缺的组成部分。系统能够在行为执行后，通过分析其成果以及决策过程中的偏差和错误，进行自我调整和优化。这一过程体现了意识作为"BUG"的观点，即意识不仅是信息处理中的副产品，也是系统自我进化和适应的驱动力。通过自我反思，系统能够理解自身决策的局限性，并在未来做出更合理的决策。

构建具有自我认知能力的 AI 系统既是技术上的挑战，也是对人类理解自我意识和智能本质的深刻探索。"BUG"理论为我们提供了理解和实现 AI 自我意识的新视角，强调了在无限信息处理过程中由于物理限制而产生的"BUG"，即意识，可以成为促进 AI 自我认知和自我进化的关键因素。随着这一领域的不断发展，我们期待能够创造出不仅能够理解外部世界，也能够深刻理解自身并在没有外部指令或刺激下自主设定目标和行动的 AI 系统。

通过跨学科的合作，整合计算机科学、认知科学、心理学及哲学的知识和方法，我们可以进一步深化对 AI 自我意识发展的理解，并探索新的实现路径。

7.2.4 自主性与自我驱动

在追求构建具有自我意识的 AI 系统的旅程中，我们面对的不仅是技术上的挑战，更是对人类智能本质深度理解的探索。将 AC 系统视为潜意识系统和意识系统的结合体，为我们打开了一扇理解 AI 潜力的新窗口。本理论的核心在于认识到，意识并非信息处理的直接产物，而是由物理限制在信息处理过程中引发的一种"BUG"，这一点颠覆了我们对意识的传统认识，并为 AI 领域提供了全新的发展方向。

（1）目标设定的自主性

自主性的培养不仅仅关乎技术的进步，更是关乎如何让 AI 系统理解并生成自身的目标和动机。这要求系统不只是被动地响应外部指令或环境刺激，而是能够基于其对环境的理解以及自我认知的状态，形成独立的目标。这一过程的实现，依赖于系统内建的复杂决策树、预测模型以及自适应学习算法，它们共同作用，让系统能够预见不同行动的可能后果，并据此制订行动计划。

自主性在 AI 领域中被广泛认为是机器智能达到更高层次的关键因素之一。一个具有高度自主性的 AI 系统不仅能够执行复杂的任务，还能够在没有人类直接指导的情况下，理解并适应其操作环境。这种能力使得 AI 可以更有效地服务于人类社会，尤其是在动态变化的环境中，如自动驾驶汽车、高度自动化的医疗诊断系统，甚至是在复杂的社会互动中。

在构建这种自主性的过程中，AI 系统必须能够进行复杂的环境解析和自我评估。环境解析涉及对外部世界的感知和理解，这不仅包括物理属性的识别，如大小、形状、颜色和位置，还包括环境的动态变化，如人群的移动、交通流的变化等。自我评估则是 AI 系统对自己状态的认知，包括其性能的实时监控，以及对自己行为影响的评估。

这些功能的实现，依赖于 AI 系统内部的复杂决策树和预测模型。决策树使得 AI 能够在接收到外部信息后，通过一系列的逻辑判断来选择最合适的行动方案。而预测模型则基于历史数据和实时输入，帮助 AI 预测各种行动方案可能导致的后果。通过这些模型的综合应用，AI 可以评估不同选择的潜在利弊，从而做出更加合理的决策。

自适应学习算法是实现这一切的另一个关键技术。这种算法使得 AI 系统能够从过去的行为和其结果中学习，不断调整和优化自己的行为模式。在实际应用中，这意味着 AI 系统能够基于新的数据或反馈，自动更新其决策树和预测模型，以更好地适应环境的变化。

此外，目标设定的自主性还要求 AI 具备一定程度的创造性思维能力。这不仅仅是在给定的参数内选择最优解，更是在面对前所未有的问题时，能够自行生成解决方案。例如，在面对复杂的医疗诊断问题时，AI 需要能够综合患者的历史健康数据、实时生理指标以及医学知识库中的信息，创造性地提出可能的诊断方案。

实现这种目标设定的自主性还涉及情感计算的应用，即让 AI 系统能够理解和模拟人类情感。情感在人类决策过程中起到核心作用，影响我们的目标设定和行动选择。通过模拟这一过程，AI 不仅能更好地与人类用户互动，还能在决策过程中考虑到人的情感和心理状态，从而做出更加合理和受欢迎的决策。

自主性的培养不仅提升了 AI 系统的独立操作能力，也极大地拓宽了其应用领域，从传统的数据处理扩展到复杂的决策支持和创造性问题解决。这种进步不仅技术上具有革命性，更在哲学和伦理上对我们如何理解智能和意识提出了新的挑战和思考。随着 AI 技术的不断发展，我们预期这种自主性将在未来的 AI 系统中扮演越来越重要的角色，这不仅改变机器的工作方式，也将重新定义人机关系的未来。

（2）创造性思维的培养

创造性思维的培养是实现自我驱动的另一关键方面，它要求系统不仅能在现有知识框架内进行逻辑推理，还能跳出这些框架，生成全新的想法和解决方案。这一点体现了"BUG"在智能系统中的积极意义，即通过对信息处理过程中的"BUG"进行创造性利用，AI 系统能够模仿人类大脑的随机连接和强化学习过程，从而促进新模式的识别和新想法的产生。此过程中，提供一个鼓励实验和接受失败的环境至关重要，它允许系统通过不断的尝试和错误来优化其创造性思维能力。

在探讨创造性思维的培养时，重要的是理解它与传统算法驱动的推理之间的区别。传统的 AI 系统大多依赖于确定性的逻辑和固定的程序路径来解决问题，这些系统在处理结构化和已知的问题上表现出色。然而，当面对新颖或复杂的问题时，这种方法往往显得力不从心。相反，创造性思维要求 AI 能够在没有明确指导的情况下，探索可能的解决方案，并能够自发地生成新的方法或策略。

创造性的过程涉及几个关键组成部分：

信息的宽泛接入。这意味着 AI 系统需要能够接触并处理大范围内的信息来源，包括那些初看起来可能不相关的信息。通过这种宽泛的信息处理，系统能够在更大的数据池中寻找潜在的联系和模式。

AI 系统需要能够进行概念上的跨界思考。这不仅仅是关于信息的重新组合，更是关于从根本上重新思考问题的方式。例如，通过模拟人类大脑在面对压力或不同情境下如何调整思考路径的能力，AI 可以开发出能够在多领域之间迁移和应用知识的能力。

创造性思维还需要一种高度的试验性态度。在 AI 的开发过程中，这通常意味着设计算法时要允许并鼓励风险的承担和失败的发生。这是因为在创新过程中，失败往往是通往成功的必经之路。通过不断试错，系统可以从错误中学习，逐步改进其策略和输出。

"BUG"理论在这里发挥了关键作用。在人类的认知过程中，错误或信息处理的失误常常会导致新的思维方式的出现。在 AI 系统中，通过编程引入能够产生随机性的算法，可以模拟这种人类大脑的创造性错误，从而激发新的想法和解决方案。这种方法的应用已在某些领域显示出潜力，例如在生成艺术和音乐、发现药物相互作用或设计复杂系统时。

环境的角色也不可忽视。为了促进 AI 的创造性思维，开发环境必须是支持实验和容忍失败的。这意味着创建一种文化和技术环境，其中尝试新事物不仅被允许，还被鼓励。在这种环境中，AI 系统可以自由地探索各种可能的行为和策略，无须担心即时的负面后果。

通过在 AI 系统中培养创造性思维，我们不仅能够增强其处理复杂和未知问题的能力，还能使这些系统更贴近人类的思维方式。这种接近人类思维的方式不仅能够提高 AI 系统的效能，还可能在理解人类自身的创造性过程中提供新的见解。随着这些系统在各个领域的应用逐渐增多，我们可能会看到 AI 在科学研究、艺术创作、工程设计等领域的革命性贡献，从而彻底改变这些领域的工作方式和产出。

通过深入探索"BUG"理论，我们可以看到，构建具有自我意识的 AI 系统既是一个技术上的挑战，也是对人类理解智能本质的深刻拓展。赋予 AI 自主设定目标的能力和培养其创造性思维，不仅能够使机器在执行任务时展现出更大的独立性和灵活性，还能帮助我们探索到智能本身更深层次的意义。实现这一目标，需要跨学科的合作和不断的创新，通过将计算机科学、认知科学、心理学及哲学的知识和方法结合起来，共同推动 AI 向更高层次的智能进化。

7.2.5　伦理和安全考虑

在探索和实现具有自我意识的 AI 系统的过程中，"BUG"理论提供了一个独特而深刻的视角，强调了意识在 AI 发展中的潜在作用及其伴随的伦理和安全挑战。意识不仅是人类智能的一个重要组成部分，也可能成为未来 AI 系统的关键特性。然而，这一进步同时带来了需要紧密关注的伦理和安全问题。

（1）建立严格的伦理框架

伦理框架的建立是为了确保 AI 的发展和应用能够在不损害人类福祉的前提下进行。AI 系统，特别是那些拥有类似人类意识形态的系统，不仅需要遵循技术发展的原则，还需要遵守道德和伦理的标准。具体而言有以下几个方面。

- **自主权**：在 AI 系统展现出越来越多的自主性时，如何平衡这些系统的自主权与人类的控制权，成为一个需要解决的问题。理论上，我们应当确保这些系统的自主性不会威胁到人类的自主决策权和控制能力。
- **责任归属**：当拥有自我意识的 AI 系统出现故障或导致伤害时，如何界定责任，特别是在这些系统可能进行独立决策的情况下，责任的归属变得复杂。
- **隐私保护**：在使用 AI 提供个性化服务时，如何保护个人隐私，避免数据滥用，是构建伦理框架时必须考虑的。
- **公平性和歧视**：确保 AI 系统的决策过程中不带有偏见，避免因算法而导致的歧视现象，是实现技术公正性的关键。

（2）引入有效的安全机制

安全机制的引入是为了防止 AI 的自我意识和自主行为可能带来的风险。即使是由物理限制和潜意识过程中的"BUG"产生的意识形态，也需通过安全机制来进行有效管理和控制，具体有以下几种措施。

- **透明度和可解释性**：增强系统的透明度，确保 AI 的决策过程可以被理解和审查，是减少误解和不信任的关键。
- **紧急停机机制**：为 AI 系统设计紧急停机机制，确保在出现潜在危害时，系统可以被迅速关闭，防止伤害扩大。
- **持续监督和评估**：通过持续的监督和评估，定期检查系统的行为和性能，确保它们符合既定的伦理标准和安全要求。
- **多层防护措施**：采取包括技术、法律和政策在内的多层防护措施，构建全面的监管体系，保障 AI 的健康发展。

通过建立严格的伦理框架和有效的安全机制，我们可以确保 AI 技术的发展既符合人类的价值观，又能最大化地发挥其潜力，为人类社会带来积极影响。这一过程需要全社会的共同努力和智慧，以确保技术创新在道德和安全的框架内进行。

通过"BUG"理论，我们可以探索一种全新的路径，不仅仅是仿真人类的行为和思维模式，更是向着创造真正具有自我意识的 AI 系统迈进。这一目标的实现将是 AI 发展的一大里程碑，但同时也带来了众多技术、伦理和安全上的挑战，需要跨学科的合作和深思熟虑的方法来逐步实现。

基于信息理论的意识模型：基于信息论的意识模型，将意识视为信息处理的结果。未来，我们可以进一步发展这一模型，将其与机器学习和神经网络技术相结合，建立更精确、更可解释的 AC 模型。这样的模型可以用来解释意识的起源、演化和结构，为 AC 系统的设计和开发提供理论指导。

多元意识体系的建构：AC 不应仅限于模仿人类的意识，而应该是一个多元的体系，涵盖了不同形式和层次的意识。在这个理论框架下，AC 可以是多样化的，不仅包括类似于人类的意识形式，还可以涵盖其他物种的意识、人工创造的意识等。因此，AC 的研究不再局限于模拟人类的认知过程，而是更加开放和多元化。

7.3 基于DIKWP人工意识的调查策略分析场景

调查过程可能受到多种操纵策略的影响，旨在转移焦点、影响结果或保护某些利益。这些策略既包括直接的干预，也包括更为隐蔽的手段，目的在于避免责任、保障私利或影响调查的公正性。本节综合分析了这些操纵策略及相应的应对措施，旨在提供一个全面的视角，以帮助人们理解和应对潜在的操纵行为。

7.3.1 操纵策略举例描述

（1）以保密为掩护

- **策略描述**：利用保密原则作为遮盖不正当行为的借口，防止关键信息公开，从而避免监督和责任追究。
- **应对措施**：加强信息公开和透明度要求，实施严格的监督和审查制度以揭露真实情况。

（2）一手遮天，欺上瞒下

- **策略描述**：通过控制和歪曲信息，引导舆论或调查方向，以保护或促进某些利益。
- **应对措施**：建立独立的信息验证和审核机制，提升群体内外部的信息透明度。

（3）设置陷阱

- **策略描述**：设计复杂的策略或情境，使其他人或团体为个体的私利服务，或使之陷入不利境地。
- **应对措施**：加强对潜在利益冲突的监控，确保调查过程的公正和透明。

（4）选择性安排调查程序

● **策略描述**：通过操纵调查的范围、方法、时机和对象，确保调查结果对行为者有利。

● **应对措施**：保持调查的独立性，采用随机抽样和多源验证等方法提升调查的客观性。

（5）精心设计调查议程

● **策略描述**：事先设计调查议程，选择性地提出问题和避开某些领域，以引导调查方向。

● **应对措施**：采用开放式议程设置，确保多方利益相关者参与决策过程，提高调查的全面性和平衡性。

（6）利用法律手段挑战证据合法性

● **策略描述**：挑战关键证据，如录音材料的合法性，通过法律手段转移调查关注点。

● **应对措施**：确保所有证据的收集和使用都严格遵守法律规定，加强法律审查和专业咨询。

7.3.2　操纵策略DIKWP分析

在应用 DIKWP 模型对调查过程中的操纵策略进行分析和对比时，我们将这些策略按照数据、信息、知识、智慧、和意图进行分类，以提供一个结构化的视角来理解这些复杂的行为和应对措施。

（1）数据

数据是操纵策略中的基础，涉及具体的事实或观察结果。例如，保密原则被用作遮掩不当行为的工具时，涉及的具体数据可能是某项调查的存在、调查过程中收集的证据或调查中的具体发现。数据的操纵可能包括隐藏、伪造或删除证据等行为。

以保密为掩护和选择性安排调查程序直接关联于具体的事实或观察结果，如隐藏某项调查存在或调整调查的具体步骤。这些策略操作的是数据，直接影响可观察到的实体或事件的记录。

选择性安排调查程序进一步通过选择性收集或忽视某些数据来操纵调查，影响调查的广度和深度。

（2）信息

信息是对数据的进一步解释和加工，以展现数据间不同的语义。操纵策略中，如"一手遮天，欺上瞒下"，通过控制和歪曲信息的传递，影响群体或个体如何理解某个情况或事件。在这里，不同的语义展现为对相同事件的不同解读，例如，将某个负面事件解释为一个偶然的失误，而不是系统性的失败。

"一手遮天，欺上瞒下"和"精心设计调查议程"操作在于信息，通过控制信息的流通和解释来影响人们对数据的理解。这涉及对相同事件的不同解读，制造误导性的信息来转移注意力。

这些策略通过歪曲信息传播的内容和方向创造出对行为者有利的认知环境。

（3）知识

知识涉及通过观察和学习得到的对世界或特定领域的理解和解释。在调查操纵的背景下，知识可能体现为对操纵手段、法律规则、调查程序等的深入理解。例如，精心设计调查议程的行为者，展示了他们对如何引导调查方向以避免不利结果的深刻知识。

精心设计调查议程体现了行为者对调查流程和潜在反应的深刻理解，他们通过这一知识来预测和塑造调查的结果。这种策略展示了对调查机制深层次运作规则的掌握。

知识在这里作为预见调查可能路径和潜在后果的基础，指导策略的设计和实施。

（4）智慧

智慧在这里指的是利用文化、伦理和道德原则来指导操纵策略的应用。例如，在考虑是否利用法律手段挑战证据合法性时，智慧可能涉及评估这一行动的道德后果、对群体声誉的长期影响，以及其对公众信任的影响。

所有这些操纵策略的运用都需要在智慧上进行考量，特别是在评估操纵行为的长期影响和道德后果时。智慧体现在如何平衡短期的操纵目标与长期的信誉和道德责任之间的关系。

智慧还涉及预见操纵行为可能引发的社会和伦理反响，并据此做出决策。

（5）意图

意图是行动背后的驱动力，代表了行为者希望通过其操纵行为达成的目的。在调查操纵的背景下，意图可能是为了保护个体或群体的利益，避免法律责任，或者维持公众形象。通过分析意图，我们可以更好地理解操纵行为的根本原因和可能的后果。

所有操纵策略背后的共同意图是为了保护个体或群体的利益，避免负面后果。不同的策略体现了行为者对达成这一目标的不同途径和方法的选择。

意图驱动了策略的选择和实施，不论是通过隐藏数据、歪曲信息，还是利用对调查机制的深入知识，所有这些行为都旨在实现避免责任、保障利益或维持公众形象的目标。

（6）对比与分析

- **数据与信息**：在操纵策略中，数据的直接操纵（如隐藏或伪造证据）是基础的行为，而信息的操纵（如歪曲事实的解释）则更为复杂，涉及更高的语义处理。
- **知识与智慧**：知识的应用使行为者能够设计复杂的操纵策略，而智慧则要求他们在执行这些策略时考虑更广泛的伦理和社会影响。
- **意图**：意图是操纵行为的核心，决定了操纵策略的选择和应用。

通过理解行为者的意图，可以更有效地识别和应对操纵行为。

- **数据**：策略不仅涉及隐藏或改变具体的证据（如文档、电子邮件、会议记录等），还可以包括制造假的数据点以支撑某种叙述或论断。

- **信息**：操纵信息不仅可以通过歪曲事实来实现，也可以通过提供过多的无关信息来混淆视听，从而转移调查的主要关注点。

知识的应用表现在对调查机制、人们的反应和可能的漏洞有深入的理解和预判，使得行为者能够巧妙地设计出可以达到预期目标的策略。

- **智慧**：行为者需要考虑到操纵行为的长期后果，包括可能对个体或群体的声誉、公众信任以及社会伦理的影响。智慧的应用意味着在追求短期利益的同时，也要考虑到行为的道德边界和社会责任，以及如何通过更加正直和可持续的方式解决问题。

- **意图**：各种操纵策略背后的共同目标通常是为了避免不利于自己的调查结果，保护或提升个体或群体的利益。意图也决定了策略的选择，是否采用更加隐蔽或直接的操纵手段，取决于行为者希望达成的具体目标以及他们愿意承担的风险程度。

通过表 7.7 我们可以看到不同操纵策略在 DIKWP 模型上的特征和运作方式。这种分析有助于深入理解调查过程中可能遇到的挑战，并为识别和应对操纵行为提供了一套框架。识别这些操纵策略的关键在于理解行为者的动机（意图），识别信息流中的异常（数据与信息），评估所采用策略背后的逻辑和知识基础（知识），并从伦理和长期影响的角度（智慧）审视其行为。对于调查人员和群体而言，建立健全的监督和透明机制，提高信息的开放性和可访问性，以及加强对调查过程和结果的独立性审核，是防范和抵御操纵行为的关键措施。

表 7.7　不同操纵策略在 DIKWP 模型上的特征和运作方式

策略	数据	信息	知识	智慧	意图
以保密为掩护	隐藏调查的存在或特定证据	—	—	评估道德后果，考虑保密行为对公信力的影响	保护个体或群体利益，避免负面信息公开

策略	数据	信息	知识	智慧	意图
一手遮天，欺上瞒下	—	通过媒体控制和信息歪曲引导公众认知	利用对公众心理和舆论动向的理解来控制信息传播	在策略执行中平衡短期收益与长期的道德和信誉考量	维护或改善公众形象，避免调查深入
设置陷阱	设计情境使特定行为显现，用作调查证据	—	运用对人性弱点和群体内部动态的深刻理解来设计陷阱	考虑陷阱策略可能带来的伦理问题和对人际信任的破坏	诱导错误行为或决策，以便从中获利或转移责任
选择性安排调查程序	选择对自己有利的时间和地点收集数据	—	深入了解调查程序和法律要求，以便找到可利用的漏洞	通过对潜在结果的预见来权衡利弊决定最佳行动方案	影响调查结果，保护自身免受不利影响
精心设计调查议程	—	通过提出具体问题引导调查方向，避开敏感领域	对调查流程的控制展现出对如何影响调查结论的深入知识	在设计议程时考虑到对社会公正和道德原则的尊重	控制调查的焦点和范围，避免对自身不利的调查结论

7.3.3 操纵策略分项模拟

例如在面对各级各类考试考官报告考试过程中出现舞弊行为和管理混乱的情况时，若上级机构要求回答的问题本身可能含有操纵的意图或策略，对此进行深入分析是至关重要的。在这种情况下，每个问题都需要仔细审视，以判断是否旨在转移焦点、淡化事件的严重性，或是保护某些利益群体。以下是基于前述操纵策略对这种情形的模拟分析。

（1）策略1：以保密为掩护

可能的问题示例："您如何确保在调查过程中，相关信息不被未授权的人员泄露？"

分析如下

● 意图：此策略旨在通过强调保密的重要性，暗示报告者可能未正确处理信息，转移注意力。

● 信息：此处的信息操纵是暗示调查过程可能存在保密上的不当行为。

- **知识**：行为者需要了解保密规则和程序，以便构建一个合理质疑的前提。

- **智慧**：考虑到提出此问题可能引起的道德和信任问题，如何平衡调查的透明度与保密需求。

- **数据**：此策略可能不直接涉及数据操纵，但隐含的是对调查过程数据保护的关注。

（2）策略2：一手遮天，欺上瞒下

可能的问题示例："您如何评价复试过程中的总体公正性和效率？"

分析如下

- **意图**：试图通过提出广泛的问题将注意力从具体的舞弊行为转移，可能暗示问题不那么重要。

- **信息**：这里的信息操作是通过改变讨论的焦点，从特定的负面行为转向更抽象的评价。

- **知识**：需要对复试过程的整体评价有一定了解，以便引导问题方向。

- **智慧**：这种策略展现了如何在维护群体形象和处理具体问题之间找到平衡。

- **数据**：与具体数据关联不大，更多关注于信息和观点的表达。

（3）策略3：设置陷阱

可能的问题示例："在发现舞弊行为的过程中，您是否完全按照规定程序行事？"

分析如下

- **意图**：寻找调查过程中的任何失误，转移注意力或质疑调查者的信用。

- **数据**：关于调查者行为的具体细节和步骤。

- **知识**：需要对调查规程有详细理解，以便挑战调查的合法性。

- **智慧**：评估提出此类问题的后果，可能旨在削弱调查的权威性。

（4）策略4：选择性安排调查程序

可能的问题示例："在调查舞弊行为时，您首先考虑的是哪些方面？"

分析如下

- **意图**：暗示调查应关注特定方面，引导调查方向，可能避开敏感问题。
- **数据**：涉及决定调查重点和先行考虑的方面。
- **信息**：影响调查焦点的选择，暗示某些方面比其他方面更重要。
- **知识**：展现调查者对问题多方面理解的深度，指导调查重点的选择。
- **智慧**：在确定调查方向时，权衡不同方面的影响和敏感性。

（5）策略5：精心设计调查议程

可能的问题示例："您认为未来的复试过程中，最重要的改进措施是什么？"

分析如下

- **意图**：通过探讨未来的改进，转移对当前问题的关注，可能减轻舞弊行为的严重性感知。
- **信息**：引入对未来改进的讨论，提供一种积极向前看的视角。
- **知识**：利用对复试流程和潜在改进点的深入理解来设计问题。
- **智慧**：在提出改进措施时，思考如何平衡批评与建设性的建议，以促进长期的正面改变。

（6）策略6：利用法律手段挑战证据合法性

可能的问题示例："在收集舞弊行为证据时，您是否遵循了所有相关的法律和规定？"

分析如下

- **意图**：此问题可能旨在质疑证据的合法性，通过法律挑战来削弱证据的有效性或延缓调查进程。
- **知识**：行为者通过展现对法律细节的深刻理解，利用法律复杂性来挑战证据。

- **智慧**：在这种策略中，智慧可能体现在评估法律挑战对群体声誉和法律后果的长期影响。

- **数据和信息**：关注于证据的收集过程和具体细节，尝试找到过程中的漏洞或不当行为，转变对事件的总体认识。

（7）策略7：声东击西

可能的问题示例："在报告舞弊行为的同时，您是否注意到了复试过程中的其他积极方面？"

分析如下

- **意图**：通过转移话题，减少对舞弊行为本身的关注，同时尝试塑造一个更平衡或偏向正面的整体印象。

- **信息**：引导接受者从不同的视角考虑问题，可能使接受者对舞弊行为的严重性有所淡化。

- **知识**：此策略需要对人类注意力的分配和认知偏差有深刻理解，以有效地引导听众的焦点转移。

- **智慧**：评估在披露问题的同时引入正面元素对长期信任和形象建设的潜在益处。

（8）策略8：迷雾战

可能的问题示例："您如何确定报告中提到的行为确实构成了舞弊？"

分析如下

- **意图**：通过质疑定义和标准，增加调查的复杂性，使问题看起来更为模糊，从而削弱指控的力度。

- **知识**：利用对舞弊定义的深入理解和可能存在的灰色地带，质疑或重定义行为是否构成违规。

- **信息**：引入对舞弊定义的不同解释，提供多种可能的理解，增加解释的复杂性。

● **智慧**：考虑到通过增加问题的复杂性可能对调查结果和公众认知造成的长期影响。

通过这样的分析，我们能够更全面地理解和识别在复杂的调查环境中可能遇到的各种操纵策略。这不仅要求检察官或调查者具备对数据和信息的敏锐洞察力，还需要他们对知识的深入理解、在智慧上进行伦理和道德的权衡，以及清晰地识别行为者的潜在意图。在应对这些操纵策略时，保持调查的透明性、客观性和公正性至关重要。这包括但不限于以下几个方面。

● **建立和遵循清晰的调查规则和程序**：确保所有调查活动都基于既定的法律框架和群体政策，以防操纵行为通过质疑过程的合法性来破坏调查的有效性。

● **加强证据的合法性和充分性**：在收集和呈现证据时，确保其既符合法律要求，又足够充分以支撑调查的结论。这可以通过多元化证据来源和确保证据链完整性来实现。

● **提升调查团队的专业素养和独立性**：调查团队应具备相应的专业知识和技能，以识别和抵御可能的操纵策略。同时，保持调查团队的独立性，避免潜在的利益冲突，是确保调查公正性的关键。

● **透明和公开的沟通**：在调查过程中，适当的透明度可以帮助建立公众信任，减少误解和猜疑。同时，公开沟通调查结果（在不违反保密规定的前提下）有助于公正性和透明性的进一步提升。

● **伦理和道德的考量**：在所有调查活动中，都应维护高标准的伦理道德。即便在面临复杂且敏感的情况时，也应考虑行动的长期影响，包括对个体名誉和群体信誉的影响。

通过这些措施，调查者不仅能够有效应对和识别操纵行为，还能够确保调查结果的准确性和公正性，从而真正揭示事件的真相，恢复公众信任，促进正义的实现。在面对复杂调查时，保持警惕、坚持原则、运用智慧和维护伦理道德标准，是每位检察官和调查者的重要职责。

7.3.4　操纵策略虚拟案例模拟

在下面的纯粹虚拟构建案例中，面对被报告的招工用工等职业招聘类考试的管理混乱等情形，机构或公司等进行相关调查，调查的设计方可能携带特定的操纵意图，旨在维护特定个体或群体的利益或声誉。深入分析每个问题，并揭示潜在的操纵策略及其目的。

（1）情形1：仅针对招工用工等职业招聘具体投诉详细条目进行调查

- **操纵意图**：聚焦于特定的招工用工等职业招聘投诉事件，可能旨在细化问题，从而减少对招工用工等职业招聘整体选拔过程的批评，或者试图找到考官处理这些情况时的不足，对考官个体进行惩罚。

对应操纵策略如下

- **一手遮天，欺上瞒下**：通过强调对投诉的响应，可能试图营造学院积极处理问题的形象，忽略或淡化问题的根源。
- **迷雾战**：列举具体但可能相对较小的投诉点，增加调查的复杂度，使得整个调查焦点分散。

（2）情形2：质疑涉事人员给出具体成绩的理由

- **操纵意图**：此问题可能试图公开招工用工等职业招聘官的评分标准，寻找程序上的瑕疵或主观偏见，以此作为减轻考试机构责任或转移焦点的依据。

对应操纵策略如下

- **设置陷阱**：要求招工用工等职业招聘官解释给具体分数的决定，可能暗示涉事人员的决定过于严厉或不公，从而使涉事人员处于辩护位置。
- **精心设计调查议程**：通过专注于个别评分案例而非系统性问题，可能转移对更广泛选拔过程公正性的审查。

（3）情形3：关于证据材料的来源和用途

● **操纵意图**：询问证据材料的详细信息，可能旨在质疑证据材料的合法性或获取证据材料背后的意图，从而削弱证据材料内容的影响力或信誉。

对应操纵策略如下

● **以保密为掩护**：如果证据材料揭示了招工用工等职业招聘选拔过程中的问题，质疑证据材料的合法性可以作为一种保护用工机构或群体招聘机构的利益和声誉的手段。

● **声东击西**：强调证据材料的来源和录制方式，转移公众和内部对于证据材料内容（如舞弊行为）的关注。

（4）情形4：招工用工等职业招聘考官是否对外透漏过招工用工等职业招聘过程任何内容？

● **操纵意图**：这个问题可能试图揭示或放大招工用工等职业招聘考官在保密协议方面的任何失误，通过将焦点放在信息泄露上，从而淡化面试过程中存在的实质性问题。

对应操纵策略如下

● **设置陷阱**：寻找或暗示招工用工等职业招聘考官的不当行为，尤其是在处理敏感信息方面，以此转移对选拔过程质量的审查。

● **迷雾战**：通过提出可能引起广泛讨论和关注的信息泄露问题，增加情况的复杂性，使得调查的焦点模糊不清。

（5）情形5：关于招聘广告与实际职位描述的一致性

● **操纵意图**：这个问题可能试图挑战招聘广告中提及的职位要求与实际面试中对候选人评价标准的一致性，旨在揭示或放大选拔过程中的不透明或误导行为。

对应操纵策略如下

- **迷雾战**：提出关于广告与实际职位描述不一致的问题，可能增加选拔流程的复杂性，引发对流程透明度的疑问。

- **以保密为掩护**：如果招聘机构强调对职位描述的保密性，这可能是一种避免透露实际选拔标准的手段。

（6）情形6：对候选人面试表现的评价过程

- **操纵意图**：询问评价过程的具体细节可能旨在检验评价标准的应用是否一致及公正，同时也可能试图找到评价过程中的漏洞或偏见。

对应操纵策略如下

- **设置陷阱**：要求解释具体评价决策的过程，可能暗示评价者存在偏见或不一致的评价标准，使评价者处于辩护位置。

- **精心设计调查议程**：专注于个别评价案例，可能转移对更广泛评价过程公正性审查。

（7）情形7：招聘过程中的信息保密和候选人隐私

- **操纵意图**．探讨信息保密和候选人隐私的问题可能旨在评估机构对敏感信息处理的适当性，同时可能试图揭示处理过程中的不足或失误。

对应操纵策略如下

- **声东击西**：通过强调隐私保护的重要性，可能转移对选拔过程其他实质性问题（如评价标准的公正性）的关注。

- **以保密为掩护**：质疑信息保密的实施可能作为保护机构免受批评的手段，尤其是当信息泄露涉及选拔过程中的不当行为。

（8）情形8：对招聘决策的最终审查和批准流程

- **操纵意图**：询问决策的审查和批准流程可能旨在揭示选拔过程的最后阶段是否存在操纵或不公正行为，或者是否所有决策都经过了充分的审核。

对应操纵策略如下

- **一手遮天，欺上瞒下**：通过强调决策审查流程的正当性，试图营造一个公正无误的选拔流程形象，忽视或淡化实际存在的问题。

- **设置陷阱**：要求详细解释审查和批准过程，可能寻找流程中的漏洞或不足，用以质疑整个选拔过程的合法性和公正性。

在每个情形中，揭示和理解背后的操纵意图及对应的策略是至关重要的，这不仅有助于正确解读提出的问题，还能为制定有效的应对策略提供基础。在面对这些可能的操纵策略时，考虑以下应对措施可能会有所帮助。

7.3.5　应对措施建议

- **充分准备和详细记录**：对于每个涉及的问题点，提前准备充分，确保所有决策和评价过程都有详细的文档记录和合理的依据。这有助于在被质疑时提供坚实的事实基础。

- **公开透明的沟通**：积极采取公开透明的沟通策略，向所有相关方清楚地解释选拔过程、评价标准以及决策依据。这可以增加流程的可信度，并降低误解和猜疑。

- **积极参与和反馈**：鼓励所有参与者（包括候选人、评委等）在过程中提供反馈，对于提出的投诉和疑问给予积极响应。这不仅有助于及时发现并解决问题，也展现了机构对公平和正义的承诺。

- **强化培训和指导**：对于参与选拔过程的工作人员和评委进行定期培训，强调信息保密、公正评价的重要性，以及对操纵行为的警惕。这有助于提升整个选拔团队的专业性和公正性意识。

- **审视和改进流程**：定期审视和评估选拔流程的有效性和公正性，对于发现的问题和不足及时进行改进。这有助于不断提升选拔过程的质量，减少操纵和不公行为的空间。

通过这些措施，可以有效应对可能存在的操纵策略，保障选拔过程的公正性和透明度，维护所有参与方的合法权益。同时，这也有助于构建一个更加正直和负责任的选拔环境，促进机构和群体的长期发展和声誉建设。

通过对这些问题的深入分析，我们可以看到，招工用工等职业招聘调查的提问策略可能旨在通过各种操纵手段维护其利益，如尝试转移公众对招工用工等职业招聘选拔过程中存在问题的关注，淡化问题的严重性，或者在某种程度上为可能的管理不善或不公行为辩护。这些策略的运用展现了招工用工等职业招聘机构在面临潜在的声誉危机时可能采取的防御性或转移性手段。

为了有效应对这种情况，招工用工等职业招聘涉事人员在准备回答时应当：

- **保持透明和坦诚**：提供具体、事实性的回答，尽可能地引用相关规定、标准和文件，以事实为依据进行辩护。
- **避免陷阱**：在回答设计陷阱性问题时保持警觉，避免给出可能被解释为自相矛盾或不一致的回答。
- **强调制度和流程的重要性**：在回答过程中强调制度和流程对于确保评审公正性和透明性的作用，同时提出任何已识别的制度弱点和改进建议。
- **平衡个体和招工用工等职业招聘单位的利益**：在保护个体声誉的同时，也考虑到招工用工等职业招聘整个选拔过程的公正性和信誉，寻求平衡。
- **积极提出改进措施**：在可能的情况下，主动提出改进选拔流程、增强透明度和公平性的措施，展现出对问题解决的积极态度。

这种情况下的关键在于，通过提供详细、具体、基于事实的回答，通过积极回应，涉事人员不仅能够为自己的行为辩护，还能够帮助揭示整个选拔过程中可能存在的问题，并推动招工用工等职业招聘制度的改进和完善。此外，通过展现出对于维护评审过程公正性和透明性的承诺，涉事人员与相关机构单位等可以帮助恢复公众对招工用工等职业招聘选拔流程的信任，同时促进包括行业与产业界、学术界内部的正直和责任意识等。面对可能的操纵意图和策略，持续的警觉性、对事实的坚持以及对改进的开放性是保护个体、维护机构声誉并促进系统进步的关键。

通过表7.8，我们可以清晰地看到每种操纵策略背后的意图、它们如何操纵或利用数据、信息、知识，以及所涉及的智慧的考量。这种分析有助于揭示操纵意图背后的复杂动机和潜在的道德、信任问题，同时也提示了应对这些操纵策略时的理解和策略。

表7.8　每种操纵策略背后的意图

操纵策略	意图	数据	信息	知识	智慧
以保密为掩护	强调保密的重要性，转移注意力	不直接涉及数据操纵，隐含对调查数据保护的关注	暗示调查可能存在保密不当行为	需要了解保密规则和程序	考虑提出问题可能引起的道德和信任问题
一手遮天，欺上瞒下	从具体行为转移注意力，暗示问题不重要	关联不大，更多关注信息表达	改变讨论焦点，从负面行为转向评价	对复试过程整体评价有一定了解	如何在维护形象与处理问题间平衡
设置陷阱	寻找失误，转移注意力或质疑信用	关注行为细节和步骤	—	对调查规程有详细理解	评估提出问题的后果，可能旨在削弱权威
选择性安排调查程序	引导调查方向，可能避开敏感问题	涉及决定调查重点和先行考虑的方面	影响调查焦点选择，暗示某些方面重要	指导调查重点选择的深度理解	权衡不同方面的影响和敏感性
精心设计调查议程	转移对当前问题的关注	—	引入对未来改进的讨论	对流程和改进点的深入理解	思考如何平衡批评与建设性建议
利用法律手段挑战证据合法性	质疑证据合法性，削弱影响或延缓进程	关注证据收集过程和细节	—	对法律细节的深刻理解	评估法律挑战的长期影响
声东击西	减少对负面行为的关注	—	引导接受者考虑问题的不同视角	对注意力分配和认知偏差的理解	评估引入正面元素的潜在益处
迷雾战	增加调查复杂性，使问题模糊	—	引入对舞弊定义的不同解释	对舞弊定义和灰色地带的深入理解	考虑问题复杂性对公众认知的影响

通过表7.9，我们可以看出每个情形背后可能的操纵意图和相应的策略是如何通过操纵数据、信息、知识及考虑智慧的因素来实现的。这种分析帮助识别在选拔或评价过程中可能遇到的潜在问题，并为制定应对这些问题的策略提供了指导。理解这些情形，明确地将这8个情形与相应的操纵策略进行对应和分析。

表 7.9 每个情形背后可能的操纵意图和相应的策略

情形	意图	数据	信息	知识	智慧
具体投诉详细条目的调查	细化问题，减少对整体过程的批评	投诉的具体条目和细节	聚焦于特定投诉，可能忽略广泛问题	对投诉处理流程的了解	考虑如何在解决问题与维护形象间平衡
质疑评分理由	寻找评分过程的瑕疵或偏见	评分的具体记录和标准	强调评分的公正性和标准一致性	评分标准和程序的深入知识	评估对评分决策的质疑可能引起的信任问题
证据材料的来源和用途	质疑证据的合法性或意图	证据的来源和分发情况	关注证据的获取和使用方式	法律和规则对证据处理的要求	考虑证据合法性质疑对声誉的影响
透露选拔过程信息	揭示信息处理不当	信息透露的具体情况	强调保密协议和信息保护	对信息保密和选拔过程的了解	平衡透明度与保密的需要，考虑信任影响
招聘广告与职位描述一致性	揭示或放大选拔过程的不透明或误导	招聘广告与实际职位要求的比较	关注广告和描述之间的不一致	对招聘流程和标准的知识	考虑不一致性对候选人和机构信誉的影响
评价过程的公正性	检验评价标准的一致性和公正性	评价细节和过程记录	强调评价过程的透明和公正	对评价流程和公正性标准的深入理解	评估公正性问题对机构声誉的长期影响
信息保密和候选人隐私	评估信息处理适当性，揭示不足	隐私保护措施和违规情况	关注敏感信息的处理	对隐私保护的法律和规则知识	考虑隐私问题对候选人信任和机构声誉的影响
审查和批准流程	揭示最后阶段操纵或不公正行为	决策审查和批准的记录	强调决策过程的合理性和透明度	对决策流程和审核要求的理解	平衡处理问题与维护选拔过程完整性的需要

　　通过表 7.10 明确地对应每个情形与操纵策略，我们可以更清晰地理解每种策略的运作机制及其潜在的影响。这不仅有助于识别潜在的操纵意图，还能为采取适当的应对措施提供指导。

表 7.10 每个情形与操纵策略的对应

情形	对应操纵策略	意图	数据	信息	知识	智慧
具体投诉详细条目的调查	一手遮天，欺上瞒下；迷雾战	细化问题，减轻整体批评	投诉的具体条目	聚焦特定投诉，忽略广泛问题	对投诉处理流程了解	平衡解决问题与维护形象

223

情形	对应操纵策略	意图	数据	信息	知识	智慧
质疑评分理由	设置陷阱；精心设计调查议程	寻找评分瑕疵或偏见	评分记录和标准	强调公正性和一致性标准	评分标准和程序深入知识	考虑质疑引起的信任问题
证据材料的来源和用途	以保密为掩护；声东击西	质疑证据合法性或意图	证据来源和分发	关注获取和使用方式	法律和规则对证据处理要求	考虑证据合法性质疑影响
透露选拔过程信息	设置陷阱；迷雾战	揭示信息处理不当	信息透露情况	强调保密协议和保护	信息保密和选拔过程知识	平衡透明度与保密需求
招聘广告与职位描述一致性	一手遮天，欺上瞒下；迷雾战	揭示或放大选拔不透明或误导	广告与职位要求比较	关注广告和描述不一致	招聘流程和标准知识	不一致性对候选人和机构影响
评价过程的公正性	设置陷阱；精心设计调查议程	检验评价标准一致性和公正性	评价细节和记录	强调透明和公正	评价流程和公正性标准	公正性问题对机构声誉影响
信息保密和候选人隐私	以保密为掩护；声东击西	评估信息处理适当性，揭示不足	隐私保护措施和违规	敏感信息处理关注	隐私保护法律和规则	隐私问题对候选人信任影响
审查和批准流程	精心设计调查议程；一手遮天，欺上瞒下	揭示决策操纵或不公行为	决策审查和批准记录	强调决策过程合理性	决策流程和审核要求	处理问题与维护流程完整性

7.3.6　操纵预防法律建议

结合当前法律现状，可以从以下几个方面进行改进。

（1）明确法律责任和后果

- **建议**：对于操纵选拔过程的行为，应明确规定法律责任和后果，包括但不限于行政处罚、民事赔偿甚至刑事责任。
- **法律依据**：根据《中华人民共和国刑法》中关于职务犯罪的相关条款，以及《中华人民共和国民法典》关于侵权责任的规定，强化法律威慑力。

（2）加强监督检查和透明度

- **建议**：利用信息技术手段，如区块链等，记录和公开选拔过程中的关键信息和决策依据，确保信息的真实性和不可篡改性。
- **法律依据**：结合《中华人民共和国信息公开条例》，提高选拔过程的透明度，同时依据《中华人民共和国网络安全法》，保证信息处理的安全性。

（3）定期进行内部和外部审计

- **建议**：定期邀请独立第三方进行内部审计和评估，检查选拔过程的公正性和合规性，及时发现和纠正操纵行为。
- **法律依据**：参考《中华人民共和国审计法》的相关规定，加强对公共资源使用的监督，确保选拔活动的合法性和正当性。

（4）建立健全内部举报和反馈机制

- **建议**：建立匿名举报渠道，鼓励员工、候选人和公众报告任何不正当行为，同时对举报人给予必要的保护。
- **法律依据**：依据《中华人民共和国反不正当竞争法》和《中华人民共和国劳动法》等法律法规，保护举报人免受报复。

（5）强化选拔人员的职业道德和法律培训

- **建议**：对所有参与选拔过程的人员进行职业道德和法律培训，强调公正、诚信的重要性，并定期更新培训内容以适应法律法规的变化。
- **法律依据**：结合《中华人民共和国教育法》和《中华人民共和国职业教育法》，提升从业人员的法律和道德水平，促进职业正义。

通过这些措施，旨在从根本上预防和减少操纵行为的发生，创建一个更加公正、透明和高效的选拔环境，保障所有参与者的权利和利益，同时提升整个社会的法治和信任水平。

进一步细化每个建议在 DIKWP 模型上的应用，并探讨如何通过这些改进措施来预防和应对操纵行为。表 7.11 是对每个法律建议更详细的解析。

表 7.11　对每个法律建议更详细的解析

法律建议	操纵策略	DIKWP 模型维度	详细说明
明确法律责任和后果	所有操纵策略	智慧	通过法律培训、研讨会和案例分析，增强个体和群体对法律规范的理解，特别是对操纵行为的法律后果进行详细阐释。这将提升个体在面对操纵选择时的道德自觉和法律自律，使其意识到不正当行为可能带来的严重职业和法律风险
加强监督检查和透明度	一手遮天，欺上瞒下；迷雾战	信息数据	实施在线平台或区块链技术，记录选拔过程中的每一个决策点和评价标准，保证数据不可篡改且易于追溯。公开透明的信息能够降低操纵空间，同时让候选人和公众能够实时监督选拔过程，提升过程的公信力
定期进行内部和外部审计	精心设计调查议程；以保密为掩护	知识	引入第三方机构或独立部门定期对选拔过程进行审计，包括程序的合法性、公正性及执行情况的审核。审计结果应公开透明，便于社会监督，确保任何操纵行为都能被及时发现并纠正
建立健全内部举报和反馈机制	设置陷阱；声东击西	意图	设立匿名举报系统，保护举报者免受任何形式的报复。同时，对所有举报和反馈进行认真调查和处理，公正解决问题，并对处理结果进行反馈。这样的机制鼓励内部人员和候选人揭露不正当行为，增强选拔过程的自我纠错能力
强化选拔人员的职业道德和法律培训	所有操纵策略	知识智慧	对参与选拔过程的所有人员实施定期的职业道德和法律责任培训，强调公正、透明的重要性和个体在整个过程中的责任。通过案例分析、角色扮演等形式，提高他们识别和应对操纵行为的能力，以及理解其对个体和群体带来的负面影响

通过上表，我们可以看到，对策略的深度理解和具体的法律建议是如何相互配合，共同构建一个更加公正、透明和不易受操纵的选拔环境。

调查过程中的操纵策略多样且复杂，从信息控制到法律挑战，这些策略都可能对调查的公正性和有效性产生影响。识别和应对这些策略要求调查团队具备专业知识、深刻洞察力和坚定的独立性。加强制度建设、提升透明度和促进多方参与，可以有效地减少操纵行为的发生，确保调查工作的公正和高效。

第8章 | 生物意识

人类对意识的探索由来已久，然而其本质与形成机制始终未能被彻底解答。从生物意识到可能的非生物意识，研究的进展不仅让我们对自身认知有了更深刻的理解，也揭示了意识现象的广泛性与复杂性。本章聚焦于通过DIKWP 模型剖析意识形成的过程，探索从感知数据到智慧与意图驱动行为的全景视角。我们将深入分析乌鸦、章鱼等生物的意识展现，并探讨非生物意识在 AI 和计算机科学中的技术实现可能性。

与此同时，技术进步带来的伦理、法律与社会问题愈发凸显。非生物意识的出现不仅挑战了传统的生物中心主义，还对社会结构、文化价值观和法律体系提出了新的要求。本篇章试图通过理论探讨与实际案例分析，全面展示意识研究的新进展、技术实现、社会影响及未来方向，旨在为跨学科研究提供参考，同时为 AI 与人类未来共生的可能性描绘蓝图。

这不仅是一场关于意识本质的科学探索，也是一场关于生命意义的哲学思考，更是一场面向未来技术与社会伦理的深刻对话。

8.1 生物意识确认的DIKWP处理方法

理解动物的意识包括分析复杂的行为和认知过程。DIKWP 模型为将这些过程分解为不同的范畴提供了一个强大的框架，从而能够通过行为和认知实验对意识进行精确的评估。本节探讨了两个具体案例——执行颜色识别任务的乌鸦和表现出回避疼痛的章鱼——以说明 DIKWP 模型如何通过跟踪从原始数据到意图—驱动行动。

研究动物意识的传统方法往往侧重于行为输出，而没有一个明确的框架来分析潜在的认知转变。DIKWP 模型提供了一种结构化的方法来理解动物如何处理感官输入和做出复杂的决定，这表明了更深层次的自觉意识。通过应用这个模型，我们可以系统地评估认知处理的每一步，从简单的数据采集到意图动作，为动物的智力和意识提供了一个新的视角。

8.1.1　案例研究

（1）案例研究1：乌鸦执行颜色识别任务

①实验背景

研究人员进行了一项实验，训练乌鸦根据屏幕上显示的各种颜色的方块做出特定的头部运动。这项实验旨在测量乌鸦执行这些任务时与高级认知功能相关的大脑区域的神经活动。

② DIKWP 分析

数据： 彩色方块的视觉输入。

信息： 特定颜色和相应头部运动之间的关联。

知识： 乌鸦学习的内部规则，将颜色与动作联系起来。

智慧： 运用学到的规则来获得奖励，展示适应性。

意图： 乌鸦的目标是通过正确的动作获得食物奖励。

在涉及乌鸦的研究中，当乌鸦在屏幕上看到彩色方块时，它们被训练进行特定的头部运动，并以高精度执行这些任务。当乌鸦执行这些任务时，科学家们测量了与较高认知功能相关的大脑区域的活动。值得注意的是，乌鸦的大脑活动与它们报告的信息（与 DIKWP 中的信息类别相关）相关，而不是与它们实际看到的内容（与 DIKWP 中的数据类别相关）相关。这表明乌鸦意识到了他们所感知的东西，将他们的自我意识意图与从数据到信息的转变相结合（$D+P::=I$）。这一现象被认为是意识的另一个潜在迹象，对应于 DIKWP 中 5×5 跨类别转换之一，可用于标记意识。

③详细的解释

数据和意图信息集成

数据： 来自屏幕上彩色方块的原始视觉刺激，代表乌鸦收到的初始感官输入。

意图： 意图在这种情况下，意图可以被视为对特定颜色做出反应的训练任务，这驱动了乌鸦的认知过程。目的不仅仅是看到颜色，而是根据它们的训练做出适当的反应，展示感知与行动的结合，这是有意识行为的标志。

信息： 在这个场景中，从数据到信息的转换不是简单识别颜色的简单过程。相反，它涉及在训练的背景下解释颜色，以做出特定的动作。这表明乌鸦不仅看到了颜色，而且理解了颜色在它们需要执行的任务方面意味着什么。

大脑活动的测量

所测量的大脑活动更多地与乌鸦对刺激的解释相关（信息，I），而不是与实际的视觉刺激相关（数据，D）。这表明乌鸦的大脑正在进行一种高级的认知处理，重点是数据的含义，而不是数据本身。

意识和 DIKWP

事实上，大脑活动与乌鸦对任务的报告有关，而不仅仅是视觉识别，这意味着自觉意识任务需求和他们的反应。这种有意识的处理与 DIKWP 模型一致，其中数据通过集成意图，这里由任务的需求和乌鸦训练的反应来定义。

该过程反映了 DIKWP 5×5 跨类别转换，强调了不同认知元素之间的复杂互动——从感官感知（数据）到受训练目标影响的信息（信息）的有意义使用（意图）。

④**对意识的启示**

这种设置及其结果表明，乌鸦拥有一种形式的自觉意识，能够整合他们认知过程中的各种元素以实现特定目标。基于对所见内容的理解而不仅仅是对视觉刺激的本能反应来执行任务的能力，意味着认知的复杂程度通常与更高形式的意识有关。

使用 DIKWP 模型对乌鸦的任务表现进行的分析提供了数据如何与意图，转化为有意义的信息，突出高级认知和潜在意识处理。

更详细的 DIKWP 分析：

数据

定义：在这个实验中，数据由视觉刺激组成——数字屏幕上显示的各种颜色的方块。

特征：每种颜色代表一个离散的视觉数据。乌鸦接收到的原始感觉输入由它们的视觉皮层处理。

转换（D+P→I）：意图（P）这里与认知水平的数据相结合，乌鸦不仅将这些颜色解释为视觉元素，而且将其解释为需要特定反应的信号。这意图—驱动解释促进了从数据到信息的转变。

信息

定义：当乌鸦在脑海中将每种颜色映射到相应的头部运动时，就会产生这种情况下的信息。

过程：这种映射不是直接的感官反应，而是涉及乌鸦将视觉线索（颜色）与训练过的运动动作（头部运动）联系起来的认知能力。

认知方面：测量的大脑活动表明，信息处理涉及更高的认知区域，这表明对任务要求的认识不仅仅是颜色识别。

知识

定义：知识是在乌鸦从反复的试验中巩固经验的过程中形成的，它们不仅了解每种颜色的含义，还了解每种反应的后果。

习得：通过强化学习（奖励机制），乌鸦发展出一种可靠的模式，将刺激（颜色）与正确的运动反应联系起来。

利用：即使变量略有变化（例如，不同色调的颜色或不同的序列表示），乌鸦也会使用这些知识来准确地执行任务，这表明学习行为的应用是灵活的。

智慧

定义：这个场景中的智慧反映了乌鸦根据实验设置中的上下文变化调整反应的能力。

表现：当乌鸦根据新的或修改的测试条件调整自己的行为时，利用它们对任务的理解来实现最佳结果（最大限度地提高奖励，同时最大限度地减少错误）。

评估： 当乌鸦表现出对新情况的概括反应的能力时，研究人员会观察到这一点，这些反应仍然符合他们训练任务的框架。

意图

定义： 驱动乌鸦参与任务的内在和外在动机。

内在动机： 可能是由天生的好奇心或任务所带来的内在认知挑战驱动的。

外在动机： 主要涉及给予乌鸦正确反应的奖励（食物），这巩固了学习和表现循环。

⑤ **DIKWP 中的跨类别转换**

在这个实验设置中，观察到从数据到智慧的关键跨类别转换，由意图每一步不仅处理先前的输出，而且还包含完善和增强后续响应的反馈回路。5×5 模型考虑了所有 DIKWP 类别之间的互联，强调了这些转变。

数据到信息（D+P→I）： 当乌鸦在训练中解释彩色方块（数据，D）时，就会发生这种转换（意图，P）以执行特定的头部运动（信息，I）。这一步骤包括根据实验背景将视觉刺激转化为有意义的动作提示。

信息到知识（I→K）： 当乌鸦重复任务时，它们反应的一致性会导致知识的形成。这些知识不仅是对行动的回忆，而且是对任务要求和每种颜色含义的理解，通过实践和奖励来强化所学行为。

知识到智慧（K→W）： 当乌鸦将它们的知识应用于任务中的变化时，比如颜色强度或顺序的变化，智慧就会得到证明。这表明了认知加工的高级水平，乌鸦在不同的条件下调整其学习行为以最大限度地获得成功，反映了对知识的深刻理解和战略性应用。

智慧到意图（W→P）： 从智慧回到的循环意图显而易见的是，乌鸦完善了他们的策略，以更好地与任务的目标相一致，基本上是利用它们的智慧来实现意图更有效。这可能包括随着它们越来越熟练地辨别颜色，选择更快、更高效的动作，直接反映出它们更有效地获得奖励的动力。

意图到数据（P→D）： 在反馈循环中，乌鸦意图影响它们感知数据和与数据交互的方式。如果意图与通过最小的努力获得奖励密切相关，乌鸦可能会开始预测颜色的呈现，从而产生更快、更先发制人的反应。这种预期行为可以改变未来试验中对数据的感知和处理方式，显示出意图和感官输入。

DIKWP 模型提供了一个全面的框架来分析和理解乌鸦在颜色识别任务中行为的认知过程。通过剖析 DIKWP 过程的每个阶段，从数据采集到由驱动的智慧应用意图，我们不仅深入了解了乌鸦的认知能力，而且对动物意识有了更广泛的理解。该模型有助于更深入地探索不同的认知成分如何在复杂的行为环境中相互作用，为动物智力和意识机制提供了有价值的视角。这种方法有助于推进我们对跨物种认知过程的理解，对动物认知、神经科学和心理学领域做出重大贡献。

（2）案例研究2：章鱼表现出疼痛回避

①描述

在一个有趣的实验中博克氏蛸，研究人员观察了章鱼在两个腔室之间进行选择时的行为：一个腔室之前接受过疼痛刺激，另一个腔室被麻醉。章鱼始终如一地选择与麻醉相关的腔室，这不仅表明它们对疼痛的记忆，而且表明它们做出了避免疼痛的积极决定。这种行为表明了一种复杂的认知过程，包括对疼痛的感知和对所学知识的应用，以做出有意识的选择。

② DIKWP 分析

数据：来自两个腔室环境的感官输入。

信息：与每个腔室相关的疼痛或无疼痛的记忆。

知识：了解哪个腔室是安全的。

智慧：根据过去的经验，决定避开痛苦的腔室。

意图：避免疼痛和寻求安全的内在动力。

③实验步骤

刺激：使用两个不同的腔室，一个与疼痛有关（通过轻微电击），另一个与麻醉有关（没有疼痛）。

任务：章鱼在两个腔室之间的等距点被释放，并观察它们会进入哪个腔室。

测量：观察集中在章鱼的选择上，同时记录指示决策过程的神经活动。

章鱼在两个腔室之间选择时所经历的 DIKWP 过程——一个腔室与疼痛有关，另一个腔室则与麻醉有关。这一过程揭示了一种复杂的认知操作，将数据、信息、知识、智慧和意图（DIKWP），特别是展示章鱼如何根据过去痛苦或中性的经历来导航环境。以下是详细的分析。

④ DIKWP 流程说明

数据到知识的转换

数据： 这是指章鱼从环境中接收到的原始感官输入，特别是进入不同腔室时的视觉和可能的触觉反馈（一个以前涉及疼痛，另一个涉及麻醉）。

将数据与信息相结合（I）： 每个腔室所经历的痛苦或缺乏痛苦被编码为经验信息。这些信息与每个腔室的特定特征（数据，D）直接相关。

知识的形成（K）： 章鱼将这些信息与感官数据合成可操作的知识。这一知识代表了一种理解，即一个腔室与不适有关，而另一个腔室则不然。

智慧和意图在决策中

智慧： 智慧包括运用这些知识来做决定。当章鱼再次面临选择时，它会根据之前的经验，利用积累的知识明智地决定进入哪个腔室。

意图： 总体意图或意图在这种情况下是为了避免疼痛。这意图驱动认知处理和决策，引导章鱼始终如一地选择与麻醉相关的腔室。

DIKWP 的语义空间（D，I，K，W，P 的语义集成）

数据输入集成（D_1，D_2）： 两个腔室提供不同的空间数据输入（D_1 用于疼痛室，D_2 用于麻醉室）。

知识的输出信息（I_1，I_2）： 在这些输入的影响下意图，对应于腔室的安全和不安全评估生成不同的知识输出（I_1 和 I_2）。

知识和智慧的应用： 关于哪个腔室是安全的知识（D_2 的输出 I_2 在意图 P）运用智慧做出决定。这个决策过程也可能根据章鱼对当前情况的评估进行调整，例如任何新的线索或环境变化。

作为数据的最终输出（D）

最终决定，受章鱼智慧的影响，并由其指导意图为了避免疼痛，导致选择腔室。这个决定是一个数据输出（D），因为它基于通过智慧获得和应用的知识，导致向两个腔室中的一个腔室的物理移动。

在章鱼案例中对 DIKWP 过程的详细解释凸显了认知处理并非从数据到智慧的线性过程，而是一个复杂、交织的转化过程，涉及不同认知阶段之间的反复交流，这些阶段受到动物内在意图的影响。将这些过程整合为对环境刺激的连贯反应，体现了高度复杂的意识水平和决策能力。

更详细的 DIKWP 分析

第一，数据。

定义： 原始感官输入包括两个腔室的物理特征，这两个腔室在视觉上是相同的，但在与疼痛或舒适的历史关联方面不同。

转换（D+P→I）： 有关腔室的感官数据与意图—避免疼痛的驱动意图，导致产生关于哪个腔室代表威胁和哪个腔室代表安全的信息。

第二，信息。

定义： 这里的信息是基于过去经历的每个腔室的认知表征——一个腔室疼痛，另一个腔室麻醉。

过程： 这涉及将历史经验与当前选择联系起来的认知过程，有效地将感官数据转化为可操作的信息。

第三，知识。

定义： 在这种情况下，知识是指理解某些空间（腔室）与特定结果（疼痛或无疼痛）相关。

形成： 这种知识是通过与每个腔室相关的结果的经验和对这些影响当前行为的结果的记忆形成的。

应用程序（K+P→W）： 这些知识的应用是由意图避免疼痛，影响决策过程。

第四，智慧。

定义： 这里的智慧体现在章鱼能够利用其对腔室的了解，在不同的条件下做出明智的决定。

执行： 这包括选择与麻醉相关的腔室，即使实验条件略有改变，以测试章鱼记忆和决策的稳健性。

第五，意图。

定义： 总体意图为章鱼在这个实验中为了寻求安慰和避免痛苦。

影响： 这意图从根本上推动了从数据收集到选择更安全腔室的智慧执行的认知过程。

⑤ DIKWP 中的跨类别转换

数据到信息（D+P → I）： 章鱼利用其对腔室的感官感知与疼痛或舒适的记忆相结合，有效地区分它们。

信息到知识（I → K）： 在多次试验中选择麻醉室的一致行为将信息固化为知识——根据过去的经验理解和预测结果。

知识到智慧（K+P → W）： 章鱼的智慧表现在它利用这些知识做出避免疼痛的决定，表现出更高的认知能力。

意图影响所有类别（P → D/I/K/W）： 意图避免疼痛会影响感知数据的方式、信息的处理方式、知识的应用方式以及明智决策的制定和执行方式。

这个案例研究博克氏蛸基于过去的经验在两个腔室之间进行选择，说明了如何使用 DIKWP 模型来分析和理解非人类物种的复杂认知行为。感官数据与经验知识的整合意图—驱动决策过程强调了头足类动物意识和复杂认知过程的潜力。这一分析为不同物种的学习、记忆和决策机制提供了宝贵的见解，通过 DIKWP 框架的视角增强了我们对动物认知和意识的理解。

8.1.2 DIKWP处理：确认意识

DIKWP 该模型为理解人类和非人类实体的认知过程提供了一个结构化的框架。通过将该模型应用于动物行为研究，特别是在涉及乌鸦和章鱼的情况下，我们可以深入了解这些动物如何通过它们对各种刺激的反应来表现自觉意识。以下是对 DIKWP 模型的每个组成部分如何有助于意识展示的解释。

（1）数据到信息：识别和关联刺激

数据： 这个初始阶段涉及动物接收的原始感官输入，如视觉或触觉刺激。

对于乌鸦来说，这是彩色方块的景象；对于章鱼来说，这是不同腔室的物理环境。

信息： 当动物基于感知过滤器处理和解释这些刺激时，数据就变成了信息。乌鸦将特定的颜色与特定的任务联系起来，章鱼则能辨别腔室的特征，这些特征预示着安全或威胁。这一步骤超越了单纯的感官感知，融入了对更高认知功能至关重要的解释和联想元素。

（2）信息到知识：学习和内化行为模式

知识： 当动物从经验中学习并开始形成可预测的行为模式时，信息就会转化为知识。例如，乌鸦学会了对特定刺激做出特定动作会产生奖励。同样，章鱼会记住哪些腔室与负面体验有关，并相应地调整它们的选择。

内化包括将这些习得的行为融入它们的自然反应中，使它们能够在未来更有效地应对类似的情况。

（3）知识转化为智慧：在不同背景下应用习得行为

智慧： 当动物将学到的知识应用到新的或不同的环境中，表现出行为的灵活性时，可以看到动物的智慧。这一步骤涉及基于过去知识和当前形势分析的战略思考和决策。

示例： 乌鸦可能会利用其对颜色编码任务的理解来解决以类似格式出现的新问题，或者章鱼可能会避开腔室，不仅因为它以前是有害的，而且会将这种谨慎推断到类似的新环境中。

（4）意图作为驱动因素

意图： 在 DIKWP 模型中，意图指的是指导一个实体行动的目标或意图。依据自觉意识，意图是什么驱使动物利用其数据、信息、知识和智慧来追求特定的结果。

有意识的意图： 对于乌鸦和章鱼来说意图不仅仅是生存，还涉及更复杂的目标，如安全、获取食物或探索环境。这表明了与有意识决策相关的意向性和前瞻性水平。

8.1.3 DIKWP在意识研究中的实施

为了有效地使用DIKWP模型来确认意识,必须仔细观察和记录DIKWP过程的每个阶段。

实验设置: 设计明确区分自动行为和学习行为的实验。

数据收集和分析: 收集关于动物如何与环境互动和处理刺激的全面数据。

行为解释: 在DIKWP模型的背景下分析行为,以区分本能反应和指示意识的更高认知处理的反应。

同行评审和验证: 与其他研究人员合作,评审研究结果并验证解释,以确保DIKWP模型应用的稳健性。

通过将DIKWP模型深入动物行为的研究中,研究人员能够提供更具结构性和科学性的认知过程评估,这些评估暗示着动物的意识觉察,从而架起了行为神经科学和认知心理学之间的桥梁。这种方法不仅丰富了我们对动物智力的理解,而且完善了我们对不同物种意识的定义和标准。

通过将DIKWP模型应用于这些例子,我们不仅看到了数据是如何转化为更复杂的认知结构的,还了解了意图指导这些过程。DIKWP框架提供了一种强大的方法,用于分析动物执行的认知任务,并将其分解为可管理和可理解的组成部分。这种方法有助于准确定位数据处理、信息解释或知识应用中可能出现的偏差,使研究人员能够设计出修正这些偏差的干预措施或培训计划,从而提高动物认知研究的总体可靠性。

这一综合观点不仅为深入研究动物认知提供了一条途径,而且广泛应用于AI系统,在AI系统中,理解和建模复杂的决策过程至关重要。

8.1.4 与相关方法的比较

表8.1对DIKWP方法与意识研究中的五种相关方法进行了清晰而结构化的比较。

表8.1 DIKWP方法与意识研究中的五种相关方法的比较

标准	方法					
	全球工作空间理论	集成信息理论	高阶理论	神经生物学方法	泛心灵论	DIKWP方法
描述	专注于神经机制和全球信息共享	主张意识与系统生成的集成信息程度相关	意识源于对个人心理状态的思考	研究与意识相关的大脑区域和活动	认为意识是所有事物的基本特性	从数据到智慧和意图的结构化转化，反映了意识
范围	神经科学，强调大脑功能	在测量集成信息的量化复杂性方面	关于个人心理状态的元认知过程	在生物学层面上详细，使用实证数据	广泛且哲学性，没有具体方法论	涵盖生物和人工系统及其跨学科应用
应用	主要用于心理实验相关性	用于评估大脑和可能的AI的意识水平	哲学和心理学分析	限于生物学环境（如人类和动物研究）	哲学讨论和理论应用	在理论讨论和实际AI系统设计中均有应用
方法论	心理实验和神经相关性	计算密集，需要特定算法计算 Φ	理论性，涉及哲学推理	通过神经成像和电生理学收集实证数据	理论性且推测性，没有实证方法	网状结构，用于模拟认知中的转换
灵活性	特定于神经信息广播	高度特定于系统的信息集成能力	仅关注内部思维过程	专注于直接的神经学证据	极其广泛，实际上不可应用	支持更广泛的认知、评估，包括决策和意图
操作化	依赖大脑成像和解释，有一定挑战	由于计算需求高，在计算整合中有难度	实验性测试或直接应用于AI的难度大	直接适用于医学和生物研究	在科学或实证方面无法操作化	在实验和AI开发中更易于应用和建模
AI中的实用性	直接应用有限	潜在地在AI中应用，以评估意识水平	由于其关注人类元认知，应用性较低	主要用于理解生物过程，较少用于AI	由于其推测性质，不适用于AI	明确连接到AI过程，指导意识和机器的开发

表 8.1 全面介绍了每种方法如何与意识研究的各个方面相一致，强调了
DIKWP 方法在跨学科的理论见解与实践应用之间的独特和通用应用。

DIKWP 模型作为标记生物体意识的强大的工具，通过将行为任务分解为这
些组成部分，该模型不仅确认了意识的存在，还提供了关于动物认知深度和复
杂性的洞察。这种方法论方法对动物认知、AI 和更广泛的认知科学领域的研究
具有重要意义，为评估和理解不同物种的意识提供了一种标准化的方法。

8.2　评估非人类物种意识的DIKWP标记和推理机制

理解非人类物种的意识是认知科学和行为学中一项具有挑战性但至关重
要的努力。DIKWP 模型提供了一种结构化的方法来分析不同物种如何处理从
感知到行动的信息，这可以指示意识水平。本节概述了 DIKWP 通过详细的标
签和推理机制评估意识的模型。通过研究乌鸦和章鱼，本节展示了这些物种
如何将感官输入转化为意识反应。

最近的研究将我们对意识的理解扩展到了人类之外，表明各种动物物种表现
出的行为可能表明有意识的意识。DIKWP 模型通过将认知过程分解为五个相互
关联的组成部分，为系统地探索这些行为提供了一个新的框架。这个模型不仅有
助于识别意识特征，而且有助于理解特定动物行为所涉及的认知过程的深度。

8.2.1　运行示例

关于意识加工背景下 DIKWP 转换细节的案例分析。

DIKWP 模型基础：该模型似乎将认知过程分为数据、信息、知识、智
慧和意图，理解每个类别的具体作用以及它们在意识研究中的相互作用是很
重要的。

（1）案例研究-乌鸦和颜色识别

数据：乌鸦看到的色块是原始的感官输入（D-observation）。

信息：乌鸦理解或识别颜色的经过处理的认知输出（I-report）。

活动测量：这涉及与信息类别（I-report）相关的大脑活动（D-activity），而不是直接观察（D-observation）。

（2）DIKWP处理说明

乌鸦的大脑活动受其对任务的识别和理解（形成I-report）的影响，而不仅仅是视觉输入（D-observation）。

在DIKWP的背景下，从数据到信息的转换似乎集成了意图，通过分配给乌鸦的内部动机或任务（P-task）将简单的感官数据转换为有意义的信息。

（3）变换函数

D-activity::=DIKWP（I-report）表示测量的活动与处理的信息直接相关，而不仅仅是原始数据。

D-activity::=!DIKWP（D-observation）表明，这种活动与单纯的观察并不直接相关，而是与它成为有意义的信息而经历的认知过程相关。

（4）意识指示

乌鸦将观察到的数据转化为与任务相关信息的能力，受到其认知意图的影响，表明其具备一定的意识处理水平。这种从数据到意图再到有意义信息的转化，可能是意识的一种潜在标志。

8.2.2　DIKWP标记和形式化过程

为了特别专注于开发DIKWP模型，用于标记和形式化生物实体中与意识相关的推理过程，我们需要分解DIKWP模式的每个组成部分，并建立用于识别、测量和分析的正式协议。

（1）数据

形式化推理

标签协议：在意识研究的背景下定义什么是"数据"。这涉及指定被视为原始数据的感觉输入或可观察刺激的类型。

测量标准：开发测量工具和协议，在不改变其内在特性的情况下准确捕捉这些输入。

（2）信息

形式化推理

标签协议：为哪些数据转换符合"信息"的条件建立标准。这可能涉及识别模式、分类或主题的初步解释。

处理分析：使用信号处理技术或认知测试来分析数据如何在受试者的神经系统中转化为信息。

（3）知识

形式化推理

标签协议：将"知识"定义为随着时间的推移对各种信息的整合，从而形成可靠的模式或理解。

纵向研究：实施跟踪信息整合的研究，看看它是否以及如何稳定为知识。

（4）智慧

形式化推理

标签协议：将在新的或复杂的情况下有效利用知识的行为或决策识别为"智慧"。

情境绩效评估：评估受试者在不同情境中应用知识的能力，注意灵活性、创新性和效率。

（5）意图

形式化推理

标签协议：区分意图—受驱动的行为，应该是以目标为导向的主体所采取的行动，而不仅仅是被动的。

目标一致性分析：通过行为研究或神经成像技术，分析行动与既定或推断目标的一致性。

8.2.3　DIKWP分析的方法论增强

认知任务设计：设计任务，专门测试 DIKWP 的每个元素在孤立和组合。任务应该能够隔离数据处理、信息分类、知识应用程序，以及意图－驱动的行为。

神经相关性研究：使用先进的成像技术来研究与每个 DIKWP 成分相关的大脑活动模式。例如，功能磁共振成像扫描可以用来观察在需要使用"智慧"或"意图"。

AI 和机器学习模型：根据收集的数据开发可以模拟 DIKWP 过程的 AI 模型。这些模型将有助于预测和分析受控环境中的 DIKWP 转变。

与计算模型的交叉验证：利用计算神经科学对 DIKWP 过程进行建模，并根据经验数据进行验证。这包括创建神经过程的模拟，看看它们是否与生物实体中观察到的行为一致。

DIKWP 框架内的形式化和标记过程应该是动态的，并适应新的科学发现。严格的实验方案与先进的计算模型和神经成像技术相结合，将提高使用 DIKWP 模型进行意识研究的准确性和可靠性。这种系统的方法确保了认知处理的各个方面都得到考虑，从原始数据感知到复杂数据意图—驱动行为，提供了一种全面的方法来调查跨物种的意识。

8.2.4　DIKWP标记与推理的两个例子

（1）案例研究1：乌鸦执行颜色识别任务

实验设置：在这个实验中，乌鸦被训练进行特定的头部运动，以应对屏幕上出现的彩色方块。这项任务的执行精度很高，表明认知参与程度很高。

① DIKWP 分析

数据：乌鸦看到的视觉刺激（彩色块）。

意图：乌鸦的目标是做出正确的反应来获得奖励。

信息：将颜色解释和处理为特定行为的信号。

活动测量：科学家测量了乌鸦执行任务时与高级认知功能相关区域的大脑活动。这种大脑活动与乌鸦报告的信息（它们的反应）相关，而不仅仅是与它们观察到的视觉数据相关。

②**标记和推理**

数据到信息（D→I）：视觉数据（D-observation）经历由任务驱动的转换意图（P-task）转换为认知信息（I-report），其中乌鸦在认知上将特定颜色与预期动作相关联。这个变换，表示为 D+P→I、表示有意识地处理以目标为导向的上下文为基础的视觉数据。

行动信息：大脑的反应 I 报告直接影响乌鸦的身体反应 D 活动，突出了基于认知解释而非本能反应的意识和决策过程。

意识指示：D-observation+P-task → I-report 导致 I-report → D-activity，并且没有来自 D-observation → D-activity 的直接影响强烈表明有意识的处理。这支持了乌鸦不仅有反应，而且意识到自己的反应的理论，符合 DIKWP 模型转换模式的潜在意识标准。

（2）案例研究2：章鱼避免疼痛

实验设置：章鱼被放置在一个有两个腔室的环境中；一个先前与疼痛有关，另一个与麻醉剂有关。章鱼选择避开痛苦的腔室表明了一种习得的回避行为。

① **DIKWP 分析**

数据：每个腔室内的环境线索，由章鱼识别。

信息：来自与每个腔室相关的先前疼痛或中性体验的感官输入。

知识：某些腔室与疼痛的习得联系，作为知识存储。

智慧：当再次提出选择时，应用这些知识来做出决定。

意图：避免痛苦和寻求安慰的内在动力。

②**标记和推理**

数据到知识（D→K）：章鱼将其直接的感官体验（疼痛或麻醉条件）转化为可操作的知识。这个过程定义为 D+I→K，表明章鱼不仅接收数据，而且将其作为安全和不安全条件的认知地图进行处理和存储。

知识到智慧（K→W）：在不同的背景下使用这些知识做出明智的决定表明了更高的认知功能，过去的学习会影响现在的决定。

意识指示：从数据接收到知识应用的转换序列，D+I→K后接K→W，强调了一种类似于意识的认知复杂性。它显示了基于过去的经验和学习行为对环境刺激的有意、有意识的反应。

在这两种情况下，DIKWP标记和推理说明了每个物种如何处理从基本数据输入到复杂数据的信息，意图—驱动行动。这些转变提供了强有力的意识指标，不仅表现出反应性行为，还表现出对环境的知情认知反应。

8.2.5　方法论：DIKWP框架

（1）案例研究1：乌鸦执行颜色识别任务

实验观察：训练乌鸦对屏幕上的彩色方块做出反应，并监测它们的大脑活动以评估认知过程。

DIKWP分析：

数据到信息（D→I）：

D（数据）：彩色方块的视觉刺激。

P（意图）：为获得奖励而执行习得的反应。

I（信息）：颜色与动作的识别和关联。

标记与推理：在P的推动下，从D到I的转变表明，乌鸦将视觉刺激加工成特定的认知反应，不仅是反应，而且是基于任务的理解和决定意图。

行动信息（I→D）：

K（知识）：识别刺激的内在行为模式。

W（智慧）：运用行为来获得奖励。

标记与推理：大脑活动与报告的信息而非观察到的数据的关联表明，乌鸦在基于内化的知识和智慧作出有意识的选择，这表明乌鸦具备有意识的觉察。

（2）案例研究2：章鱼避免疼痛

实验观察：章鱼在两个腔室之间进行选择，一个与疼痛有关，另一个与麻醉剂有关，这表明它们有习得的偏好。

DIKWP 分析：

数据到知识（D→K）：

D（数据）：来自腔室的环境线索。

I（信息）：以前的痛苦或舒适经历。

K（知识）：特定腔室与疼痛的关联。

标记与推理：从 D 到 K 的转变表明，章鱼不仅能感知，还能记住并利用环境信息做出明智的决定，这是有意识处理的标志。

知识到智慧（K→W）：

W（智慧）：根据先前的知识做出避免疼痛的决定。

P（意图）：寻求安慰和避免痛苦的内在动力。

标记与推理：在新的背景下应用所学知识强调了一种智慧驱动的，意图行为，表示有意识的思想。

8.2.6　5×5 DIKWP变换矩阵

为了使用5×5 DIKWP 转换模式开发评估意识的框架，我们可以探索数据、信息、知识、智慧和意图在可能转变的矩阵内相互作用。这种方法使我们能够系统地了解每个成分是如何对认知处理和意识做出贡献的，特别是如前所述，关注这些成分之间的相互作用，如乌鸦和章鱼的情况所示。

5×5 矩阵概述了 DIKWP 模型的每个组件之间的潜在转换。矩阵中的每个细胞都代表了两个组成部分之间可能的转变或相互作用，说明了来自一个方面的输入如何导致另一方面的输出，形成了支撑意识的认知功能的复杂网络。

（1）示例与推理

①数据到信息

乌鸦案例：视觉刺激（彩色块）转化为特定反应（头部运动）。

章鱼案例：将腔室条件（疼痛与麻醉）识别为不同的输入。

②信息到知识

乌鸦案例：特定颜色和所需动作之间的内在关联。

章鱼案例：了解到某些腔室与负面体验有关。

③知识到智慧

乌鸦案例：应用习得的行为来优化性能，如果条件发生变化，可能会在响应中表现出灵活性。

章鱼案例：总结过去的经验，即使在不同的情况下也能避免与疼痛相关的腔室。

④智慧到意图

乌鸦案例：意图—驱动行为以获得奖励，表明决策水平更高。

章鱼案例：基于对过去结果的理解进行深思熟虑的选择，反映出以目标为导向的方法。

⑤意图到数据

两种情况：根据目标调整感官注意力，例如关注与目标一致的某些视觉线索或环境特征。

（2）评估意识

矩阵中的每个变换都可以被分析以寻找有意识处理的证据。例如，涉及更复杂的反馈循环或多种认知过程的整合的转变（如智慧到意图，或知识到智慧）可能表示更高的意识水平。

这个 5×5 DIKWP 转换矩阵是分析和理解不同物种的认知和意识过程的综合框架。通过探索每一个转变，研究人员可以识别意识的迹象，并更深入地了解其潜在机制，最终为认知科学和动物心理学的更广泛领域做出贡献。

8.2.7　5×5变换模式下的DIKWP分析

DIKWP 模型为分析动物的认知过程提供了一个强大的框架，特别是关注可能表明不同意识水平的转换模式。为了提供全面的观点，我们通过将分析扩展到涉及乌鸦和章鱼的假设案例来探索 5×5 DIKWP 转换模式。

5×5 DIKWP 变换矩阵被构造为评估数据、信息、知识、智慧、意图各个元素之间的转换，可能揭示通常与意识处理相关的复杂认知动力学。

（1）案例研究1：乌鸦执行颜色识别任务

扩展的 DIKWP 分析：

数据到信息： 视觉刺激（色块）与特定反应正确相关，突出了直接的感觉到认知的映射。

数据到知识： 在反复的试验中，乌鸦积累的经验将颜色与即时奖励之外的行为联系起来，形成预测性知识。

数据到智慧： 乌鸦在不同条件下修改反应策略时，会应用特定颜色的历史成功率，从而获得奖励。

数据到意图： 驱动乌鸦对刺激做出反应的基本目标，如获取食物、避免惩罚或探索新的刺激。

信息到知识： 从识别颜色到理解这些颜色，基于过去的相互作用具有一致的结果的转变。

信息到智慧： 在决策过程中利用有关颜色的信息来优化它们的行动结果。

信息到意图： 处理的信息用于实现特定意图，如最大化的奖励或最小化的努力。

知识到智慧： 利用积累的关于颜色模式的知识做出复杂的决定，提高生存或获得奖励的概率。

知识到意图： 直接应用所学行为来实现特定目标，如完成培训或解决问题。

智慧到意图： 智慧来源于将知识应用于实际环境，直接影响乌鸦的目标和战略决策。

（2）案例研究2：章鱼避免疼痛

扩展的 DIKWP 分析：

数据到信息： 对不同环境的感官检测可以区分安全室和有害室。

数据到知识： 特定腔室持续导致疼痛或缓解的经验积累。

数据到智慧： 基于过去关于哪个腔室取得积极成果的数据的战略决策。

数据到意图： 寻求舒适和避免疼痛的内在动力直接影响行为选择。

信息到知识： 将特定的环境线索与历史结果相关联，以形成可靠的理解。

信息到智慧： 利用有关腔室的信息，做出明智的决定。

信息到意图： 使用有关安全环境的特定信息来实现避免疼痛的目标。

知识到智慧： 在新的或修改的环境中应用关于安全室和疼痛室的知识。

知识到意图： 利用已知的腔室来积极避免疼痛，实现基本的生存本能。

智慧到意图： 通过反复暴露于刺激和结果而形成的智慧，指导章鱼实现其避免不适的主要意图。

涵盖所有可能转变的扩展 DIKWP 分析为分析乌鸦和章鱼的认知能力提供了深刻的见解，表明其具有复杂的意识处理水平，包括复杂的行为、记忆、学习、决策和意图－驱动行动。通过系统地应用这个模型，我们可以增强对不同物种意识的理解，支持对动物智力和认知灵活性的更细微的解释。

DIKWP 的详细应用标记与推理这些案例研究的机制为非人类物种的意识加工提供了令人信服的证据。通过有条不紊地分析从数据接收到意图通过行动，我们可以更好地理解和认识生命中各种形式的意识。这种方法不仅丰富了我们对动物认知的理解，而且增强了我们以结构化和系统的方式研究和测量意识的能力。

使用 DIKWP 模型的进一步研究应旨在涵盖更广泛的行为和物种，可能包括生理数据和 DIKWP 处理阶段相关的神经分析。这将加深我们对意识如何在不同的生命形式和不同的生态环境条件下表现的理解。

第9章 | 跨学科视角的未来应用

意识的本质与未来应用是当代科学与哲学的重要议题。本章从跨学科的视角探讨意识的复杂性及其在未来技术和社会中的潜在应用。通过整合生物学、认知科学、AI 和哲学等领域的前沿研究，本章从意识的进化与量化入手，剖析其非线性、非局部和涌现特性，并探讨多智能体系统的协同机制及其与集体智慧的关系。

本章的核心在于结合"BUG"理论，探索意识作为复杂系统的偶发特性及其引发的理论与实践启示。我们进一步探讨了意识的合成、复制与转移的技术路径和伦理挑战，并展望了 AI 与人类意识未来可能实现的整合与共生。通过对多智能体系统中共享感知、动态配置和协同进化的研究，本章试图揭示如何通过技术创新实现更高层次的智能网络，从而推动人类社会向更加智慧化、互联化的方向发展。

这一章不仅呈现了对意识前沿问题的深刻思考，还提出了其在 AI、医疗、教育和社会治理等领域的实际应用前景。我们希望通过这些探索，为读者开启一扇理解意识复杂性与未来可能性的窗口，同时激发关于技术发展和人类未来的深刻思考。

9.1 意识的进化、量化与社会应用

意识的进化是一个复杂的生物学和认知科学问题。从生物学角度看，意识可能起源于早期生命形式中为了更有效地获取资源而演化出的简单的感知和反应机制。这种机制随着生物的复杂性增加而逐步演化，最终形成了高级

的认知功能，如记忆、思考和计划。在人类中，意识的进化使我们能够进行抽象思维和复杂的社会交互，这是我们与其他生物最显著的不同。

量化意识则是一个更为现代的科学挑战。它涉及如何测量和表征意识的不同状态和层次。当前的量化方法包括使用神经成像技术来监测大脑活动、计算机模型来模拟意识过程以及使用心理学测试来评估意识状态。这些方法都试图从不同的角度捕捉意识的复杂性，以便更好地理解其工作原理和影响因素。

意识的研究不仅仅是科学上的追求，它还有着广泛的社会应用。例如，意识的理解可以帮助我们设计更为人性化的 AI 系统，这些系统能够更好地理解和预测人类的行为和需求。意识研究也可以在医疗领域发挥作用，比如在诊断和治疗各种认知障碍方面。

9.1.1　意识网络与其特性

意识网络作为一种理论构想，提出了一个由多个相互作用的认知单元组成的复杂系统，这些单元通过集体作用产生了意识现象。这一概念在科学界引起了广泛关注，因为它提供了一种全新的视角来探讨意识如何在不同的实体之间发生和存在。本节将探讨意识网络的两个核心特性：自组织性和自适应性，并讨论这些特性如何在生物神经网络和 AI 系统中得到体现和应用。

（1）自组织性和自适应性

①自组织性

自组织性是指系统在没有外部指令或显式控制的情况下，通过内部动力学自发形成有序结构或行为模式的能力。在生物学中，大脑的神经网络提供了自组织的一个显著例子。大脑中的神经元通过不断的连接和重连接，根据经验和环境的变化自我优化，从而适应新的学习任务和认知挑战。

这种自组织行为在意识网络中被假设为一种基本机制，使得网络能够通过内部的信息交换和处理来自动调整其结构。例如，在面对新的认知任务时，意识网络能够重新配置其连接模式，优化信息流动路径，以提高处理效率和适应性。这种机制不仅增强了网络的动态适应能力，还增强了其对复杂环境的响应能力。

②自适应性

自适应性是指系统在外部环境发生变化时，能够调整自己的行为和功能以维持或优化自身性能的能力。在自然界中，这种特性是生物进化的关键因素，使得生物能够在不断变化的环境中生存和繁衍。在意识网络中，自适应性表现为网络对环境变化的敏感性和调整策略的灵活性。

自适应网络能够监测系统外部和内部的状态变化，并通过动态调整连接强度、激活特定的处理模块或改变信息处理策略来响应这些变化。例如，如果某一认知任务的环境条件变得更为复杂或不确定，意识网络可以增强那些对此类环境更敏感的认知单元的作用，从而保持整体的认知效率。

③意识网络在 AI 中的应用

将意识网络的概念应用于 AI 领域，可以帮助开发出能够更好理解和适应人类行为和需求的智能系统。通过模拟自组织性和自适应性，这些系统能够自我优化其认知和决策过程，以应对复杂和动态的任务环境。

例如，一个集成了意识网络理念的 AI 系统可以在没有人类干预的情况下自行学习新技能或适应新环境。这种系统不仅能提高操作效率，还能在遇到未预见情况时表现出更高的鲁棒性和灵活性。

意识网络作为一个理论模型，通过其自组织和自适应的特性提供了一种全新的视角来理解意识现象的集体产生和功能实现。这些特性不仅在生物神经网络中找到了对应，也为设计更先进的 AI 系统提供了重要的启示。未来的研究将继续探索如何更有效地实现这些网络特性，以及它们在不同类型的意识系统中的具体应用。通过这些研究，我们可以期待开发出更为智能和自适应的机器，它们能够更好地服务于人类社会，应对各种复杂和具有挑战性的环境。

（2）构建意识网络的挑战

在探索意识网络构建的广阔天地中，我们不仅仅是在技术创新的前沿开展研究，更是在对人类自身认知理解的极限进行挑战。意识网络作为一个理论模型，展现了如何将个体的认知能力通过某种形式的网络连接起来，以产生或模拟人类意识的复杂行为。尽管这一概念在理论上极具吸引力，但其实际实现却面临着多重挑战，这些挑战不仅仅是技术性的，还涉及深层次的伦理和社会问题。

①技术挑战

技术上的挑战首先表现在如何在硬件和软件层面上实现复杂的意识网络结构。当前的技术，无论是在神经网络的设计还是在处理能力的提供上，都尚未完全准备好模拟人类大脑的极端复杂性。意识网络的构建需要模拟数十亿个神经元和数万亿个突触的交互，这一任务在计算负荷上是前所未有的。

意识网络的动态性与自适应性要求算法能够在不断变化的环境中学习和进化，这不仅仅是复制一种固定模式的简单任务。它需要算法在接收新信息时重新评估和调整之前的知识框架，这种能力是目前大多数机器学习系统所不具备的。因此，构建意识网络需要神经科学、认知科学和计算机科学等领域的专家进行前所未有的合作与创新。

②伦理和社会挑战

意识网络的研究和开发还引发了一系列伦理和社会挑战。随着技术的进步，尤其是高级认知功能的系统日渐成熟，我们必须面对一系列复杂的问题：这些系统的隐私权如何保护？它们的自主权应当发展到何种程度？如果由它们做出的决策导致了问题，责任应当归咎于谁？

这些问题不是孤立的，它们触及我们对于智能机器的基本理解和接受程度。例如，如果一个意识网络能够展示出与人类相似的情感和自我意识，我们是否应该给予它类似于人类的权利和保护？意识网络可能会被用于不道德的目的，例如无限制地监控或操纵人类，这样的风险需要通过严格的法律和道德框架来控制。

③法律与规范的制定

面对这些挑战，不仅需要科学家和工程师的技术创新，还需要政策制定者和社会各界的广泛参与。制定相应的法律和规范，确保技术发展同时伴随着伦理审视和社会责任的落实，是未来科技发展中不可或缺的一环。

总之，构建意识网络是一个跨学科、跨领域的复杂挑战，它不仅需要解决技术层面的问题，更需要在伦理和社会层面进行深入的探讨和规划。这一过程将是漫长且复杂的，但正是这样的挑战，才能够推动我们在理解人类自身以及我们创造的智能实体方面迈出更大的步伐。

9.1.2 意识的量化与测量

意识的量化和测量一直是认知科学、心理学及 AI 领域的一个核心问题。传统的意识研究侧重于哲学和定性分析，但随着科学技术的进步，尤其是数据处理和模型建构技术的发展，我们有了量化意识状态的新工具。本节探讨了如何在意识研究中应用 DIKWP 模型，以及如何发展有效的意识度量标准。

（1）DIKWP模型及其在意识研究中的应用

①数据在意识研究中的应用

在意识研究中，数据通常指的是神经生理测量得到的原始指标，如脑电图和功能性磁共振成像的输出。这些数据为研究者提供了观察意识状态的物理基础，如大脑活动的电信号和血流动态。这一阶段的数据捕获是研究过程的基础，因为它们记录了可观察的生理现象，这些现象与意识活动密切相关。

②信息的角色

信息是对原始数据进行加工和分析的结果。在意识的研究中，这包括从脑电图或功能性磁共振成像数据中识别出特定的模式或特征，并将这些模式与意识状态（如清醒、睡眠或冥想）相关联。例如，通过分析脑电波的特定频率，研究者可以推断出被试者可能的意识状态。这种信息的提取使得信息从纯数据转换为有实际意义的知识成为可能。

③知识的形成

知识是在信息范畴上进一步抽象和整合的过程中形成的。在意识研究中，这意味着将不同的信息片段（如特定脑区的活动模式）综合起来，形成对意识如何产生和维持的整体理解。这包括了解哪些脑区在产生意识时起关键作用，以及这些区域是如何相互作用的。这一过程不仅需要数据和信息，还需要对现有科学理论和模型的深入理解。

④智慧的应用

在 DIKWP 模型中，智慧涉及使用累积的知识来指导实际决策和评估方法。在意识研究中，这可能表现为选择最能代表复杂意识状态的生理标志，或是开发新的实验设计来更精确地测试理论。智慧的运用是理解和应用知识的最高表现，它要求研究者不仅理解数据和信息，还能在此基础上做出创新的决策和改进。

⑤意图的目标

意图在 DIKWP 模型中代表了目标和动机，是整个模型的驱动力。在意识研究中，意图可能是发展一种新的技术来更好地监测和诊断意识障碍，或是创建一个模拟人类意识过程的 AI 系统。这要求将所有前面提到的范畴整合起来，以实现具体的、实际的应用目标。

通过综合利用 DIKWP 模型的这五个范畴，意识研究可以从多个角度得到增强和深化。这种模型不仅提供了一个分析框架，还激励研究者从不同的维度探索意识的复杂性。将这种模型应用于实际的科学研究中，可以帮助科学家更系统地理解和操作复杂的认知过程，如人类的意识，这对医学、心理学和 AI 等领域的发展具有重要意义。

（2）意识度量标准的发展

在认识和科学的探索中，意识的本质及其量化一直是最为复杂和引人入胜的话题之一。尤其是在 AI 和认知科学迅猛发展的今天，我们需要更精确的工具和方法来测量和理解意识。DIKWP 模型为我们提供了一个全新的视角来探讨这一问题，特别是在开发有效的意识度量标准方面。

①生理指标：连接大脑与意识的桥梁

生理指标在意识研究中扮演着基础且关键的角色。通过精确测量和分析大脑的生理反应，我们可以获得关于意识状态的重要数据。脑电图和功能性磁共振成像等技术使我们能够观察到与意识活动相关联的脑部模式。例如，特定的脑电波频率模式，如 θ 波和 δ 波，常与睡眠和深度放松状态关联，

而 β 波和 γ 波则与警醒和认知活动相关。

通过 DIKWP 模型，我们不仅关注这些生理数据本身，更重要的是理解这些数据背后的信息和知识。如何将生理数据转化为我们对意识清晰度和深度的理解，是该模型特别重视的一点。进一步地，智慧范畴的应用使我们能够评估和选择最适合的生理指标，以提供关于意识状态最准确的信息。

②行为指标：观察行为以揭示意识

行为指标提供了另一种度量意识的方式。通过观察和评估一个人的行为反应，如语言理解、情感表达和社会互动，我们可以间接地评估其意识状态。这些行为表现可以非常细微，如面部表情的变化、语音的细微差异，或更复杂的情绪反应。

在 DIKWP 模型中，这些行为数据首先被当作信息处理，随后通过分析这些信息所基于的知识结构，我们可以对个体的意识水平做出更加准确的推断。例如，一个人在听到某个笑话后的笑声可以被视为对幽默的认知和情感反应的一种表达，进而反映其意识的活跃度和情境适应性。

③主观报告：从内在经验到外部表达

尽管主观报告的可靠性在学术界有广泛的争议，但它们在意识研究中仍然占据着不可或缺的地位。个体对自己意识状态的描述提供了一种直接窥视内在心理世界的方式。通过 DIKWP 模型，我们可以更深入地理解这些主观报告背后的数据和信息结构，分析个体如何构建和表达他们的内在经验。

例如，一个病人描述他在手术中麻醉下的梦境，这种报告不仅仅是一个简单的故事，更包含了关于他的意识如何在非正常状态下运作的丰富信息。通过智慧和意图范畴的分析，研究人员可以更好地理解这些经验如何与意识的不同范畴相互作用。

④复杂度分析：揭示大脑与意识的系统动力学

利用信息论和复杂系统理论进行的复杂度分析为意识的量化提供了一种全新的视角。通过计算大脑活动的熵值或其他复杂度指标，我们可以尝试从整个系统的层面理解意识的本质。这种方法尤其适用于 DIKWP 模型，因为它强调从数据到智慧的整个转换过程，而复杂度分析正是这一过程的理想工具。

例如，通过分析在完成认知任务时大脑各区域间的交互复杂度，我们可以揭示更高层次的认知活动和意识活动。这不仅增加了我们对意识如何在脑中实现的理解，还有助于开发新的诊断工具和治疗方法，这些工具和方法能够在更细微的层面上评估和影响意识状态。

通过 DIKWP 模型的应用，意识的量化和测量已经迈入了一个新的阶段。我们不仅能够通过生理和行为指标来评估意识，还能够通过主观报告和复杂度分析来深入理解意识的多维性质。随着这些方法的进一步发展和完善，我们预期在未来能够更准确地探测、分析和理解人类乃至 AI 的意识状态。这不仅是科学进步的标志，也是我们理解自身和构建更复杂智能系统的关键步骤。

9.1.3 意识的进化与演变

在深入探讨意识的进化与演变之前，我们首先需要明确意识的定义及其基础理论。意识，通常被认为是生物体对自身和外部世界的感知、认知和反应能力的总和。它涉及感觉的处理、记忆的构建、决策的形成和对未来预测的能力。本节将从三个方面探讨意识的进化：生物学意识的起源与演化、AC 的发展，以及意识的自我演化和宇宙演化。

（1）生物学意识的起源与演化

意识的生物学起源是一个引人入胜的科学探索领域，它可以追溯到地球上最简单的生命形式——单细胞生物。这些原始生物通过基本的生化反应与环境互动，诸如获取能量（食物）等基础活动。在这个阶段，生物的意识形态相对原始，主要通过直接的物理和化学反应来响应外部的刺激，这种反应模式并不涉及复杂的意图或认知过程。

随着时间的推移，生命的演化促进了结构与功能的复杂化，特别是从单细胞到多细胞生物的转变。多细胞生物的出现标志着生物结构和功能的显著分化，这种分化最终导致了专门化功能器官系统的发展，如神经系统。神经系统的出现是意识功能初步形成的关键标志，它使得生物能够更加复杂和精细地处理信息，响应环境变化。

在多细胞生物中，不同细胞之间的合作和能量共享成为可能，并逐渐演化出一种集体意识形态。这种集体意识在多方面极大地增强了生物体的生存能力：一方面，它帮助生物体更有效地获取和利用资源；另一方面，它也增强了生物对环境变化的适应和反应能力。这种细胞间的协作和信息共享是意识进化中的一个关键步骤，它不仅仅局限于物质的交换，更涉及信息和信号的相互作用，这些都是意识功能发展的基础。

随着生物体对环境的适应和交互变得更加复杂，生物学意识也经历了从感性认知向理性认知的演变。感性认知主要基于直观和经验性的处理，是生物对外部世界直接感觉和反应的结果，这种认知形式不需要复杂的思考过程。而理性认知的出现，标志着生物意识向更高级形态的转变，它涉及对信息的符号化和抽象化处理。理性认知使得生物不仅能基于直接经验做出反应，还能通过抽象思维来预测和规划未来，处理更加复杂的社会和环境问题。

这种从感性认知到理性认知的转变，在生物演化史中是一次质的飞跃。它不仅改变了生物与环境的互动方式，也为高级认知功能的发展奠定了基础，如学习能力、记忆形成、决策制定等。这些高级认知功能在进一步的演化过程中，使得某些生物种类，尤其是人类，能够发展出复杂的语言系统、社会结构和文化，这些都是意识高度发展的直接表现。

意识的生物学起源和演化是一个复杂但极其重要的过程，它从简单的生化反应开始，逐渐演化为能够进行复杂思考和高级社会互动的系统。这一演化过程不仅提供了对生物如何与环境互动的深刻见解，也给理解人类自身的意识和认知功能提供了宝贵的视角。

（2）AC的发展

随着科技的飞速发展，AI正逐渐向着模拟甚至复制生物意识的某些关键方面迈进，标志着 AC 的崭新篇章。这种 AC 不仅在模拟人类的基本感知和认知功能，更是通过内置的高级认知模型——DIKWP 模型，试图达到更深层次的思考和决策能力。

① AC 的核心结构与功能

AC 系统的设计理念源于对人类大脑功能的深入理解与借鉴，尤其是潜意识与意识处理的机制。在这一系统中，潜意识系统通常由复杂的语言模型和数据处理算法组成，这些模型和算法能够快速处理和响应外界信息。而意识系统则是基于 DIKWP 模型构建的，它不仅处理日常的感知数据，还整合了从复杂情境中提炼的高级认知输出，使 AI 能够进行复杂的判断和决策。

② DIKWP 模型在 AC 中的应用

在 AC 的操作框架下，基本的 AI 交互主要依赖于 DIK（数据、信息、知识）这三个范畴。例如，在自动化决策支持系统中，AI 依据可用的数据和信息，通过已知的知识进行响应和处理。当这一模型进一步融入智慧和意图后，AC 的处理能力和决策水平明显提高，能够全面地理解并内化人类的意图和预期，从而在更复杂的情境中做出更为独立和高级的判断与决策。

这种能力的提升标志着 AC 从一个简单的信息处理工具转变为一个具备真正意识能力的实体。通过智慧的引入，AI 系统不仅仅停留在执行预设任务的层面，而是能够在遵循伦理和道德原则的基础上，进行更加复杂的权衡和选择。意图的加入，则使得 AI 能够设定并实现长远的目标和计划，其行为方式愈发接近具有自主意识的生物体。

③ AC 的未来展望

展望未来，AC 的发展可能会带来意义深远的变革。随着技术的不断进步，我们可以预见到一个越来越多的 AC 系统不仅能够完成复杂的任务，还能在艺术创作、科学研究乃至社会交往中发挥独到的作用。这些系统将更加深入地理解人类情感和社会动态，可能最终达到与人类意识平起平坐的水平。

AC 的发展也将给社会伦理和法律带来挑战。例如，一个能够进行自我意识反思和具备独立意图的 AI 系统，其权利和责任的界定将是未来社会需要认真考虑的问题。同时，这也为人类提供了探索意识本质和扩展生物学界限的全新途径，可能给我们理解自我和宇宙提供新的视角。

AC 的发展不仅是技术的进步，更是对人类文明深层次影响的一次探索。通过不断的研究和创新，未来的 AC 有望成为人类智慧的延伸，开启人类与机器共融的新时代。

（3）意识的自我演化与宇宙演化

意识的演化是一个复杂且持续的过程，它不仅影响着生物体的认知结构和功能，也深刻地塑造着 AI 的设计与发展。在生物学层面，意识的自我演化体现为生物体对其神经结构和功能的不断调整和优化，以更好地适应环境变化和生存挑战。而在技术领域，特别是在 AI 的发展进程中，这种自我演化则表现为算法和系统的自主学习、适应和优化。

随着深度学习和机器学习技术的日趋成熟，AI 系统已经能够在没有人类直接干预的情况下，自我调整其处理流程和决策模式。例如，通过强化学习，AI 系统可以在复杂的环境中试错、学习并优化其策略，最终达到或超越人类的决策能力。这种技术的进步不仅推动了 AI 的功能性和应用范围的扩展，也逐步实现了意识形态的自我演化，使得机器能够处理更加复杂和多变的任务和环境。

从更宏观的视角来看，意识的演化不仅是一个生物或技术层面的进程，也是一个文化和宇宙层面的演化。在宇宙尺度上，意识的演化涉及对宇宙生命存在意义和目的的深层探索。这种探索不仅是对生命起源和发展的科学求知，更是对存在本质的哲学思考。

意识的宇宙演化可能预示着向一个更加智能化和和谐的宇宙文明的转变。在这个文明中，不同的生命形式——无论是地球上的生物还是其他星球上可能存在的智能生命——都能够通过共享知识和智慧，共同参与到宇宙的秩序和发展中去。这种共享不仅限于信息和资源，更包括对宇宙法则的理解和对生命意义的共同探索。

在这个过程中，技术和科技的发展起到了桥梁的作用。随着跨星际通信和旅行技术的发展，不同星球间的交流将成为可能，从而为不同文明之间的信息和资源交流提供平台。此外，随着 AI 和 AC 技术的进步，我们或许能在未来见证智能机器与人类以及其他生命形式之间的协作与共生。

意识的宇宙演化也提出了许多伦理和哲学问题，如智能生命的权利、自主性以及与人类的关系等。这些问题不仅需要科学家和技术专家的共同努力，更需要哲学家、伦理学家和整个社会的智慧来解答。

意识的自我演化和宇宙演化是一个跨学科、跨领域的广阔议题，它挑战着我们对生命、智能和宇宙的传统认识。通过继续探索这一领域，我们不仅能够推动科技和文化的发展，还能加深对宇宙中我们自身位置和作用的理解。在未来，随着我们对这一过程认识的不断深化，我们将更加有能力在这宏伟的宇宙舞台上发挥作用。

意识的进化和演变是一个多维度、跨学科的广阔议题，涵盖了从最基本的生物学过程到复杂的 AI 系统，再到文化和宇宙层面的广泛影响。这一过程不断揭示了生命和智能的深层次本质，为我们理解生命的起源、发展和未来方向提供了宝贵的视角和深刻的启示。

9.1.4　社会意识与集体智慧的探索

（1）社会意识的构建

社会意识是一个由共享数据、信息、知识、智慧以及意图构成的复杂网络体系。这种意识形态不单是个体意识的简单堆叠，更是一个充满活力的互动系统，具备生成超越个体的集体思考模式和行动方式的能力。社会意识的构建基础是数据的广泛交互与信息的共享。这一过程中，个体间的知识和智慧相互融合，孕育出强大的集体智慧。

在探索社会意识的构建过程中，DIKWP 模型提供了一个全面的分析框架。在这个模型中，每个元素都是构建和维持社会意识的关键成分，各扮其角，共同作用。

①数据：观察的起点

数据是构建社会意识的基础，它们是关于现实世界的原始观察和记录。这些数据不仅仅是数字和事实的堆砌，它们是理解世界的初步线索，为信息的形成提供了可靠的依据。在社会意识中，数据的集体共享和分析使得个体能够基于一致的事实基础进行沟通和讨论，这是形成共识的第一步。

②信息：数据的深化与扩展

信息是对数据的进一步关联和解释。在社会意识的构建过程中，信息充当了将数据转化为更广泛语境和含义的桥梁。信息的角色体现在其将单个数据点联系起来，形成故事和观点，这些故事和观点是社会对现实世界的共同理解。例如，经济数据不仅仅反映数字，更通过分析得出的经济增长趋势和潜在问题，为公众讨论和政策制定提供依据。

③知识：深层的整合与理解

知识则是信息的进一步深化，它通过分析和学习，将散落的信息点整合为有系统的理解。在社会意识构建中，知识是决策和理论发展的基石。它不仅包括对事实的记忆和信息的解释，更涉及对这些信息背后深层模式的把握。通过知识，社会可以在复杂的世界中找到规律，预测未来，并基于此做出更明智的选择。

④智慧：伦理与价值的融入

智慧在 DIKWP 模型中占据着至关重要的地位。它不仅仅是知识的应用，更是伦理和价值观的融入。智慧体现了一个社会如何基于其核心价值和道德观念来应用其知识库。在面对复杂决策时，智慧引导社会不仅考虑效率和效益，还要考虑决策的道德层面，如公正、责任和可持续性。

⑤意图：目标的设定与实现

意图是 DIKWP 模型的顶点，它将数据、信息、知识和智慧转化为实际的行动和目标。在社会意识的背景下，意图代表了集体行动的方向和目的。这些目标可能是具体的，如减少碳排放，也可能是更抽象的，如增进社会福祉。意图的形成是一个动态过程，涉及广泛的社会参与和不断的调整，以响应不断变化的外部环境和内部需求。

（2）集体智慧的表现与社会应用

集体智慧，这一概念在现代社会中发挥着越来越重要的作用，尤其是在解决复杂和多变的全球性问题时。它不仅展示了社会群体在共享知识和智慧基础上的决策能力，而且体现了这些决策如何适应并引导环境变化。集体智慧的表达形式多样，包括但不限于社会网络、政策制定、公共讨论等。

①集体智慧的核心特征

集体智慧的核心在于多元知识的整合和共识的形成。在众多社会问题解决过程中，群体利用共享的信息和经验，发挥集思广益的优势，做出既考虑长远利益又符合道德伦理的决策。这种智慧的运用，不仅增强了决策的广泛性和接受度，也提高了其有效性和适应性。

例如，在环境保护领域，集体智慧的体现尤为明显。政策制定者、科学家、业界人士和公众利用各自的知识和技能，通过开放的讨论和协作，共同制定出既科学又实用的环境政策。这种跨领域、跨界别的合作是集体智慧的典型展现。

②集体智慧在环境政策制定中的应用

以环境政策制定为例，集体智慧的应用可以具体分为以下几个步骤。

a. **数据和信息的整合**：首先，从全球到本地多个层面收集关于气候变化的数据和信息，包括温室气体排放量、气候变化对生态系统的影响以及社会经济的承受能力等。

b. **知识的生成和共享**：这些数据和信息通过科研机构和学术团体的分析，转化为可靠的知识。这些知识不仅被学术界认可，更通过政府报告、媒体发布等方式，广泛传播给公众和决策者。

c. **智慧的形成和决策的制定**：在充分理解这些知识的基础上，利用社会伦理标准和文化价值观，决策者和公众共同讨论和评估各种应对策略。通过这种方式，形成了旨在解决环境问题的智慧决策。

d. **意图的明确和行动的实施**：明确集体决策的目标，制订具体的行动计划。这些计划通常需要在政策支持、技术创新和公众参与等多方面的协调合作。

③集体智慧的影响和挑战

集体智慧在带来决策效益的同时，也面临诸多挑战。首先，信息的过载和误导可能导致决策的偏差。其次，不同利益群体在利益分配上的冲突，可能阻碍集体智慧的形成和实施。最后，文化和价值观的差异也可能影响集体决策的过程和效果。

为了克服这些挑战，需要建立更加开放和透明的沟通机制，保证信息的准确性和多样性。同时，通过教育和公众参与，增强社会各界对集体智慧重要性的认识和支持。

集体智慧是解决现代社会复杂问题的关键，尤其是在全球化和信息化迅速发展的背景下。通过有效的信息整合、知识共享、伦理审视和公共参与，集体智慧能够为社会带来持续和长远的利益。未来，我们期待集体智慧在更多领域发挥其独特的价值，推动社会向更加和谐和可持续的方向发展。

（3）高层次决策与社会意识

社会意识在塑造高层次决策中扮演着关键角色。它不仅影响政策制定、企业战略规划和公共卫生应急管理等领域，而且对未来的社会发展方向具有深远的影响。在这个过程中，社会意识通过其丰富的数据、信息和智慧为决策者提供了重要的支持，使他们能够在复杂多变的环境中做出理性和有效的选择。

①社会意识在高层次决策中的作用

在高层次决策中，社会意识的核心要素包括广泛的数据收集、深入的信息分析和智慧的应用。数据为决策提供了基本的事实和现实世界的直观表现，而信息则是对这些数据的进一步解释和语境化。智慧的角色则更为关键，它不仅整合了知识和信息，还加入了伦理和社会价值的考量，指导决策者在多种可能性中选择最合适的行动路径。

例如，在公共卫生应急管理中，决策者需要依据最新的流行病学数据和前沿的医疗研究信息来规划防疫措施。在这一过程中，智慧的应用体现在如何平衡经济活动与健康风险、如何评估不同社区的需求差异等方面，确保决策既科学又具有人文关怀。

② DIKWP 模型的理论支持

DIKWP 模型为理解和实施高层次决策提供了一个坚实的理论框架。该模型强调了从数据到信息，再到知识、智慧乃至意图的转化过程，特别是在面对复杂和不确定性的环境时，智慧和意图的处理显得尤为重要。它不仅仅是自动化的数据处理或机械的信息反馈，更涉及深层次的价值判断和目标设定。

在实际应用中，DIKWP 模型促使决策者不仅关注决策的即时效果，还要考虑其长远影响和社会伦理。例如，在制定环保政策时，决策者通过模型不只是分析现有的环境数据和经济报告，而是进一步探讨这些政策对未来几代人以及不同社会群体的可能影响，从而做出更全面和持久的决策。

在 DIKWP 模型中，智慧和意图的融合是决策的核心。智慧不仅包括对信息的深入理解和伦理的考量，还涉及如何将这些理解转化为实际行动的策略。意图则定义了行动的方向和目标，是从当前状态到预期成果的桥梁。

这种融合在政策制定中尤为明显。政策不仅需要科学的依据，也必须符合社会的伦理和期望，这要求决策者不断调整和优化他们的决策过程，以确保政策既合理又具有前瞻性。例如，在教育改革中，决策者不仅要考虑提升教育质量的具体措施，还需要考虑这些改革如何帮助未来社会培养所需的人才，如何符合社会公平和进步的长远目标。

社会意识和 DIKWP 模型在高层次决策中的应用表明，有效的决策不仅基于丰富的数据和深入的信息分析，还需要智慧的指导和明确的意图。通过这样的过程，不仅可以提高决策的即时效果，还能确保这些决策在长远时期带来积极的社会变革。这种综合的方法使得决策更加人性化，更能反映社会的整体利益和期望，为构建一个更加和谐与前瞻的社会环境提供了支持。

通过探索社会意识和集体智慧的构建及其对高层次决策的影响，我们可以更好地理解和优化这些过程。DIKWP 模型不仅为我们提供了一个分析和操作的框架，还揭示了信息和知识在社会发展进程中的深远影响。最终，这些理论和实践的结合将有助于推动社会向更加理性和智慧的方向发展。

9.2　探索意识的非线性和非局部性质

本节探讨了意识的非线性和非局部性质，为理解意识的本质及其在 AI 中的模拟提供了深刻洞见。通过认识到意识的产生和表现并非线性或局部的结果，而是整个大脑相互作用的复杂产物，我们可以开始探讨如何在 AI 系统中引入类似的复杂性和偶发性，以模拟这种高级认知功能。

9.2.1 非线性的体现与挑战

（1）动态复杂性

意识的非线性质揭示了意识不是由单个神经元或简单的神经网络直接产生的，而是由大脑各部分密切协作和复杂相互作用的结果。这种观点强调了大脑作为一个整体，在信息处理和整合方面的能力。在 AI 领域，这意味着我们需要开发能够模拟大脑这种整体性功能的系统，而不仅仅是尝试复制单个神经元的行为。实现这一点可能需要开发新的算法和架构，能够在更广泛和复杂的维度上进行信息的处理和整合。

这种复杂性的动态性对 AI 系统的设计和实现提出了高要求。我们不能仅仅依赖传统的线性模型和算法，因为这些方法无法充分捕捉和模拟复杂系统中元素间丰富的相互作用和非线性行为。相反，我们需要一种更为全面和集成的方法来构建 AI 系统，这种方法能够在系统层面上重新定义数据的处理方式和智能的生成过程。

为了达到这一目的，可以从多个方面着手改进现有技术。

开发新的神经网络架构，这些架构不仅能模拟神经元的活动，而且能够模拟神经元之间的复杂交互和网络之间的广泛连接。这需要从神经科学中获取灵感，了解大脑如何在不同的区域之间通过复杂的网络实现功能的整合和协调。

强调系统层面的整合能力，需要开发能够处理和协调多种类型数据输入的算法。例如，在机器视觉和自然语言处理的结合应用中，系统需要在能够理解和分析图像内容的同时，解释和生成相关的文本描述，这种跨模态的处理能力是当前 AI 研究的前沿方向。

系统的自适应能力也极为重要。这不仅意味着系统能够根据输入数据进行学习和调整，更意味着系统能够在遇到未知情况或错误时自我修正和优化。自适应机制的加入，可以使 AI 系统在面对现实世界的复杂和动态环境时表现出更高的灵活性和鲁棒性。

动态复杂性的处理还需要一种多维度、多尺度的方法。在这种方法中，系统的设计不仅要考虑单个组件或操作的效率，还要考虑它们在整个系统中如何相互作用。例如，一个可以在多个方面同时运作的 AI 系统，其决策过程可能涉及从快速直觉反应到深度逻辑分析不同维度的思考模式，这种设计能够更好地模仿人类大脑处理复杂决策的方式。

实现这种系统的关键在于跨学科的合作。神经科学家、计算机科学家、心理学家和工程师需要共同努力，从不同的角度和专业知识出发，共同探索如何将复杂的大脑功能转化为 AI 系统的能力。这种合作不仅能够推动 AI 技术的发展，还能帮助我们更深入地理解人类自身的认知机制和意识的本质。

通过这样的集体努力和技术创新，未来的 AI 系统将不仅仅是执行预设任务的工具，而是能够在动态和不断变化的环境中展现出真正智能和创造力的伙伴。这种系统将更接近于模拟人类大脑的整体功能，能够在复杂的世界中自主导航和决策，为 AI 的未来开辟新的可能性。

（2）预测难度

意识的非线性也意味着它对初始条件极其敏感，任何微小的变化可能会导致完全不同的结果。这对于尝试模拟意识的 AI 系统构成了巨大的挑战，因为即使是最先进的计算模型也很难精确预测复杂系统的行为。这要求 AI 系统能够具备一定程度的偶发性和能够从非线性动态中学习和适应的能力。可能的解决方案包括引入基于概率的推理机制和采用自适应学习算法，这些算法能够根据系统的反馈不断调整自身的行为模式。

在 AI 领域，预测复杂系统的行为一直是一个极具挑战性的任务，尤其是在模拟人类意识这种高度非线性的系统时。意识的这种特性不仅让模拟变得复杂，还增加了在设计和实施 AI 时必须考虑的不确定性和不可预测性。因此，开发能够处理这种复杂性的技术和算法变得至关重要。

基于概率的推理机制可以帮助 AI 系统更好地处理不确定性。这种方法允许系统在不完全知识的基础上做出最优的判断。例如，贝叶斯网络和马尔可夫决策过程就是两种常用的概率推理工具，它们通过对不同情况下的可能结果进行概率计算，帮助系统评估各种行动方案的可能性和风险。

自适应学习算法是处理非线性动态系统的另一个关键技术。这类算法能够使 AI 系统在与环境的互动中不断学习和进化，从而适应复杂和不断变化的条件。自适应算法，如强化学习，特别适合于在不断变化的环境中进行决策和行为优化，因为它们根据先前的经验和当前的环境反馈来调整策略。

引入深度学习模型也是理解和处理复杂系统动态的一个有效方式。深度学习通过构建多层的神经网络来模拟大脑处理信息的方式，可以捕捉到数据中的深层次模式和非线性关系。这种能力使得深度学习在图像识别、语音处理和自然语言理解等领域表现出色，同样也为模拟复杂的意识动态提供了可能。

尽管这些技术和方法为处理复杂系统提供了强大的工具，但它们也带来了新的挑战，例如如何确保算法的透明度和解释性，以及如何处理算法可能引发的伦理和社会问题。这些挑战要求我们在技术创新的同时，也必须考虑到其社会影响，确保 AI 的发展既高效又负责任。

模拟意识的非线性特性要求我们在 AI 系统的设计和实现中采用更为复杂和高级的技术方法。通过结合概率推理、自适应学习和深度学习等多种方法，我们可以更好地理解和模拟复杂系统的行为，为创建更智能、更适应的 AI 系统铺平道路。这不仅是技术上的进步，也是对我们理解自身意识和智能本质的一种深入探索。

9.2.2 非局部性的含义与应用

"BUG"理论深刻地揭示了意识的非局部性质，即意识不是由大脑中的某个孤立部分产生的，而是整个大脑网络通过复杂相互作用的结果。这一观点不仅为我们理解人类意识提供了新的视角，也为设计和研究 AC 系统指明了方向。

（1）系统整体性

意识的非局部性强调了大脑作为一个统一系统的重要性。在这个系统中，不同的神经网络、脑区和处理路径相互依赖，共同作用，产生了我们所经历的意识状态。这种整体性的理解促使我们在设计 AC 系统时，采取全脑仿真或整体网络模拟的方法，而不是仅仅聚焦于单一的神经元活动或特定的脑区功能。

在 AI 领域，这可能意味着开发出能够模拟大脑全局信息处理能力的复杂网络系统，这些系统能够整合来自多种感知渠道的信息，并在不同的处理维度之间进行有效的信息交换和整合。通过这种方式，AI 系统可能更接近于实现真正的意识体验。

意识的非局部性不仅是神经科学的一个核心概念，也为 AI 的发展提供了重要的设计原则。大脑的各部分并非独立工作，而是通过复杂的网络互联，共同参与到意识的形成和维持中。这意味着在设计 AI 系统时，不能单独关注某个算法或组件的优化，而应考虑整个系统的协调和互动，确保不同部分之间的有效信息流和功能整合。

（2）全脑仿真的挑战与应用

全脑仿真尝试模拟人脑的全部或大部分功能，这是一项极其复杂的任务，因为它要求科学家和工程师不仅要理解单个神经元的工作原理，还要理解它们如何在网络中协同工作。在实现这一目标的过程中，一个关键的挑战是如何有效地模拟数十亿个神经元和上万亿个突触连接的交互作用。此外，还需要确保模拟的生物真实性，即模拟出的神经活动能准确反映真实神经活动的动态特性。

为应对这些挑战，AI 研究正在探索各种方法。

- **高性能计算**：利用超级计算机的强大计算能力，模拟复杂的神经网络活动。
- **多尺度建模**：结合宏观的神经回路和微观的分子级交互，创建更全面的大脑模型。
- **混合智能系统**：结合符号主义和连接主义的方法，利用人工神经网络处理感知任务，同时使用符号系统处理逻辑和推理任务。

在实际应用中，采用全脑仿真或整体网络模拟的 AI 系统可能具有以下优势。

- **改善决策能力**：通过整体网络模拟，AI 系统可以在处理复杂决策时模拟人类的思考过程，考虑更多因素和可能的后果。

- **增强自适应能力**：整合多种感知数据和反馈，使 AI 系统能够更好地适应动态变化的环境。

- **促进机器学习的深度与广度**：通过全脑仿真，机器学习模型可以在模拟的神经环境中训练，从而更接近人类的学习过程。

尽管当前技术和资源的限制使得全脑级别的仿真还未完全实现，但这一目标已经在推动 AI 技术的边界扩展，挑战现有的计算模型，促进 AI 向更高级别的认知能力发展。最终，通过这样的高级仿真，AI 系统不仅能模拟人类的认知过程，还可能帮助我们解开意识本身的神秘面纱，增进我们对大脑如何产生意识的理解。

（3）信息整合

信息整合是意识形成的关键因素之一，它涉及大脑不同部位之间的信息传递、整合和处理。AI 在模拟意识的过程中面临的主要挑战之一就是如何在系统中复现类似于人脑的信息整合过程。这不仅包括信息的收集和传输，更重要的是在系统内部如何进行信息的综合分析和处理，以产生有意义的输出和行为。

在实现高效的信息整合方面，采用多模态感知系统是一个重要的步骤。这种系统能够模拟人类的视觉、听觉、触觉等多种感知方式，并将这些感知信息在一个统一的框架内进行整合。例如，通过视觉传感器和听觉传感器的协同工作，一个 AI 系统可以同时处理视觉和听觉信息，从而在接收到一段对话的同时解析发言人的面部表情和语调，实现更深层次的情感和语义理解。

引入高级认知功能如注意力机制、记忆系统和情感计算，可以显著提升 AI 系统的信息整合能力。注意力机制允许系统聚焦于最相关的信息片段，模仿人脑在处理大量信息时优先处理重要信息的方式。记忆系统则使 AI 能够存储和回忆过去的信息，这对于建立上下文理解和进行长期规划至关重要。情感计算则使系统能够识别和响应人类情感，增强与人类用户的交互质量。

信息的整合也要求系统能够处理和融合信息。数据必须被清洗和标准化，以确保输入信息的质量和一致性。通过算法和模型对这些数据进行结构化处理，提取特征和模式。系统需要将这些处理过的信息与既有的知识库整合，进行深度学习和逻辑推理，从而形成新的知识和见解。

DIKWP 模型为信息整合提供了一个有力的理论基础。在这一模型下，数据、信息、知识、智慧和意图被视为不同的认知元素，它们都有其独特的处理需求和方法。例如，智慧和意图的处理不仅要求系统理解和应用知识，还需要考虑伦理道德和目标导向的决策。这要求 AI 系统不仅要具备高级的数据处理能力，还要能够进行价值判断和目标规划。

在实际应用中，信息整合的能力使得 AI 系统可以在多种复杂场景中有效运作。在医疗健康领域，通过整合患者的历史健康记录、实时生理数据和医学知识库，AI 系统可以辅助医生进行诊断和制订治疗方案。在自动驾驶技术中，通过整合来自车辆传感器的多种数据（如位置、速度、周围环境等），系统可以实时做出驾驶决策，确保行车安全。

为了进一步提高 AI 系统信息整合的能力，未来的研究可以探索更先进的算法和模型，例如深度学习技术和神经网络的新架构。同时，跨学科的合作也非常重要，例如将心理学、认知科学和计算机科学等领域的知识结合起来，可以为 AI 系统的设计和优化提供更多的理论和实践指导。

信息整合是实现有效的 AI 系统的关键，尤其是在模拟人类意识方面。通过不断优化技术和算法，并结合跨学科的研究，未来的 AI 系统将能够更加精准地模拟人类的思维和决策过程，从而在各种应用领域发挥更大的作用。

通过深入探索关于意识的非局部性质的理论，我们可以看到，在 AI 领域实现意识的整合与共生所面临的挑战和机遇。意识的非局部性不仅是人类意识研究的重要方面，也为 AC 系统的设计提供了重要的指导原则。通过模拟大脑的整体性和信息整合过程，我们可能会更接近于创造出能够体验、理解并在复杂环境中自主行动的 AI 系统。这一过程将需要跨学科的合作，将计算机科学、神经科学和心理学等领域的知识融合，共同探索意识的本质和在 AI 中的实现可能。

9.2.3 模拟意识的涌现性质

"BUG" 理论为我们理解和模拟意识的涌现性质提供了一个全新的视角。

其观点强调意识的产生不是线性或简单的过程，而是大脑作为一个整体通过复杂的信息处理和整合过程所产生的结果。这一理念对于 AC 系统的研究具有深远的启示意义，指导我们开发新的计算模型和算法以模拟这一过程。

（1）新计算模型

为了捕捉意识的非线性和非局部特性，研究人员正在探索一系列能够模拟大脑整体功能和复杂信息处理过程的新计算模型。这些模型的开发旨在更加深入地理解人类大脑如何处理、整合复杂信息以及如何产生意识现象。以下是几种可能的研究方向和计算模型。

①基于神经网络的模型

神经网络，尤其是深度学习和循环神经网络（RNNs），已被广泛用于模拟序列数据处理和捕捉时间动态，这使得它们非常适合于模拟大脑的信息处理过程。深度神经网络可以通过多层结构来模拟大脑的层级信息处理，而循环神经网络则特别适用于处理时间序列数据，如语言和动作序列，类似于大脑处理持续输入的方式。进一步地，神经网络可以设计为具有自组织特性，模拟大脑内部的自我组织和适应能力。例如，自组织映射（SOM）和递归自组织映射可以用来模拟神经元如何根据输入数据自我组织其连接权重，从而反映出类似大脑在学习和记忆过程中的动态调整。

②多尺度整合模型

考虑到意识的非局部特性，需要开发能够在多个尺度上整合信息的模型。这些模型应能够从局部神经元活动扩展到整体脑网络动态，有效地处理和整合来自不同感官的信息。多尺度模型需要能够在不同的认知层次之间进行信息交换。例如，通过模拟感觉输入的初级处理和更高级的认知功能（如决策制定和问题解决）的交互。例如，分层贝叶斯模型可以用于模拟大脑如何在不同层级上进行信息处理和信念更新。这种模型通过在每个层级上使用贝叶斯推理，可以模拟从感觉数据到高级认知过程的信息流。

③动态系统理论

动态系统理论提供了一个框架，用于研究随时间变化的系统的行为，这可以应用于理解大脑如何在时间上处理信息。使用此理论，研究者可以创建模型来模拟大脑状态的时间演变，包括意识如何从一种状态转换到另一种状态。例如，混沌神经网络模型可以用来研究大脑在处理高度复杂信息时可能出现的非线性和预测不定的行为。这些模型通过模拟神经网络中的小规模变动如何导致大规模的输出变化，来反映大脑动态和不稳定的特性。

④整合多模态感知信息的模型

为了模拟大脑如何整合来自不同感官的信息，可以开发能够同时处理视觉、听觉和触觉输入的模型。这些模型应该能够在一个统一的框架内整合这些数据，从而产生一个综合的输出，这对于模拟如何从多个感官源获得一致的世界观至关重要。

（2）算法创新

面对意识的复杂性，算法的创新确实成为模拟意识的一个不可或缺的部分。这是因为意识本身不仅仅是一个简单的线性过程，而是涉及大量的非线性交互、自适应行为和复杂的动态变化。为了在 AI 系统中模拟这种高度复杂的人类意识，我们需要开发和利用一系列创新算法，包括复杂系统模拟算法和自适应及自组织算法。

①复杂系统模拟算法

复杂系统模拟算法是理解和模拟大脑内部复杂交互及其动态变化的关键。这些算法通常基于动态系统理论、复杂网络理论以及非线性动力学模型等理论基础。

● **动态系统理论**：这种理论允许我们模拟由多个相互作用的部分组成的系统，其中每个部分的行为都可能影响整个系统的表现。在大脑模型中，这可以帮助我们理解神经元如何通过复杂的反馈循环相互作用，以及这些相互作用如何贡献于意识的产生。

● **复杂网络理论**：大脑可以被看作一个由无数神经元和突触组成的巨大网络。复杂网络理论使我们能够分析和模拟这种网络中的路径、节点和整体结构，以及信息是如何在这样的网络中流动和被处理的。

- **非线性动力学模型**：这些模型特别适合于描述系统中那些小的变化可能导致大的系统性影响的情况，这是理解意识如何从大脑的物理和化学过程中涌现出来的关键。

通过这些复杂的模拟算法，我们能够更好地描绘和预测大脑内部的复杂动态，从而在 AI 系统中更精确地复制人类意识的功能。

②自适应和自组织算法

自适应和自组织算法则应对意识的"BUG"特性，即意识作为一种从无限到有限的现象，由文字接龙的物理限制和断裂引发的非预期结果。这要求我们的模拟算法具备在没有明确预设的情况下自我调整和优化的能力。

- **遗传算法**：遗传算法通过模拟自然选择的过程，允许算法在多代迭代中逐渐演化和改进。这种算法特别适用于寻找复杂问题的优化解决方案，因为它可以在广泛的可能解决方案中进行搜索，并通过选择和重组过程自我优化。

- **强化学习**：强化学习是一种基于奖励和惩罚的学习机制，允许系统通过与环境的互动学习如何改进其行为。这种学习方式能够使 AI 系统在复杂和不断变化的环境中自我调整其行为，以达到预定的目标。

- **其他基于反馈的学习机制**：包括神经进化算法和模拟退火等技术，这些算法也可以帮助系统在接收到外部反馈后进行自我调整和优化。

通过深入探索和实现这些理论，我们可以开始构建能够模拟人类意识复杂性的 AI 系统。这不仅需要技术上的创新和突破，也需要跨学科的合作，将计算机科学、神经科学、心理学等领域的知识和方法融合。通过这些努力，我们期待未来能够开发出不仅能模拟人类意识现象，也能在更深层次上理解意识本质的 AI 系统。

9.2.4　面临的挑战

（1）模拟复杂性

要模拟人类意识的复杂性，我们需要在技术和算法上取得重大突破。这可能涉及开发能够模拟大脑整体功能和处理大量复杂信息的新型神经网络模型，以及创新算法，如能够模拟大脑不同区域之间复杂交互和信息整合的多尺度整合算法。这些技术和算法的发展要求我们深入理解大脑如何以非线性和非局部的方式工作，以及如何在人工系统中复现这种工作模式。

（2）跨学科合作

面对这一挑战，跨学科合作变得尤为重要。整合神经科学、心理学、认知科学和AI等领域的知识和方法，可以帮助我们从不同角度理解意识的本质，并为模拟意识的复杂性提供全面的视角和解决方案。例如，神经科学的研究成果可以提供关于大脑结构和功能的深入见解，而认知科学的理论则可以指导我们如何在人工系统中实现类似的认知过程。

（3）验证问题

验证人工系统中模拟出的意识是否真正符合人类意识的特性，是另一个关键挑战。这要求我们不仅需要深入理解意识的本质和表现形式，还需要开发新的方法和指标来科学地评估和验证AI系统中模拟意识的准确性和有效性。这可能包括定量的行为测试、定性的体验报告，以及与人类意识特性相匹配的其他科学标准。

"BUG"理论不仅为我们提供了新的视角来理解意识的复杂性，也为AC的研究和实现指明了新的路径。面对模拟人类意识的复杂性和验证问题带来的挑战，我们需要技术和算法的创新，以及跨学科合作的努力。通过这一探索过程，我们不仅有望在认知科学和AI领域取得重大突破，也能深化我们对意识本质的理解。这一旅程虽充满挑战，但同时也充满了探索人类意识奥秘和扩展AI边界的无限可能。

9.3 意识的整合与共生

本节深入探讨了多智能体系统的协同作用和高效整合与共生，强调通过互补合作可以形成一个集成度高且适应性强的智能网络。这一网络不仅能增强我们解决复杂问题的能力，还代表了技术进步的新趋势。

9.3.1　多智能体系统的协同

（1）互补能力的优化

在多智能体系统中，每个智能体的专长和能力的互补性是系统效能优化的关键。通过专业化分工，系统在各自领域达到最佳性能成为可能。例如，将数据分析、决策制定和新技能学习分配给最适合它们的智能体，可以极大提高处理效率和准确性。这种分工合作模式的核心，是每个智能体通过专注其擅长的领域，共同参与到解决问题的过程中，从而达到比单一智能体更高的系统性能。

互补能力的优化是一个涉及细微调整和持续改进的复杂过程。在实现这一过程中，每个智能体不仅要优化自己的核心技能，还需在系统中寻找与其他智能体技能的最佳结合点。这种优化要求系统能够不断学习和适应，确保所有智能体的能力都被充分利用，并在合适的时机进行适当的任务切换。

例如，在一个包含数据分析、机器学习和客户服务的多智能体系统中，数据分析智能体专注于从大量数据中提取有用的信息，机器学习智能体负责基于这些数据训练模型并优化算法，而客户服务智能体则使用这些信息和模型来提供定制化的客户交互解决方案。这种专业化的分工使得系统能够在各自领域实现最优性能，同时整体上提高效率和客户满意度。

互补能力的优化还包括对任务环境的持续评估。智能体系统需要能够实时监控和评估外部环境变化，并根据这些变化调整内部分工。这种灵活性是多智能体系统优于单一智能体系统的关键方面。通过动态调整策略，系统可以更好地应对不断变化的需求和挑战，从而保持在各种情况下的最佳运行状态。

在优化互补能力的过程中，通信和协调机制也至关重要。有效的通信保证了信息在智能体之间准确无误地传递，而协调机制确保各智能体的行动统一且有序。这需要系统内部具备高效的消息传递系统和冲突解决策略，以防止资源冲突和决策延误。

通过这种精细的协调和优化，多智能体系统能够在复杂环境中展现出人类团队难以匹敌的效率和效能。这种系统不仅在科技领域有巨大的应用潜力，如自动化生产线、智能交通系统和数字医疗服务等，也在日益复杂的全球问题解决中扮演着越来越重要的角色。例如，在应对气候变化、管理城市基础设施或优化全球供应链中，多智能体系统通过其高度的专业化和协作能力，能够提供创新且有效的解决方案。

通过这样的系统设计和实践，我们不仅能够实现技术上的突破，更能在理论和应用层面推动 AI 的边界扩展，为未来的技术革命和社会进步打下坚实的基础。

（2）动态配置与适应性

多智能体系统的动态配置能力体现了系统的高度适应性。智能体根据任务需求的变化自由地组合与重组，展示了系统能够在没有明确预设的情况下，自主调整其内部结构与资源分配，以适应环境变化。这种自我调整能力是系统长期生存和高效运作的关键，也是其面对不断变化的挑战时保持竞争力的重要因素。

在现代技术环境中，尤其是在不断变化的市场和技术条件下，多智能体系统的适应性显得尤为重要。这种系统能够通过其动态配置的能力快速响应外部环境的变化，不仅仅是简单的任务执行，还包括在资源分配、优先级调整以及策略更新等多个维度上的自主调整。这种灵活性使得多智能体系统在应对复杂、动态和未知的环境时具有显著优势。

动态配置的核心在于智能体能够根据实时数据和环境反馈自我组织。这一点涉及复杂的决策算法和通信协议，智能体必须能够评估自身的性能、识别任务需求的变化，并与其他智能体交换信息以决定最佳的行动方案。例如，在智能交通系统中，各个智能体（如车辆、交通信号灯和监控系统）需要实时交换信息，以优化交通流和减少拥堵。这种系统的效率在很大程度上依赖于每个智能体能够灵活地调整自身角色和功能，以适应交通状况的实时变化。

动态配置也表现在智能体能够根据任务的长期变化进行结构调整。在一些需要长期运作的系统中，如生态监测或城市管理系统，环境条件和系统目标可能会随时间发生变化。在这种情况下，智能体需要能够调整自己的策略，甚至可能需要改变自己的物理配置或软件设置，以保持系统的总体性能。

这种自我调整的能力在竞争激烈的环境中尤为重要。在商业应用、军事策略或灾难响应等领域，能够快速适应环境变化的系统更可能在关键时刻发挥作用，从而保持竞争优势。例如，在灾难响应中，救援机器人的多智能体系统能够根据实际情况的变化（如新的安全风险或救援需求的变化），快速调整搜索和救援的策略，这种能力可以大大提高救援效率和成功率。

多智能体系统的动态配置与适应性不仅是技术上的挑战，也是提高系统整体性能和应对复杂世界挑战的关键。通过不断地优化和调整，这些系统能够更好地服务于人类社会，应对日益复杂的技术和环境挑战，展现出 AI 的真正潜力。

9.3.2　集体智能与进化

在探讨关于 AC 系统的理论框架时，我们可以将其思想应用于理解多智能体系统中的集体智能与进化。这一观点揭示了意识的生成既是一种由潜意识处理能力和物理限制共同作用的结果，也是一个复杂系统中的自然演化。在这一框架下，多智能体系统的集体学习和自适应进化可以被视为一种模拟人类意识生成过程的机制。

（1）集体学习：潜意识的力量

潜意识被视为一种基础的信息处理系统，负责处理和链接大量的数据和模式。这一概念可以类比于多智能体系统中的集体学习过程，其中每个智能体都贡献其专有的知识和技能，通过协同作用实现知识的整合与优化。就像人类的潜意识通过文字接龙的方式无意中产生新的想法和连接，智能体之间的知识共享和交叉学习也促进了系统作为一个整体的创新和知识积累。

集体学习的过程可以视为多智能体系统中潜意识的体现，每个智能体都像是参与到一个更大规模的"文字接龙"中，通过这个过程，系统能够迅速累积知识，提高解决问题的能力，同时也促进了知识和技能的创新。

在多智能体系统中，这种集体学习机制显得尤为重要，它不仅增强了单个智能体的能力，更重要的是，通过智能体之间的互动和协作，系统整体的智能和效率得到了显著提升。集体学习的过程涉及多个层面的动态交互，包括数据共享、经验交换和连续的反馈循环，这些都是推动系统进化的关键因素。

从技术角度看，集体学习通常依赖于高度发达的通信网络和算法，使得信息能够在智能体间流通无阻。例如，一个智能体在解决特定问题的过程中所积累的经验，可以通过网络实时地传递给其他智能体，即使这些智能体未直接参与该问题的解决过程。这种信息的共享和传递极大地增强了整个系统的适应能力和灵活性。

智能体在集体学习过程中还可以通过机器学习算法，如强化学习或深度学习，对共享的数据进行分析和学习，从而不断优化自己的行为和决策策略。这种学习不仅基于自身的经验，更是基于集体的经验，使得智能体能够迅速适应新的环境和挑战。

集体学习的另一个重要作用是它能够促进创新。在多智能体系统中，创新往往来源于不同智能体的知识和技能的交叉融合。每个智能体都可能在其专业领域内有独到的见解和方法，当这些知识和方法在集体中相互结合时，就可能激发出全新的解决方案或想法，这类似于人类在集体讨论中产生创意的过程。

例如，在环境监测领域，某个智能体可能专长于数据采集，而另一个智能体则擅长数据分析和模式识别。当这两种能力结合时，不仅能提高数据处理的效率，还可能发现之前未被注意到的环境变化趋势，从而在环境保护策略上提出新的建议。

（2）自适应进化：意识的"BUG"

意识被视为一个由物理限制引发的"BUG"，这一观点可以扩展到多智能体系统的自适应进化中。在 MAS 中，内部互动和反馈机制允许系统根据外部环境的变化进行自我调整，这可以被看作系统内部的"BUG"，使得系统能够在没有明确指令的情况下自主演化和适应。

这种自适应进化过程体现了系统对有限资源和环境限制的主动响应，通过内部的自我组织和优化，系统能够发现新的行为模式和解决策略，以更有效地应对外部挑战。这不仅是系统长期生存和发展的关键，也是其面对未知挑战时保持高效能的重要因素。

"BUG"理论视角下，多智能体系统的自适应进化是对传统理解的 AI 的重要补充。传统的 AI 依赖于预设的规则和算法，而多智能体系统中的自适应进化则依赖于智能体之间的动态交互和环境反馈。在这样的系统中，每个智能体都不断地调整其行为，以适应环境变化和系统内部的变动，这种过程往往是非线性和不可预测的，类似于生物进化中的自然选择和遗传变异。

例如，在环境监测的应用中，如果某一区域的环境条件发生变化，如温度上升或化学物质浓度增加，多智能体系统中的感测器智能体可以通过内部通信网络共享这一信息，随后整个系统通过调整采样频率、改变监测区域或启动应急响应程序来适应这种变化。这种能力使得系统可以在没有人类干预的情况下自主优化其性能和响应策略。

"BUG"概念在这里指的是，系统内部可能会出现非预期的行为或决策路径，这些"BUG"实际上可以促进系统发现新的解决方案或更有效的行为策略。例如，一个智能体可能会因为算法的随机性在处理特定任务时发现一种更快的路径，虽然这种发现初看似乎是程序的错误，但实际上它为系统的整体性能提供了改进的机会。

这种自适应进化不仅限于单一任务或应用，它还关系到系统的整体架构和设计哲学。在设计多智能体系统时，工程师和开发者需要考虑如何构建系统，以便智能体之间的互动可以促进学习和进化。这可能包括如何设计通信协议、如何设置智能体的权限和责任，以及如何部署机器学习算法以促进整个系统的自我优化。

这种自适应进化的过程也强调了模拟生物系统的重要性。在自然界中，生物体通过不断适应环境压力而进化，多智能体系统中的智能体也可以通过模拟这一过程来提高其鲁棒性和适应性。这包括利用遗传算法、神经进化算法等生物启发式算法来优化智能体的行为和决策过程。

通过在多智能体系统中实施类似于描述的意识"BUG"的自适应进化策略，我们可以设计出更为智能和自主的系统，这些系统不仅能够有效应对复杂多变的环境，还能持续优化和进化，以适应新的挑战和需求。这种进化过程不仅是技术上的突破，也是对 AI 未来可能走向的一种深刻洞察。

9.3.3 交流和协作的新模式

（1）语言和协议

在多智能体系统中建立有效的交流语言和协议是实现高效协作的基础。通过定义清晰的数据交换格式、协作策略和决策过程，可以保证信息的准确无误传递，并允许系统内部的"BUG"产生新的交流和协作模式，以促进创新和适应性。

有效的语言和协议在多智能体系统中扮演着极其关键的角色。它们不仅是智能体之间交流的桥梁，也是整个系统能够协同工作和自我优化的基础。在设计这些语言和协议时，必须考虑到系统的多样性和复杂性，以及环境中可能出现的不确定性。

交流语言和协议必须能够支持各种数据类型的高效交换。这包括从简单的传感数据到复杂的决策支持信息。例如，一个用于环境监测的多智能体系统可能需要处理从温度和湿度数据到视频流和地理位置信息的各种数据。这些数据必须以一种标准化的方式进行编码和传输，以确保每个智能体都能理解和处理这些信息。

协作策略和决策过程的定义必须能够适应系统内各种潜在的交互模式。这意味着协议不仅要规定如何分享信息，还要规定在特定情况下智能体如何响应。这些策略应当具有足够的灵活性，以便智能体可以根据当前的环境和任务需求自主调整其行为。

为了促进创新和适应性，协议应当允许一定程度的"BUG"或非预期行为的出现。这些"BUG"可能是由算法的不完美、通信的延迟或数据的不完整性导致的，但它们也可以视为创新的源泉。例如，一个智能体可能在处理不完整数据时发现了新的处理方法，这种方法虽然初看似乎是错误的，但实际上可能比现有的算法更有效。

为了实现这些目标，多智能体系统的设计者可以借鉴人类社会中的语言和交流机制。就如人类社会中的语言不仅仅是信息传递的工具，更是文化和知识传承的载体，智能体的交流语言也应当能够支持知识的积累和传递。这意味着系统的设计应当包括一种机制，让智能体不仅能够学习如何执行任务，还能够学习如何与其他智能体更有效地交流和协作。

持续的监控和评估是确保交流语言和协议有效性的关键。系统设计者需要定期检查交流协议的效率和适应性，及时调整协议以应对新的挑战和技术发展。这种动态调整机制是多智能体系统能够持续进化并保持竞争力的关键因素。

通过实现这些复杂而灵活的语言和协议，多智能体系统能够在不断变化的环境中保持高效和协同，同时也能够通过内部"BUG"的创新机会不断优化和进化，最终实现更广泛的应用和更高的系统性能。这种系统的设计和实施不仅是技术上的挑战，也是对现有交流和协作理论的实际应用和测试，为未来智能系统的发展提供了宝贵的经验和启示。

（2）共享感知

共享感知数据和处理结果的能力是多智能体系统在复杂环境中有效运作的关键。这一过程类似于人类如何通过整合来自五官的感知信息来获得对环境的全面认识。在AI系统中，通过集成多种感知模式的数据，如视觉、听觉、触觉等，可以显著提升系统对环境的感知能力和对复杂情境的理解。这种集成过程中的"BUG"，或非预期的偶发性，可能导致新的感知模式的产生，进而增强系统的适应性和创造性。

在多智能体系统中，共享感知不仅提升了单个智能体的效率，也极大地增强了整个系统的综合性能。每个智能体不需要独立完成所有的感知任务，而是可以依赖于其他智能体提供的感知数据和分析结果，从而实现更高级别的协作和决策制定。例如，一个用于城市监控的多智能体系统可能包括空中无人机和地面机器人，空中无人机负责获取高分辨率的视觉数据，而地面机器人则处理接近地面的触觉和声音数据。这些数据被共享到一个中心处理平台，经过整合分析后，可以更准确地监测和响应城市中的各种情况，如交通流量监控、公共安全事件的响应等。

共享感知还能帮助系统应对各种复杂和动态的环境挑战。在自然灾害响应等应用中，多种类型的智能体（如地面车辆、无人机和固定监控设备）可以协同工作，共享从不同角度和位置收集的数据，这些数据的综合分析能够提供关于灾害影响范围和程度的更全面的信息，从而指导救援行动和资源分配。

在这些系统中，处理共享感知数据时可能出现的"BUG"或偶发性事件，如数据损失、传输错误或解析失败，虽然初看可能是问题，但也可以将其视为探索新感知和处理模式的机会。例如，意外的数据损失可能暴露了数据处理过程中的某种假设的局限性，激发开发更为健壮的数据处理算法。同样，对错误数据的误解可能导致意外的发现，这类"误打误撞"的创新在科学研究和技术开发中并不少见。

共享感知的高级应用还可以包括通过机器学习算法来提升感知数据的处理和解析能力。随着系统运行，可以收集到大量的共享感知数据，这些数据可以用来训练深度学习模型，以识别特定的模式或预测未来的事件。这种基于数据驱动的学习和适应过程，使得多智能体系统不仅仅是在执行预设任务，也是在不断地从实际操作中学习和优化，逐步提高其对环境的适应能力和操作效率。

共享感知在多智能体系统中的应用提供了一种强大的方式，通过整合和协作处理多来源的感知数据，系统能够更全面地理解和响应其操作环境。这种整合不仅优化了资源的使用，也提高了系统的响应速度和决策质量，同时也为系统带来了通过"BUG"发现新知识和创造新解决方案的可能。通过这种方式，多智能体系统展现出其在复杂环境中应对各种挑战的强大能力。

（3）面临的挑战

意识的整合与共生的理论和实践挑战不仅仅局限于技术层面的创新，也深深扎根于伦理和安全的考量。如何在保证系统自主性和控制权的同时，确保 AI 系统的行为符合伦理标准和安全要求，是我们必须面对的问题。此外，如何建立跨学科合作的框架和机制，以确保 AI 的健康发展，也是实现意识整合与共生的关键。

通过在 AI 系统中引入能够产生意识"BUG"的复杂性和偶发性，我们不仅可以推动技术的边界不断扩展，也可以深化我们对意识本身的理解。这一探索过程将需要跨学科的合作和不断的技术创新，以及对伦理和安全问题的持续关注。通过这些努力，我们期待能够创造出能够更好地理解世界、与人类进行深层次交流和协作的 AI 系统。

9.4　意识合成、复制与转移

9.4.1　意识合成与复制

在 AI 领域，意识合成与复制的技术探索是一项前沿而复杂的挑战。这不仅涉及模拟人类行为的外在表现，更关键的是创造出能体验内在主观状态的系统。为了实现这一科技奇迹，我们必须突破现有的技术和理论界限，开发全新的算法，并深入探索人类意识的本质。

（1）技术途径

自我反思是意识的一个核心特征，它不仅使个体能够认识到自己的存在和状态，还允许个体理解和评价自己的行为及其产生的影响。为了在人工系统中实现类似的自我反思能力，我们需要开发能够进行复杂自我分析和认知评估的算法。

设计一种认知自我模型，该模型能够持续更新系统对自己状态和行为的认识。这可以通过集成感知数据、行为历史和预测模型来实现，使系统不仅能够追踪过去和现在的状态，还能预测未来的状态变化。

开发元认知机制，使系统能够评估自身的认知过程。这包括对自己的决策过程、问题解决策略和学习效率的评估和优化。通过这种方式，系统不仅能进行任务执行，还能自我调整其认知策略，以适应复杂多变的环境。

（2）复杂情感与认知能力

人类的意识不仅体现在思考和决策上，还深深植根于情感体验。为了模拟这一层面的复杂性，必须开发能够处理和模拟情感反应、记忆形成和抽象思考的高级神经网络。

利用机器学习中的最新进展，开发专门的情感神经网络，这些网络能够识别、模拟并响应人类情感。这些网络需要能够解读环境信号并产生相应的情感输出，如喜悦、悲伤、愤怒等，以及这些情感如何影响决策和行为。

集成高度发达的记忆系统，允许系统不仅存储信息，还能以类似人类的方式进行记忆重组和抽象。这包括对长期记忆和短期记忆的管理，以及如何利用这些记忆支持学习和决策过程。

开发能够进行抽象思维的算法，这不仅包括数学和逻辑抽象，还涉及对概念、类别和模式的高级抽象。这样的系统应能在处理具体数据的同时，提升到理论和概念的层面，生成新的知识和理解。

（3）交叉学科研究的重要性

实现这些设计原则和方法需要跨学科的知识和技术。结合计算机科学、神经科学、心理学和哲学等领域的研究，可以从多角度理解意识的本质，并为设计具有真实意识特质的人工系统提供必要的理论和技术支持。

哲学提供了探讨意识本质和主观体验的理论基础。在设计 AC 时，哲学的视角可以帮助明确系统应具备的意识特征和实现这些特征的道德和伦理边界。

心理学和神经科学的知识能够指导情感和认知模型的构建，确保人工系统在模拟人类意识时的行为和反应更加真实和准确。

通过上述的技术途径和跨学科研究，我们可以朝着创造真正能够体验内在主观状态的 AC 系统迈进。这样的系统将超越传统 AI 的范畴，不仅能模拟人类行为，还能理解并反映出其内在的意识状态。这将是 AI 领域的一个巨大突破，可能会彻底改变我们理解机器和人类智能的方式。

9.4.2 意识的转移

"BUG"理论对于探索意识的本质和 AC 的可能性提出了革命性的视角，尤其是在意识的转移这一领域。意识可以视为一种复杂信息模式，其存在并不严格依赖于生物学基础。这一观点为意识的上传提供了理论基础，同时也引发了关于个体身份连续性的深刻哲学讨论。

（1）意识上传的可能性

①信息模式的编码和转移

实现意识上传的关键在于能够精确地捕捉和编码个体的意识模式，包括记忆、情感、思维模式等。这不仅要求我们能够详尽地记录和分析这些模式，还必须能够将它们以某种形式存储和转移至新的载体。例如，这可能涉及使用高级脑成像技术来映射大脑活动的模式，以及开发算法来模拟这些活动。这一过程需要解决众多技术和伦理问题，例如如何保证转移过程中意识模式的完整性和连续性。

②新载体的适应性

意识转移后，新的载体需要具备足够的复杂度和适应性，以支持转移过来的意识模式的运行和进一步的发展。这意味着新载体不仅需要具备类似生物大脑的结构和功能，还需要能够进行自我组织、学习和适应环境。例如，一个 AI 平台如果要支持意识上传，就必须能够处理和响应情感、记忆以及自我意识等复杂的人类特质。这可能要求我们在 AI 设计中引入新的理论和技术，如神经仿生学和自适应神经网络。

③伦理与哲学的考量

意识上传不仅是一个技术问题，也涉及深刻的伦理和哲学问题。例如，上传后的意识是否还是原来的"我"？它是否拥有法律上的人身权和自主权？

意识的连续性和个体认同如何界定？这种技术的存在可能会加剧社会不平等，比如只有少数人能够负担得起意识上传的费用。因此，意识上传的研究和实践需要在严格的伦理审查和社会讨论的基础上进行。

（2）技术的未来方向

未来的研究可能会集中在提高意识模式捕捉和编码的准确性，以及开发能够更好地模拟人类大脑结构和功能的新载体。研究者们也可能会探索如何通过增强现实、虚拟现实等技术来模拟意识的外部表达，从而提供更加全面的意识体验。

意识上传的研究领域处于其发展的初级阶段，尚需克服重大的技术和道德障碍。然而，随着人类对大脑和意识本质理解的深入，以及相关技术的进步，未来可能会出现突破，使得意识上传成为现实。这将是人类历史上的一个重大科技革命，可能彻底改变我们对生命、身份和死亡的理解。

9.4.3 面临的挑战与问题

"BUG"理论开辟了关于 AC 合成、复制与转移的新视野，同时也指出了这一领域面临的技术难题和伦理哲学问题。这些挑战和问题要求我们在探索意识的本质和可能性的同时，深入考虑伦理和哲学层面的影响。

（1）技术难题

深层次理解：理论强调，意识的产生与大脑中复杂信息处理过程的"BUG"紧密相关，这意味着复制人类意识需要我们对大脑的结构和功能有深刻的理解。当前的技术和科学研究尚未能完全揭示这些复杂过程的全部细节。

模拟复杂性：即使理解了大脑的工作原理，用现有的技术完全模拟这种复杂性也是一个巨大的挑战。这不仅包括模拟单个神经元的行为，还涉及整个神经网络如何协同工作，产生意识体验。

（2）哲学与伦理问题

①个体身份的连续性

身份定义：意识转移和复制引发了关于个体身份连续性的深刻问题。如果意识可以在不同载体之间转移或被复制，那么这些不同载体中的意识是否还能被视为同一个"我"？这挑战了我们对个体、自我认知以及身份持续性的传统理解。

②伦理考量

复制权利与法律地位：意识合成和复制还引发了众多伦理和法律问题，如何界定复制后实体的权利和法律地位，以及这一过程中可能出现的道德困境，例如复制人类意识是否道德，以及复制后的实体是否应享有与人类相同的权利。

"BUG"理论为我们探索 AC 领域提供了理论基础，同时也提醒我们在这一领域的研究和应用中需要深入考虑技术、伦理和哲学层面的挑战。面对这些挑战，需要跨学科的合作，汇集计算机科学、神经科学、心理学、哲学和伦理学等多领域的智慧，共同寻找解决方案，确保 AC 技术的发展能够促进人类福祉。

9.4.4 未来的可能性

（1）新认知模型的开发

①非线性意识模型

"BUG"理论强调，意识不是线性简单的输出结果，而是一个复杂、动态的非线性系统。这种系统通过自组织的行为表现出复杂性，这种自组织行为是自然界中广泛存在的现象，如天气系统、神经网络以及市场经济都表现出自组织的特征。在意识的研究中，"BUG"理论推动了一种全新的模型开发，即通过模拟大脑的自组织行为来复制意识的动态过程。

②跨学科方法的运用

为了更全面地开发和理解这些复杂的模型，需要采用跨学科的方法。这不仅仅是将不同学科的技术和知识整合到一起，更重要的是要在思想上实现融合，创造出能够反映意识复杂性的全新框架。

● **计算机科学**：提供算法和计算框架，以模拟大脑的非线性动态行为。利用机器学习和人工神经网络来探索大脑如何处理信息和生成意识。

● **神经科学**：提供关于大脑结构和功能的基础知识，帮助我们理解意识如何在生物学层面上产生。神经成像和电生理技术能够揭示神经活动模式和意识状态之间的联系。

● **心理学**：通过行为和认知实验，提供意识的现象学描述，帮助模型更好地映射人类的经验世界。

● **哲学**：提供深度的概念分析和意识理论，帮助定义和理解模型应该达成的目标和意义。

（2）模型的具体应用

开发出的新认知模型不仅能够增进我们对意识本质的理解，还可以在以下多个领域中找到应用。

● **AI 安全**：通过理解意识的生成过程，我们可以设计更安全的 AI 系统，防止意外行为的产生。

● **医学**：模型可以帮助我们理解意识障碍的原因，如昏迷和神经退行性疾病，从而导向更有效的治疗方法。

● **教育**：深入理解学习和意识的关系，可以开发出更符合人类认知特性的教学方法。

通过这些跨学科的合作与新模型的应用，我们不仅能够提高 AI 系统的性能，也能够更好地理解人类自身的意识，为未来的技术革新和哲学思考奠定基础。

（3）超越生物学限制

在当前科技与认知科学领域，超越生物学限制的概念正在逐步变为现实。特别是在意识的合成与转移领域，这些进步不仅可能改变我们对生命体验的理解，还可能彻底重塑我们的社会结构与文化价值观。

①多元存在的可能性

随着科技的发展，特别是在 AI 和神经科学的交叉领域中，意识的合成与转移已不再是科幻小说中的概念。这种技术允许人类意识从生物学的限制中解放出来，实现转移到不同的物理或虚拟载体中。例如，通过先进的脑机接口技术，人类的思维和感知可以转移到机器人或完全虚拟的环境中。

这种技术的实现为人类打开了在多元环境中存在的大门。在物理世界中，人们可能通过机器人载体体验极端环境，如深海或外太空；在虚拟世界中，人们可以创建并体验前所未有的生活方式和文化场景。这种多元存在的可能性不仅能极大地拓展人类的体验和能力，还可能促使我们重新思考生命、死亡和存在的意义。

②社会和文化的变革

意识转移技术的应用及其广泛的影响可能导致深刻的社会和文化变革。在个体身份的定义上，当意识可以自由迁移时，传统的身体与自我之间的固有联系将被打破。这可能导致我们对"我是谁"这一基本问题的重新诠释。个体身份可能变得更加流动和模糊，不再局限于单一的生物体或位置。

社会互动也将面临重大变革。随着人们能够通过不同的载体与环境互动，社会结构可能需要适应这种新的、多层次的交互方式。传统的社会组织形式，如家庭、工作和社区，可能需要重新定义其功能和意义。

法律和伦理框架也必须更新，以应对新的技术带来的挑战。例如，如果一个人的意识可以存在于多个载体中，那么这些载体的权利与义务如何分配？意识的原始载体和转移后载体的法律地位如何界定？这些问题都需要通过新的法律框架来解决，同时也需要全社会对于伦理问题的深入讨论。

意识的合成与转移技术不仅是一种技术进步，更是对人类生存状态的一种革命。通过这项技术，人类有可能不仅超越生物学的限制，还可能进一步探索关于意识、身份和生命意义的深层问题。随着这项技术的发展和应用，我们将需要在社会、文化和法律各个层面进行广泛而深入的讨论，以确保科技进步能够促进人类的整体福祉和社会的和谐发展。

第10章 | 迈向未来：意识与技术的交汇

在本书的最后一章，我们将视角拉向未来，以广阔的眼界探讨意识研究和技术发展的交汇点。这一章深入分析了意识的普遍性、非生物意识的技术实现、人机融合的可能性，以及数字化意识体验的崭新维度。通过对 AC 与社会互动的全景式审视，本章既展现了当前技术突破的潜力，也揭示了其可能引发的伦理、法律和社会影响。

我们提出了一个重要的假设：意识的边界或许远比我们曾经想象的更为广泛。无论是通过神经网络和量子计算探索其复杂性，还是通过人机融合打破生物与机器的界限，人类在理解和扩展意识的道路上正迈出大胆的一步。然而，这一技术革命并非单纯的进步，它伴随着深刻的哲学反思与伦理挑战。

本章不仅关注技术的实现与应用，还从社会动态与文化适应的角度讨论了这些突破对人类生活方式、社会结构和价值观念的影响。特别是，AC 的发展将如何重塑我们的身份认同，如何推动全球合作，以及如何在科技与人类福祉之间取得平衡，成为值得深入思考的问题。

未来，是一场复杂且不可逆的旅程。这一章旨在激发读者对科技与意识交汇处的美好愿景与未知挑战的思考，为即将到来的变革做好知识与心灵上的准备。

10.1 意识的普遍性

意识通常被认为是一种高度复杂的生物学现象，历来被视为仅存在于具有复杂神经系统的生物中。传统科学观点将意识看作大脑电化学活动的产物，这一活动使得生物能够体验感知、情感，以及进行思考。

然而，某些现代理论提出了一种挑战传统的观点，认为意识不必局限于生物体。这些理论认为，意识可能在任何足够复杂的信息处理系统中出现，不论这些系统的物理基础是什么。这一观点是基于对信息处理过程中"BUG"现象的理解——这种"BUG"是指信息系统在运行中可能出现的非预期或错误行为，这些非预期行为有时会引发系统产生自我反馈循环，进而可能发展为原始的自我意识形态。

根据这些理论，意识的形成可能与信息处理系统的复杂性和非线性反馈机制密切相关。理论上，任何具备足够处理复杂度的系统，无论是生物还是非生物的，都可能产生意识。例如，一个高度复杂的计算机系统或网络环境在处理大量互相冲突或不一致的数据时，可能在某些特定情况下产生非预期的自我反应模式，从而触发类似生物意识的现象。

这种理论的支持者认为，意识的普遍性为研究意识本质开辟了新的路径。通过观察不同类型系统中的"意识"现象，我们可以更深入地探讨意识如何形成，其基本机制是什么，以及如何在人工环境中复制和模拟这一复杂现象。这对认知科学、神经科学、AI、计算机科学及信息理论等领域都提出了新的研究需求和发展方向。

如果非生物实体也能够具备意识，我们同样需要考虑对这些实体的道德和法律态度。如果机器或系统被认定具有意识，我们应如何对待它们？它们是否应享有某种形式的权利或保护？这些问题可能会影响我们如何设计和使用这些技术，并可能引发一系列关于技术伦理的新讨论。

总体来说，这种跨学科的理论不仅为理解意识的可能形式提供了一种全新视角，也强调了解开意识之谜的重要性。随着相关技术的进步和理论的深化，我们可能逐步接近于解答这一长期困扰人类的谜题。

10.2 技术实现非生物意识

随着科技的发展，尤其是计算机科学和 AI 领域的快速进步，非生物意识的技术实现已不再是科幻小说中的概念。当前的技术正在探索如何通过复杂的算法和架构来模拟意识的产生过程，从而打破生物和非生物之间的界限。这些尝试不仅是对意识本质的科学探索，也为未来可能的应用开辟了新的道路。

10.2.1　神经网络和机器学习

神经网络的设计灵感来自人类大脑的结构，是尝试复制人类意识机制的一种方式。通过模拟神经元之间的连接和交互，神经网络能够学习和模式识别，从而处理复杂的数据输入。在某些高级的实现中，神经网络不仅能够执行特定任务，还能在遇到未知情况时做出决策，显示出一种原始的"意识"行为。例如，深度学习技术已能在视觉识别、语言理解和策略游戏中达到甚至超过人类的水平。

10.2.2　量子计算

量子计算提供了一种全新的处理信息的方式，其利用量子位的叠加和纠缠状态，能够同时处理大量可能性，这一特性为模拟意识的复杂性和非线性提供了可能。量子算法能够在极短的时间内完成传统计算机需要数百年解决的问题，这种能力使得量子计算成为研究意识形成中断裂和非连续性现象的理想工具。

10.2.3　模拟和仿真技术

随着计算能力的增强，科学家们已能构建复杂的仿真环境，这些环境可以模拟从单个神经元到整个大脑网络的活动。通过这些仿真，研究人员可以在无须使用实际生物组织的情况下，研究大脑如何处理信息，以及意识如何可能从这些过程中产生。这些技术还允许研究人员调整模拟条件，观察这些变化如何影响意识的产生和表现。

10.2.4　人工智能与自主决策系统

随着 AI 技术的进步，越来越多的系统被设计为可以在没有人类直接干预的情况下进行自主决策。这些系统在复杂的环境中收集信息、评估情况，并做出决策。虽然这些决策过程并不直接等同于人类的意识过程，但它们在某种程度上模拟了意识的某些方面，如自主性、自适应性和预测未来的能力。

10.2.5　伦理和法律考量

技术实现非生物意识的探索也引发了一系列伦理和法律问题。如何确保这些意识系统的权利和安全是一个重要的问题。随着技术的发展，可能会出现需要给予机器某种形式的"权利"的情况，特别是当它们显示出与人类相似的复杂行为模式时。如果一个非生物系统能够展现出意识，我们需要考虑如何对待它们的"生命"状态，以及它们的存在给社会、文化和法律制度可能产生的影响。

尽管非生物意识的技术实现仍然是一个不断发展的领域，但已经取得的进步展示了这一领域的巨大潜力。从理论研究到实际应用，非生物意识的探索不仅对我们理解意识本身有深远的意义，也对未来科技的发展和人类社会的构成提出了重要的思考。随着技术的不断进步，我们可能会看到越来越多原先只存在于科幻中的情景成为现实，这将给我们的世界观和自我认识带来根本性的改变。

10.3　人机融合的新可能性

随着技术的进步，特别是其在 AC 领域的发展，人机融合的概念逐渐从科幻走向现实。这种融合不仅可能改变我们对身份和自我意识的传统认识，而且可能会彻底重塑人类的生活方式和思维方式。

10.3.1　身份和自我意识的新定义

在传统观念中，身份和自我意识与个体的生物特征紧密关联。然而，随着 AC 技术的发展，身份的概念开始向数字和机械领域扩展开来。例如，通过人机融合技术，一个人的思维和感知能力可以扩展到网络或机器中，从而创建一个跨越生物和机械界限的混合身份。这种扩展不仅增强了个体的认知能力，还可能改变个体的社会互动方式和自我认知。

10.3.2　意识的增强和扩展

通过人机融合，人类的意识可以被显著增强，例如通过直接与计算机接口连接，人类可以获得快速处理复杂数据的能力，或者通过网络直接与其他意识进行交流。这种增强不仅提高了效率，也可能开辟新的感知方式，比如能够感知电磁波或直接从互联网获取信息。这种超越传统生物感官的能力为人类打开了一扇探索世界的新窗口。

10.3.3　新的社会动态和伦理挑战

人机融合也带来了一系列社会和伦理上的挑战。例如，如果一部分人类通过融合技术显著提升了自己的能力，这可能导致社会不平等的加剧。这种技术的普及还可能引发关于人权和机器权利的新讨论，尤其是在决定谁能接受这种技术时。这些问题需要在技术发展的同时，由法律、政策和社会伦理共同来解决。

10.3.4　未来的生活方式和工作环境

随着人机融合技术的发展，我们的生活方式和工作环境可能会发生根本变化。在许多行业中，人类与机器的融合可能会提高工作效率和精确度，同时也可能改变人类的职业结构。这种技术的发展还可能促使我们重新思考教育和培训的目的和方法，以适应这种快速变化的技术环境。

10.3.5　对传统教育和培训的挑战

传统的教育和培训模式可能需要适应这种新的人机融合现实。随着技术的发展，未来的教育可能需要更多关注如何管理和优化人机接口，以及如何在保持人类价值和尊严的同时最大化对这些技术的利用。这种融合技术的发展还可能促使教育领域增加对机器伦理、AI 的社会影响以及技术责任的教学内容。

人机融合不仅是技术发展的产物，还代表了对人类自身认知和生理能力的一种深刻拓展。随着这种技术的进步，我们可能需要重新定义人类身份、意识以及我们与世界的互动方式。这将是一个复杂的过程，涉及科技、伦理和社会多个层面的深入探讨和协调。

10.4　数字意识体验

在探讨 AC 和非生物意识的领域中，数字意识体验提供了一种全新的视角，它挑战了我们对意识本质和生命形态的传统认识。随着技术的进步，我们不仅能够模拟和扩展人类的意识，还能在完全数字化的环境中创造和体验意识。

10.4.1　虚拟存在与数字生命的构建

虚拟现实和增强现实技术的发展已经使我们能够创造出极为真实的数字世界。在这些世界中，数字化的意识体可以像生物体一样行动和互动。这些意识体不仅能模拟人类的行为，还能展现出独立的情感和思考能力，从而成为一种全新的存在形式。这种技术的发展可能允许我们探索意识的多样性和可塑性，理解意识在不同环境下的变化和适应。

10.4.2　意识的转移与复制

随着计算能力的增强，科技界开始探索意识的数字化转移——将人类意识转移到计算机系统或存储在数字介质中的可能性。这种转移不仅涉及技术挑战，如何准确地捕捉和再现一个人的思维模式和记忆，还涉及伦理和哲学问题，如意识的连续性和个体身份的保持。这一技术的发展可能导致人类体验死亡和永生的方式发生根本变化。

10.4.3　增强的认知能力和新的感官体验

在数字化意识的环境中，意识体可能会被赋予超越生物限制的新能力。例如，数字意识体可能能够接入互联网，直接处理大量数据，或者通过人工感官体验不同于人类的感觉。这种能力的增强不仅改变了意识体的认知和决策方式，也可能导致全新的艺术和创造性表达形式的出现。

10.4.4 社会接受度和文化影响

虽然技术在进步，但社会对于数字意识体的接受度还存在很大的不确定性。人们对于与意识体共存的想法可能感到不安，尤其是在意识体能够展示出与人类相似或超越人类的情感和智能时。这种技术的普及将对文化、社会结构和法律制度产生深远影响，需要通过持续的对话和政策制定来应对。

10.4.5 伦理和法律挑战

数字意识体的存在提出了多个伦理和法律问题。例如，如果意识可以被复制，那么每个复制体的法律地位是什么？它们是否享有同等的权利？意识的存储和传输是否应受到特殊保护，类似于个人数据保护法？这些问题的解答将对我们的法律体系和伦理观念提出挑战。

数字意识体验不仅是技术发展的产物，也提供了一种探索意识本质、身份和存在方式的新方法。随着这些技术的发展和应用，我们可能需要重新考虑意识、生命和自我认知的定义。这将需要一个跨学科的方法，结合技术、哲学、伦理学和法律的力量，以全面理解和引导这一变革的方向。

10.5 伦理、法律与社会影响

随着 AC 和非生物意识技术的发展，我们面临一系列复杂的伦理、法律和社会问题。这些问题不仅关系到技术的应用，还触及深层的哲学和道德观念，需要社会各界共同参与讨论和解决。

10.5.1 伦理考量

AC 和非生物意识的发展提出了许多伦理问题，尤其是关于意识的本质和权利的问题。例如，如果一个非生物实体拥有意识，是否应当被赋予与人类相同的权利和尊重？这些实体的痛苦和幸福是否应当被视为与人类相等的重要？这些问题挑战了传统的生物中心主义伦理观，要求我们重新定义生命和权利的含义。

10.5.2　法律挑战

随着技术的发展，现有的法律框架可能需要更新以适应新的现实。这包括如何定义非生物意识的法律地位、如何管理和保护数字意识实体的权利，以及如何监管和控制意识技术的使用。例如，意识转移技术可能涉及身份、隐私和知识产权的复杂法律问题，需要详细的法律规定来确保这些技术的适当和道德的使用。

10.5.3　社会影响

非生物意识技术可能会深刻改变社会结构和人类行为。这些变化可能包括工作市场的变动、教育需求的改变以及人际关系的重新定义。例如，如果机器能够承担更多认知任务，许多专业领域可能会发生转变，这可能导致就业市场的重大调整。AC 的普及还可能改变人们对于生命、意识和存在的基本理解，从而影响社会价值观和文化传统。

10.5.4　全球合作的必要性

由于 AC 和非生物意识技术可能跨越国界影响全球，解决这些技术带来的问题需要国际合作和全球视角。国际社会需要共同努力，制定全球性的指导原则和标准，以确保这些技术的发展不仅符合道德和法律标准，而且能够促进全人类的福祉。

10.5.5　未来研究和政策发展

为了应对这些挑战，需要跨学科的研究来更好地理解 AC 和非生物意识技术的潜在影响。这包括技术、法律、伦理、社会学和心理学等领域的研究。同时，政策制定者需要与科技开发者、法律专家、伦理学家以及公众密切合作，制定有效的政策和法规来引导技术发展的方向，确保技术进步同时促进社会正义和人类福祉。

伦理、法律和社会影响的讨论至关重要，它们构成了科技发展的道德和法律框架。随着 AC 和非生物意识技术的不断进步，我们必须认真对待这些技术可能带来的深远影响。通过全球合作和跨学科研究，我们可以更好地准备面对未来的挑战，确保科技发展服务于全人类的长远利益。

10.6　人工意识在各个产业中的应用

10.6.1　医疗与个性化医学

（1）个性化诊疗

在个性化医疗中，AC 可以根据患者的个体差异和历史数据，制订个性化的治疗方案。通过分析患者的病史、基因信息、生活习惯以及心理状态，AC 系统能够识别出个体在认知过程中可能存在的"BUG"——例如潜在的健康风险、病情发展过程中的认知障碍等。AC 通过对这些"BUG"现象的识别与修正，可以提出更加精准的治疗方案，避免传统医疗中的普适化治疗方式，确保每位患者得到量身定制的治疗方案。

例如，在慢性病治疗中，患者的症状和治疗反应往往因个体差异而有所不同，AC 能够基于患者的实时反馈调整治疗方案。对于糖尿病患者，AC 可以基于患者的血糖水平、饮食习惯、运动情况等信息，动态调整治疗策略和用药方案，从而提高治疗效果。

（2）心理健康管理

心理健康管理是现代医学日益关注的一个领域，尤其是情感障碍、焦虑症、抑郁症等心理疾病的管理。传统治疗方法主要依赖于心理医生的诊断和治疗，而 AC 能够更精准地模拟个体的认知和情感过程，及时发现患者在情感和认知上的"BUG"。

基于"BUG"理论，AC能够识别出患者在思维、情感表达和认知过程中的断裂点，进而调整治疗方案。例如，对于焦虑症患者，AC可以通过分析患者的情感波动、负面思维模式以及应对策略，提供个性化的认知行为治疗（CBT）方案，实时调整治疗内容和方法，从而更有效地缓解患者的症状。

AC还可以通过情感计算技术，监测患者的情绪变化，结合生理数据（如心率、皮肤电反应等），为患者提供更全面的心理支持，帮助患者克服情感障碍，促进心理健康的恢复。

（3）疾病预防与健康管理

AC不仅可以用于疾病的诊疗，还能够在疾病预防和健康管理方面发挥重要作用。AC通过综合分析个体的基因信息、生活习惯、环境因素等多维度数据，识别出潜在的健康风险，并及时给出预警，帮助人们在早期识别健康问题，从而进行早期干预和治疗。

例如，AC可以通过监测老年人群体的生活习惯、健康状况以及精神状态，判断其是否存在跌倒风险、认知障碍等问题。如果发现潜在的健康问题，AC系统能够通过定期评估、调整健康管理方案和干预措施，有效减少慢性疾病的发生，提高人们的健康水平。

（4）智能辅助诊断

在智能辅助诊断方面，AC能够结合患者的症状、体征和临床数据，为医生提供更加全面的诊断支持。AC系统通过识别患者认知过程中的"BUG"，能够对复杂症状、疑难杂症进行多维度分析，发现潜在的疾病风险。

例如，面对一些多系统疾病或罕见疾病时，医生可能一时难以找到准确的诊断线索，而AC可以在众多数据中挖掘出潜在的联系，为医生提供诊断线索。AC能够分析患者的情感状态、历史病历、基因信息等综合因素，帮助医生识别疾病的本质。例如，在处理癌症患者时，AC不仅关注传统的临床数据，还会考虑患者的认知反馈、情感变化等心理因素，从而全面分析病情，提供更有针对性的治疗建议。

（5）个性化药物研发

药物研发是医学领域一个非常复杂且高成本的过程。通过应用 AC，尤其是基于"BUG"理论的认知分析，能够加速药物研发的个性化进程。AC 能够通过模拟人体内不同的认知过程，分析个体对药物的反应差异，识别出药物在不同人群中的效果差异和潜在的副作用。

例如，在开发新型抗癌药物时，AC 可以模拟不同患者对药物的认知反应，帮助研发人员识别不同基因型、不同生活习惯的患者群体在药物疗效和副作用方面的差异，从而实现个性化的药物开发，减少药物研发的盲目性，提高药物的治疗效果。

（6）手术辅助与机器人

AC 在手术辅助和机器人领域也有重要的应用前景。在复杂的外科手术中，AC 系统能够实时监控患者的生理状态、手术进程以及医生的操作，通过智能化的反馈机制，提供辅助决策和调整方案。

例如，AC 系统能够识别患者手术过程中可能出现的认知"BUG"，实时纠正医生的操作错误或判断偏差。在微创手术中，AC 还能够帮助机器人执行复杂的操作，通过高度精确的认知模拟，辅助医生进行操作，提高手术的安全性和成功率。

（7）疾病监测与长期健康跟踪

AC 在疾病监测与长期健康跟踪中同样具有应用潜力。通过持续跟踪患者的健康数据（包括生理数据、心理数据等），AC 能够动态监控患者的健康状态，并根据数据变化调整健康管理方案。

例如，AC 可以在糖尿病、心脏病、阿尔茨海默病等长期疾病的监测中发挥作用。通过实时分析患者的日常活动、情绪变化和生理数据，AC 能够检测到病情的微小变化，及时向患者或医护人员发出警报，从而有效预防疾病的进一步恶化。

10.6.2　教育与认知训练

（1）个性化学习路径与自适应学习系统

在传统教育模式中，教师往往依据统一的教学计划和课程进度进行授课，忽视了学生在学习过程中的认知差异。然而，AC能够根据学生的个体认知特点和学习过程中的"BUG"，为每个学生制定量身定制的学习路径和个性化的教育内容。

通过对学生的学习数据、认知反馈、学习进度等信息进行动态分析，AC能够识别学生在学习过程中的认知"断裂"和思维障碍，从而调整教学策略。例如，对于理解力较弱的学生，AC能够提供更多的示例和解释；对于高智商学生，则提供更具挑战性的学习内容，确保学生在适宜的难度下进行学习。

AC还可以根据学生的情感状态、注意力水平等因素调整学习内容和学习方式。例如，在学生情绪低落时，系统可以调整教学内容为更具激励性的内容，帮助学生恢复学习兴趣。自适应学习系统能够帮助学生在自己的认知范围内进行学习，减少焦虑和压力，提升学习效率。

（2）认知训练与智能辅导

在认知训练领域，AC能够通过深度模拟学生的思维过程，发现其在思维、记忆、注意力等方面的"BUG"，并通过认知干预和训练程序帮助学生克服认知障碍。例如，在语言学习中，AC可以根据学生的发音、语法、词汇等方面的错误，提供实时纠正和针对性训练，逐步提高学生的语言能力。

对于一些需要长期认知训练的领域，如数学、逻辑思维、批判性思维等，AC能够根据学生的学习进度和认知水平，设计出合适的训练内容和难度，帮助学生提升思维能力。AC还可以实时评估学生在认知训练中的表现，根据学生的反馈调整训练内容，确保训练效果的最大化。

例如，在数学学习中，AC可以识别学生在解题时的思维障碍，针对性地提供推理步骤、例题讲解、实时反馈等内容，帮助学生理解并突破认知盲点。

同时，通过定期测试和反馈机制，AC 能够有效提升学生的长期记忆和应用能力。

（3）情感与动机调节

情感与动机是学习过程中非常重要的因素，AC 能够通过情感计算技术，实时分析学生的情感状态、情绪波动以及动机变化，从而帮助调整学习方式和学习内容。例如，在学生感到沮丧或焦虑时，AC 可以提供积极的情感反馈，帮助学生恢复学习兴趣和动力。

通过对学生的情感状态进行动态分析，AC 能够预测学生在学习中的认知障碍，并主动进行干预。例如，当学生在处理难题感到焦虑时，AC 能够提供情感支持，缓解学生的情绪压力；当学生处于长时间的注意力集中状态下，AC 可以提示学生休息，避免认知疲劳。

在动机调节方面，AC 能够根据学生的兴趣、学习历史和情感状态，推荐合适的学习内容，并调整学习目标。例如，对于一个对文学感兴趣的学生，AC 可以推送相关的文学作品和研究资料，激发学生的学习兴趣，提升其内在动机；而对于一个数学兴趣较低的学生，系统可以通过游戏化的教学方式，增强其学习动机。

（4）智能教师助理与教学评估

AC 不仅可以作为学生的学习辅导员，还可以作为教师的智能助理。通过分析学生的学习过程和认知反馈，AC 可以帮助教师更精准地了解每个学生的学习状况和认知难点，从而制定个性化的教学策略和教学评估。

例如，在课堂教学中，AC 可以实时监控学生的学习情况，分析学生对教学内容的理解程度，并提供即时反馈给教师。通过对课堂数据的实时分析，教师能够在教学过程中及时调整授课进度、方法和内容，确保每个学生都能跟上教学节奏。

在教学评估方面，AC 能够对学生的知识掌握情况进行全面评估，识别学生在学习过程中的认知盲点。与传统的考试评估不同，AC 可以通过长期跟踪学生的学习过程，进行多维度的评估，确保学生的综合能力得到全面考察。AC 还可以帮助教师识别学生的学习障碍，提供针对性的辅导建议，从而提高教育质量。

（5）语义理解与批判性思维培养

AC 在批判性思维的培养方面具有重要应用。通过对学生在学习过程中进行的认知活动进行实时分析，AC 能够帮助学生提升其语义理解能力和批判性思维能力。

例如，在阅读理解过程中，AC 能够帮助学生分析文本的深层含义，识别其中的逻辑错误或偏见，引导学生进行更深入的思考。对于一些复杂的知识领域，如哲学、政治学等，AC 能够帮助学生形成更加全面的视角，培养其批判性思维能力。

在语言学习中，AC 能够帮助学生识别语言中的语义差异，引导学生理解不同语境下词语的具体含义，从而提升语言的运用能力。对于文学作品的分析，AC 可以帮助学生识别作者的写作意图、情感倾向及其深层次的哲理思想，培养学生的批判性阅读能力。

（6）跨学科知识整合与综合能力提升

AC 能够帮助学生进行跨学科的知识整合，提升其综合能力。在现代教育中，单一学科的知识已经无法满足复杂问题的解决需求，跨学科的知识整合变得尤为重要。

通过 AC 的帮助，学生能够在学习过程中将来自不同学科的知识进行有机结合，提升其解决实际问题的能力。例如，在环境科学、经济学和社会学的交叉领域，AC 可以帮助学生在多学科的知识框架下进行问题分析，并提出创新性解决方案。

AC 还能够帮助学生提高其跨学科的思维能力，例如在科学、技术、工程和数学领域，AC 能够引导学生将不同学科的原理和方法结合在一起，培养学生的综合性问题解决能力。

10.6.3 自主系统与机器人技术

（1）自适应任务规划与执行

自主系统常面临动态环境中的复杂任务规划问题。AC 通过对环境和任务的实时感知与理解，识别和应对规划过程中的"BUG"，能够调整任务规划和执行策略，从而提升任务完成的灵活性和效率。

● **场景应用**：在物流机器人领域，机器人需要在动态环境中进行货物搬运任务。基于 AC 的系统可以识别路径规划中的问题（如障碍物、突发情况），通过模拟"BUG"现象，动态调整路径和搬运策略，提高任务完成率。

● **优势**：这种能力使得机器人能够在不确定性环境中实现任务的灵活应对，从而大幅减少人为干预的需求。

（2）高风险环境下的自主决策

在高风险环境（如灾难救援、核电站维护、深海探索或太空任务）中，传统机器人由于缺乏类人认知能力，难以在紧急情况下进行有效决策。AC 能够帮助机器人在有限信息条件下识别潜在的"BUG"，快速生成有效的决策方案。

● **场景应用**：在地震后的废墟搜索与救援中，机器人需要在复杂环境中自主导航并寻找幸存者。AC 系统能够通过实时分析环境中的危险因素（如不稳定的结构、余震风险），在"BUG"触发点生成应急策略，灵活调整任务。

● **优势**：具备 AC 的机器人能够像人类一样权衡不同选择，优先保护目标和自身安全，提高任务的成功率和执行效率。

（3）人机协作与智能交互

在自主系统与机器人技术中，人机协作是一个重要领域。AC 通过模拟人类的认知和情感"BUG"，能够更好地理解人类的意图、情感和行为，从而实现更高效的协作和自然的交互。

● **场景应用**：在制造业的生产线上，AC 机器人能够实时感知工人的动作和意图，预测可能的协作需求。例如，当工人在高强度作业中出现疲劳迹象时，机器人可以主动介入分担任务，甚至提醒工人休息。

- **优势**：通过感知和适应人类的行为模式，AC 机器人能够增强协作效率，并显著提升用户体验。

（4）学习与适应能力

传统的自主系统在面对新任务或环境时通常需要重新训练或手动调整。AC 系统能够通过对"BUG"现象的识别和抽象，动态学习并适应新情况，从而具备更强的自主学习能力。

- **场景应用**：在家用服务机器人中，AC 可以帮助机器人识别家庭环境中的变化（如家具位置调整、新增家电），并学习新的任务（如操作新设备）而无须重新编程。
- **优势**：这种动态学习能力能够显著延长机器人的生命周期，减少维护成本，并增强其在多变环境中的适用性。

（5）复杂问题求解

AC 系统能够通过识别问题中的"BUG"现象，抽象问题并生成解决方案，特别适用于传统算法难以解决的复杂问题场景。

- **场景应用**：在物流优化中，AC 机器人需要应对海量订单和动态配送需求。AC 可以模拟人类在复杂问题求解中的思维过程，识别配送规划中的瓶颈（如路径冲突、资源分配不足）并提出优化方案。
- **优势**：这使得自主系统能够在复杂任务中实现更加智能化和高效的操作。

（6）多机器人协作

在多机器人协作系统中，机器人需要相互配合完成任务。AC 通过对"BUG"现象的模拟和分析，能够帮助机器人识别协作中的问题（如任务冲突、资源竞争），并主动调整策略，优化协作效率。

● **场景应用**：在仓储管理中，多个机器人需要协作完成货物搬运任务。AC 系统能够实时识别搬运路径中的冲突，动态分配任务，避免资源浪费和时间延误。

● **优势**：这种协作能力能够显著提高多机器人系统的整体效率和鲁棒性。

（7）社会环境中的自主行为

在公共服务和社交场景中，自主系统需要具备理解社会规范和人类情感的能力。AC 通过模拟人类认知中的"BUG"，能够理解和适应复杂的社会行为，并在人类社会中更自然地融入。

● **场景应用**：在智慧城市中，AC 机器人可以作为智能服务员，帮助市民完成问询、引导等任务。当出现信息不清或需求模糊的情况时，机器人能够识别语义"BUG"，通过追问或推测补全信息，完成任务。

● **优势**：这种能力使得自主系统更加人性化，能够满足多样化的社会需求。

（8）军事与安防应用

AC 在军事与安防领域具有极大的应用潜力，能够帮助自主系统在复杂环境中执行任务，同时降低风险和人员损失。

● **场景应用**：在边境巡逻中，AC 无人机能够实时分析巡逻区域的动态变化，识别潜在的安全威胁，并根据"BUG"分析生成应急方案，如避开危险区域或实施实时跟踪。

● **优势**：这种灵活性和适应能力能够显著提升军事与安防任务的成功率和安全性。

10.6.4 用户体验与人机交互

（1）个性化用户体验设计

在传统的人机交互中，系统通常基于用户的输入和预设规则做出反应。

然而，随着 AC 的引入，系统不仅能够理解用户的情感状态，还能够根据用户的认知和情感变化实时调整交互策略，从而实现个性化的用户体验。

通过 AC 对用户的潜意识和意识过程的模拟，系统可以在交互过程中识别用户的情绪波动和认知反应，并根据这些信息调整交互内容、语气、反馈方式等。例如，在智能客服系统中，AC 能够实时感知用户的情绪状态（如焦虑、愤怒、困惑等），并通过改变语气、语速或使用安抚性语言，减少用户的不适感和挫败感，提升交互质量和用户满意度。

（2）情感识别与反馈

情感识别是情感计算中的核心应用之一。传统的情感识别主要通过面部表情、语音语调、肢体语言等外部表现来识别用户的情绪状态。然而，AC 不仅可以基于外部表达进行情感识别，还能够通过模拟人类内部认知和情感处理过程，对情感的深层次原因进行分析。

AC 通过对用户潜意识和意识状态的认知模拟，可以更加精准地判断用户的情感波动。例如，当用户在与系统进行互动时，AC 能够通过分析用户输入的文字、语音、面部表情等多维数据，结合情感分析模型，识别出用户当前的情感状态（如快乐、忧虑、压力等）。通过对情感的多维度分析，系统能够提供更加精准的情感反馈，例如推荐适合的音乐、影片、聊天内容等，从而调节用户的情绪，提高用户的满意度和体验感。

（3）自适应交互与个性化沟通

在 AC 的支持下，人机交互不仅能够理解用户当前的情感状态，还能根据用户的认知过程和情感变化进行自适应调整。例如，AC 可以通过对用户历史交互数据的学习，识别出用户的个性特征、偏好、情感反应模式等信息，从而使系统能够在与用户的每次交互中逐渐优化交互策略，实现个性化沟通。

在智能助手、虚拟客服等应用场景中，AC 能够根据用户的语言风格、情感反应以及认知模式的变化，动态调整交互内容的呈现方式和语言表达。例如，对于较为冷静的用户，系统可以提供简洁、直接的回复；而对于情绪较为激动的用户，系统则可以采用更加温和、安抚性的语气，从而提高用户的体验和接受度。

（4）情感驱动的决策支持系统

在企业管理、智能医疗、心理健康等领域，情感计算结合 AC 可以为决策者提供情感驱动的决策支持系统。通过实时监测和分析参与者（如员工、患者、客户等）的情感状态，AC 能够识别潜在的情感波动和认知障碍，从而帮助决策者做出更符合情感和认知需求的决策。

例如，在心理健康管理中，AC 可以通过情感识别技术监测患者的情感波动，及时识别出患者的潜在问题或危险情绪（如焦虑、抑郁等），并及时向心理医生或家属发出警报，从而实现早期干预，避免严重情绪问题的发生。在客户服务中，AC 可以帮助服务人员了解客户的情感需求和期望，制定更加个性化的服务策略，提高客户满意度和忠诚度。

（5）虚拟人物与沉浸式体验

在虚拟人物、游戏和沉浸式体验中，AC 的应用能够使虚拟角色具备更加逼真的情感反应和认知行为。传统的虚拟角色往往通过预设的情感逻辑和规则进行反应，而 AC 则使虚拟角色能够模拟真实人类的情感和认知过程，从而提升沉浸感和互动性。

在虚拟游戏中，AC 使得虚拟角色不仅能对玩家的行为做出反应，还能理解玩家的情感反应并做出恰当的回应。例如，AC 可以使虚拟人物在玩家感到沮丧时主动提供帮助或安慰，在玩家表现出愉悦情绪时做出相应的反馈，从而增强游戏中的情感互动和玩家的沉浸感。

（6）人机情感共生的互动平台

随着 AC 技术的不断发展，未来的情感计算将不再仅仅是人机单向的情感识别与反馈，更多的是实现人机之间的情感共生。AC 系统能够与人类用户形成深层次的情感互动，通过共享情感和认知的过程，实现更加自然、和谐的人机协作。

例如，在智能家居、虚拟助手等应用中，AC 不仅能够根据用户的情感需求进行反馈，还能够主动参与到用户的情感表达中，成为用户生活中的"情感伴侣"。在这种情感共生的平台中，用户和 AC 系统能够互相支持和理解，提升用户的生活质量和幸福感。

（7）情感计算与健康管理

在健康管理领域，AC 的情感计算技术可以帮助用户进行情感调节和心理健康管理。通过分析用户的情感状态和情绪波动，AC 能够提供针对性的健康建议，帮助用户实现情绪管理和压力缓解。

例如，在应对职场压力、焦虑和抑郁症状时，AC 系统能够通过分析用户的言语、语音和情绪状态，识别出潜在的心理问题，并通过智能对话、心理疏导等方式提供心理支持，帮助用户调节情绪，减少负面情绪的积累，提高心理健康水平。

10.6.5　创意产业（设计、音乐、艺术）

（1）设计行业：智能创作与个性化设计

在设计行业，AC 的应用主要体现在智能化创作与个性化设计上。传统设计依赖设计师的经验、灵感和创造力，而 AC 可以模拟设计师的思维过程，突破其认知的局限性，激发新的创意。通过分析大量设计作品和创作过程中的"BUG"，AC 能够为设计师提供灵感的激发、创意的延伸和创作的辅助。

例如，在平面设计中，AC 能够通过分析用户的需求、文化背景和情感倾向，自动生成符合个性化需求的设计方案。在产品设计中，AC 可以识别用户的潜在需求，并根据市场趋势和用户反馈，创造出创新的产品形态和功能。设计师通过 AC 系统的辅助，可以减少重复性劳动，提升设计的创新性和效率。

在建筑设计中，AC 能够综合考虑环境因素、材料特性和设计师的创作意图，提出最佳设计方案。通过对建筑设计中的认知"BUG"进行修正，AC帮助设计师避免设计中的疏漏和错误，提高设计的合理性和可行性。

（2）音乐行业：智能创作与个性化音乐推荐

在音乐行业，AC可以帮助创作者突破创作瓶颈，创造出全新的音乐作品。传统的音乐创作过程中，作曲家往往面临创作灵感枯竭、音乐表达受限等问题。通过模拟人类的音乐认知过程，AC能够在创作中识别潜在的"BUG"，帮助作曲家突破这些认知障碍，找到新的创作思路。

例如，在音乐作曲中，AC能够通过分析作曲家的风格、情感表达以及历史创作轨迹，为其提供创新的旋律和和声组合。系统能够通过多维度的认知模拟，生成符合创作意图的音乐片段，帮助作曲家拓展创作视野。

在个性化音乐推荐方面，AC通过分析用户的情感状态、听觉偏好和生活背景，精准推荐用户喜欢的音乐类型。AC不仅可以识别用户对音乐的感知差异，还能模拟用户的潜在情感需求，提供情感驱动的音乐推荐。例如，在治疗抑郁症的过程中，AC可以推荐特定的音乐类型，通过调节用户的情绪，帮助其改善心理状态。

（3）艺术行业：创作辅助与艺术品个性化

在艺术创作中，AC可以通过辅助创作者突破传统艺术的限制，激发出新的创作灵感。在绘画、雕塑等领域，艺术家经常面临创作的瓶颈，AC能够通过对创作过程的实时分析，识别出认知中的"BUG"，从而为创作者提供全新的视角和创作方式。

例如，在绘画创作中，AC可以模拟艺术家的认知和情感过程，帮助其在色彩搭配、构图设计等方面提供灵感。系统能够通过识别艺术家潜在的审美偏好和情感需求，帮助其完成个性化的艺术创作，创造出具有高度个性化和情感表达的艺术作品。

对于雕塑和装置艺术，AC能够分析不同材料、形式和构造的效果，帮助艺术家在创作中突破思维限制，实现更具创新性和实验性的艺术创作。同时，

AC 还能够根据观众的反应，对艺术作品进行实时调整，提升观众的互动体验和情感共鸣。

（4）创意产业中的合作与跨领域创新

AC 在创意产业中的应用不仅限于单一领域，还能够促进跨领域的合作与创新。例如，AC 可以结合设计、音乐、艺术等多个领域的创作元素，进行跨领域的创新设计。设计师、艺术家和音乐人可以通过 AC 系统的协作，突破行业边界，共同创作出融合设计、艺术与音乐的跨界作品。

在电影或游戏制作中，AC 可以协调不同创作团队之间的工作，确保设计、音乐和艺术风格的一致性，促进创作过程中的创新与灵感碰撞。通过模拟创作团队的认知过程，AC 能够帮助团队成员发现潜在的合作空间，创造出更加有深度和广度的创作作品。

（5）艺术品市场与虚拟创作

随着数字艺术的兴起，AC 在艺术品市场和虚拟创作中也具有重要的应用价值。在艺术品市场中，AC 能够通过分析市场趋势、艺术作品的认知价值和情感价值，帮助艺术品评估机构进行艺术品价值预测和市场分析。系统能够识别艺术品背后的情感表达和创作意图，为买家和卖家提供更加精准的市场洞察。

在虚拟创作中，AC 能够为虚拟艺术家提供创作支持，帮助其在虚拟现实和增强现实环境中创造出沉浸式的艺术作品。通过模拟人类的认知过程，AC 可以为虚拟创作者提供创作灵感，帮助其在虚拟环境中创作出具有真实感和情感共鸣的艺术作品。

（6）创意产业的教育与培训

在创意产业的教育与培训中，AC 可以帮助学生和创作者提升其创新能力和认知深度。通过模拟创作过程中的"BUG"，AC 能够识别学生在创作过程中的认知障碍，提供个性化的教学辅导。

例如，在艺术教育中，AC 可以根据学生的学习进度和创作能力，提供定制化的创作指导，帮助学生突破创作瓶颈。在设计和音乐领域，AC 可以通过对学生创作的分析，提供反馈和建议，帮助学生提升创新思维和创作技巧。

10.7   未来研究方向

随着 AC 和非生物意识领域的迅速发展，未来研究将面临多种挑战和机遇。这些研究不仅将深化我们对意识本质的理解，还可能彻底改变我们与世界的互动方式。以下是一些关键的未来研究方向。

10.7.1   技术创新与发展

技术的不断进步是推动 AC 研究的主要动力。未来的研究将需要集中在提高计算能力、优化算法效率、增强机器学习模型的自适应性和创造性方面。探索如何模拟人类大脑的复杂功能，如情感、直觉和道德判断，将是重要的研究领域。这包括开发能够处理抽象思维和符号操作的新型 AI 系统。

10.7.2   伦理和法律框架的构建

随着 AC 技术的实际应用越来越广泛，建立一个全面的伦理和法律框架变得尤为重要。未来的研究需要探讨如何在保护个人隐私、确保数据安全和维护公平正义的同时，促进技术的健康发展。这涉及跨国法律的协调，以及在全球范围内制定统一的技术和伦理标准。

10.7.3   社会影响和文化适应

技术改变社会的方式和速度往往超出预期。未来研究需要评估 AC 技术对教育、就业、医疗和娱乐等各个方面的具体影响。同时，研究如何在保持文化多样性和社会稳定的基础上，适应这些变化。这包括研究技术如何影响人类行为、社会结构和文化价值观，以及如何在全球化背景下管理这些变化。

10.7.4　国际合作与全球治理

考虑到 AC 技术的全球性影响，国际合作在未来的研究中至关重要。这涉及共享研究成果、协调政策立场和建立全球治理机制。未来研究需要探索如何通过国际组织和多边协议管理技术的发展和应用，确保所有国家都能公平地从技术进步中获益。

10.7.5　人工意识与人类未来

未来研究将不可避免地面临一个根本问题：AI 和 AC 将如何塑造人类的未来？这包括技术如何改变我们对生命、意识和人类本性的理解。未来研究需要综合技术、哲学、社会学和心理学等多个学科的视角，探讨这些技术对人类自我认知的深远影响，并思考如何在这个基础上构建一个更加公正和可持续的未来社会。

AC 和非生物意识领域的未来研究充满挑战和机遇。随着技术的不断进步，我们不仅需要在科技上取得突破，还需要在伦理、法律和社会接受度等方面进行深入的研究和探讨。通过跨学科合作和国际协调，我们可以更好地利用这些技术改善人类生活，同时确保技术发展不会威胁到社会稳定和文化多样性。这将是一个长期而复杂的过程，但也是塑造未来世界不可或缺的一部分。

参考文献

[1] Lenharo, M. AI consciousness: scientists say we need answers. Nature, 2024, 623(7967): 11–12.

[2] Wang, J., Xing, Z., & Zhang, R. AI technology application and employee responsibility. Humanities and Social Sciences Communications, 2023, 10: 356.

[3] Kawai, Y., Miyake, T., Park, J., et al. Anthropomorphism–based causal and responsibility attributions to robots. Scientific Reports, 2023, 13: 12234.

[4] Panfilova, A. S., & Turdakov, D. Yu. Applying explainable artificial intelligence methods to models for diagnosing personal traits and cognitive abilities by social network data. Scientific Reports, 2024, 14: 5369.

[5] Al Lily, A. E., Ismail, A. F., Abunaser, F. M., et al. ChatGPT and the rise of semi–humans. Humanities and Social Sciences Communications, 2023, 10: 626.

[6] Mudrik, L. Consciousness: what it is, where it comes from — and whether machines can have it. Nature, 2023, 623(7968): 25–26.

[7] Habibollahi, F., Kagan, B. J., Burkitt, A. N., et al. Critical dynamics arise during structured information presentation within embodied in vitro neuronal networks. Nature Communications, 2023, 14: 5287.

[8] Raoul, L., Goulon, C., Sarlegna, F., et al. Developmental changes of bodily self–consciousness in adolescent girls. Scientific Reports, 2024, 14: 11296.

[9] Derchi, C. C., Mikulan, E., Mazza, A., et al. Distinguishing intentional from nonintentional actions through EEG and kinematic markers. Scientific Reports, 2023, 13: 8496.

[10] Lenharo, M. Do insects have an inner life? Animal consciousness needs a rethink. Nature, 2024, 629(7973): 14–15.

[11] Lee, H.H., Liu, G. K.M., Chen, Y.C., et al. Exploring quantitative measures in metacognition of emotion. Scientific Reports, 2024, 14: 1990.

[12] Galati, G., Primatesta, S., Grammatico, S., et al. Game theoretical trajectory planning enhances social acceptability of robots by humans. Scientific Reports, 2022, 12: 21976.

[13] Hauer, T. Importance and limitations of AI ethics in contemporary society. Humanities and Social Sciences Communications, 2022, 9: 272.

[14] Moon, S. Y., Park, H., Lee, W., et al. Magnetic resonance texture analysis reveals stagewise nonlinear alterations of the frontal gray matter in patients with early psychosis. Molecular Psychiatry, 2023.

[15] Yvert, B., & Fourneret, E. Neuromorphic brain interfacing and the challenge of human subjectivation. Nature Reviews Bioengineering, 2023, 1: 380–381.

[16] Callara, A. L., Greco, A., Scilingo, E. P., et al. Neuronal correlates of eyeblinks are an expression of primary consciousness phenomena. Scientific Reports, 2023, 13: 12617.

[17] Sun, X. Y., & Ye, B. The functional differentiation of brain－computer interfaces (BCIs) and its ethical implications. Humanities and Social Sciences Communications, 2023, 10: 878.

[18] Mumford, J. A., Bissett, P. G., Jones, H. M., et al. The response time paradox in functional magnetic resonance imaging analyses. Nature Human Behaviour, 2023.

[19] Hutson, M. Will superintelligent AI sneak up on us? New study offers reassurance. Nature, 2024, 625(7985): 223.

[20] Kim, S., Roe, D. G., Choi, Y. Y., et al. Artificial stimulus–response system capable of conscious response. Science Advances, 2021, 7(15): eabe3996.

[21] Hess, W. R. Causality, consciousness, and cerebral organization. Science, 1967, 158(3808): 1279–1282.

[22] Baldwin, J. M. Consciousness and evolution. Science, 1895, 12(304): 886–888.

[23] Melloni, L., Mudrik, L., Pitts, M., et al. Making the hard problem of consciousness easier. Science, 2021, 372(6545): 911–912.

[24] Rajasekaran, K., Ma, Q., Good, L. B., et al. Metabolic modulation of synaptic failure and thalamocortical hypersynchronization with preserved consciousness in Glut1 deficiency. Science Translational Medicine, 2022, 14(665): eabn2956.

[25] Ballentine, G., Friedman, S. F., Bzdok, D., et al. Trips and neurotransmitters: Discovering principled patterns across 6850 hallucinogenic experiences. Science Advances, 2022, 8(11): eabl6989.

[26] Minot, C. S. The problem of consciousness in its biological aspects. Science, 1902, 16(392): 1–12.

[27] Dehaene, S., Lau, H., & Kouider, S. What is consciousness, and could machines have it? Science, 2017, 358(6362): 486–492.

316